当代城市规划著作大系

基于可拓学方法的城市规划研究

张一飞 著

中国建筑工业出版社

图书在版编目（CIP）数据

基于可拓学方法的城市规划研究 / 张一飞著. —北京：中国建筑工业出版社，2012.10
（当代城市规划著作大系）
ISBN 978-7-112-14617-8

Ⅰ.①基… Ⅱ.①张… Ⅲ.①拓扑-应用-城市规划-研究
Ⅳ.①TU984

中国版本图书馆CIP数据核字（2012）第201127号

责任编辑：施佳明　陆新之
责任设计：董建平
责任校对：肖　剑　赵　颖

当代城市规划著作大系
基于可拓学方法的城市规划研究
张一飞　著
*
中国建筑工业出版社出版、发行（北京西郊百万庄）
各地新华书店、建筑书店经销
北京嘉泰利德公司制版
北京云浩印刷有限责任公司印刷
*
开本：850×1168毫米　1/16　印张：$11^{3}/_{4}$　字数：280千字
2012年10月第一版　2012年10月第一次印刷
定价：45.00元
ISBN 978-7-112-14617-8
（22556）

前 言

随着城市领域的理论与实践逐渐发展，城市规划体系趋向综合性，问题越来越复杂，这些问题所涉及的信息量也非常大，其中各种关系纷繁复杂，处理难度比较大。对于城市规划学科而言，问题的复杂性与矛盾性一直是解决问题的难点所在。规划师在着手解决这些问题的过程中，如果能够得到有针对性的应用方法的指导以及信息处理工具的辅助，则可以高效率地处理解决这些问题。

可拓学是以逻辑化语言来描述矛盾问题的新学科，其突出特点是建立定量化分析模型来完成对矛盾问题的分析，试图解决以往很多偏重于感性、抽象、难以用逻辑化语言来描述的矛盾问题。可拓学的这些特征有助于在城市规划编制过程中用形象化的逻辑语言来阐释复杂的思维与创作过程，进而总结设计规律，为实现人工智能计算机辅助设计与提高工作效率做准备。

基于可拓学的城市规划研究从可拓学体系中筛选出适当的理论与方法，应用于城市规划领域，进而解决矛盾问题；基于可拓学的城市规划研究综合运用了可拓学的可拓思维、可拓集合、可拓变换、转换桥方法等定量化分析方法，对构成城市规划的用地布局、空间设计、管理控制规则三个方面进行分析。研究问题的不同性质决定了其解决方法也有所不同。

城市用地布局是基于可拓学的城市规划研究中最根本与最普遍的研究层面。从整体角度来进行分析的城市用地包含多块独立的城市用地，每块独立的城市用地都具有各自独特的地理区位、文化特质、经济价值、环境质量等等诸多因素的影响。这些独立的用地之间又相互作用，产生错综复杂的关系网，最终形成了复杂多变的城市用地格局。在复杂情况下采用先微观后宏观的研究方法较为容易，先对独立的城市用地进行剖析，进而建立问题相关网来进行宏观角度的城市用地分析，利用问题相关树、可拓集合、可拓变换的方法来描述以及解决城市用地布局设计中所面临的各种矛盾问题。

城市空间设计是城市规划领域中偏重于微观层面的设计领域，相对于总体规划与分区规划来说详细规划中运用城市空间设计的比例要大得多。在城市空间设计中，需要综合考虑建筑实体、空间设置、环境塑造等各种要素相互之间的结合关系与整体布局。采用先微观后宏观的研究方法，先运用可拓学的思维模式来对城市空间设计过程中涉及的各种因素进行描述与分析，得到微观层次的分析结果；进而建立由各种微观分析结果之间的关系网络形成的宏观分析模型，以适应各种不同情况的规划设计方案。

管理控制规则是城市规划研究中最复杂与最多元化的研究层面，其涵盖的范畴是指城市规划中非图纸表达成果的部分，在各种规划方案中表现为规划文本、控制导则等形式。

采用先微观后宏观的研究方法，运用可拓思维模式、问题蕴含系统来从微观角度对独立的控制规则进行剖析，通过建立问题相关网来进行宏观角度的城市规划管理控制规则分析，利用转折部与转换通道、可拓集合、可拓变换的方法来描述以及解决管理控制规则制定中所面临的各种矛盾问题。

哈尔滨市总体规划（2004~2020）是哈尔滨市城市规划设计院近期所编制的方案，运用可拓学的理论方法对其进行描述与分析具有现实指导意义。根据案例特点，综合运用维度表体系进行描述，以及用地布局、空间设计、管理控制规则三方面的可拓学研究方法，共同完成对于此案例的系统分析。

通过理论方法的研究与现实案例的分析，论述了可拓学在城市规划领域进行交叉研究的可能性与可拓展的前景，同时也指出了今后在此领域进行深入研究的方向。

目　　录

第 1 章

可拓学与城市规划交叉研究基础

多年以来，在我国城市规划方案编制过程的城市用地布局、城市空间设计层面上很大程度仍旧依赖灵感与直觉，很难用形象化的逻辑程序来详细阐释与描述这一复杂的思维与创作过程。这种抽象的思维方式对于总结规划设计规律与提高工作效率来说，无疑是巨大的无形障碍。

可拓学则是用形式化的模型研究事物拓展的可能性和开拓创新的规律与方法，并用于解决矛盾问题的科学[1]，试图解决以往很多感性、抽象、很难以逻辑化语言来描述的矛盾问题。

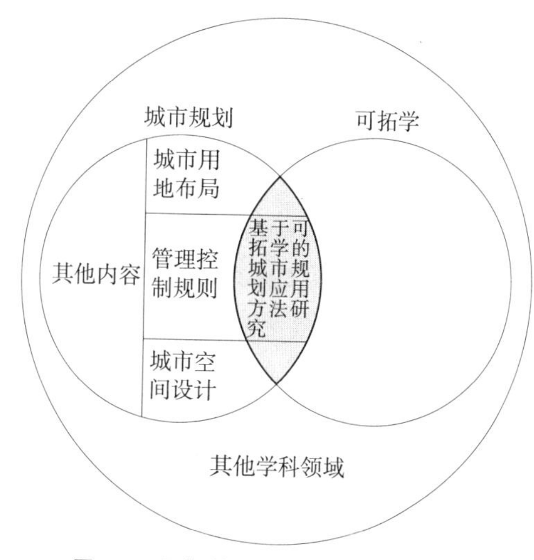

图 1–1　可拓学与城市规划交叉研究范围

城市规划是一个理性与感性相结合的学科领域，而可拓学则是理性的学科领域，运用可拓学的理性逻辑分析特长可以弥补城市规划在感性思维方面的不足，因此两个学科具备交叉研究的可能性。

城市规划可以概括为城市用地布局、城市空间设计、管理控制规则三个部分，这三个部分或多或少都和可拓学存在一定的交叉范围，而本书的研究范围就是构成城市规划的城市用地布局、城市空间设计与管理控制规则这三个部分与可拓学的共同交集部分（图 1–1）。

基于可拓学的城市规划研究是可拓学与城市规划学科的交叉结合研究，利用可拓学的可拓思维、可拓集合、可拓变换、转换桥方法等定量化分析方法对城市规划抽象的创新思维与设计过程进行分析与评价，弥补了城市规划在平面功能布局、空间形体设计方面理性逻辑建构的不足，进而辅助管理控制规则的确定过程，得出具有理性、逻辑化的模拟、分析、设计体系，辅助城市规划提高规划设计的工作效率。

1.1　研究的背景与意义

1.1.1　研究的背景

城市规划是人类为了在城市发展中维持公共空间秩序而对未来空间进行的安排，它的根本作用是成为建设城市和管理城市的基本依据，保证城市合理地进行建设和城市土地合理开发利用及正常经营活动的前提和基础，实现城市社会经济发展目标的综合性手段。本书基于城市规划与可拓学的交叉研究背景如下。

1）城市规划 、矛盾性与可拓性

随着城市规划领域的理论与实践逐渐发展，城市规划体系逐渐趋向综合性，但随之而来的是问题也越来越复杂。这些问题所涉及的信息量非常大，其中包含的各种关系纷繁复杂，处理难度比较大。从事规划编制的工作者在着手解决这些问题过程中如果能够得到有

针对性的理论与方法指导以及信息处理工具的辅助，则可以高效率地处理解决这些问题。

对于城市规划学科而言，所涉及问题的复杂性与矛盾性一直是解决问题的难点所在。因此，如何科学地用数学语言来描述复杂的规划系统所涉及的各学科关系、感性条件以及矛盾问题一直是城市规划应用方法研究中的重点与难点[2]。

2）城市规划是解决复杂矛盾问题的过程

城市规划是一个解决复杂矛盾问题的过程，因此可以通过借鉴可拓学的理论与方法为解决矛盾问题带来可能。纵观国内外城市规划研究，大部分都是建立在传统价值观上的科学研究范围，未能对城市规划中的不相容问题与对立问题进行深入研究，也缺乏将城市规划作为一个模型体系进行逻辑分析的理性观，是侧重于城市局部或某方面问题的经济、社会、人文层次研究。对于城市规划中的矛盾问题，以往的研究缺少从“不可能”到“可能”、从“不相容”到“相容”、从“不可行”到“可行”等方面的方法体系，在城市规划定量化描述方面缺少科学的模型表达，造成对城市规划指导性与可操作性不强的局面，所以当遇到比较复杂的城市规划问题时，常常会感到束手无策。而可拓学解决矛盾问题的特点和优势恰恰是城市规划领域长期以来一直缺少的东西和不足之处[3]。因此，迫切需要构建基于可拓学理论的城市规划应用方法来解决城市规划领域诸多的矛盾问题。

3）城市规划与可拓学具备交叉研究可能性

概念设计过程是求解实现功能、满足各项技术和经济指标并最终确定综合最优方案的过程[4]，城市规划正是充分体现这一特征的学科领域。而可拓学是广东工业大学蔡文先生与众多学者共同努力创建的新学科，用形式化的模型研究事物拓展的可能性和开拓创新的规律与方法，并用于处理矛盾问题。

经过较长时间谨慎的调查与考证，关于城市规划与可拓学领域的交叉研究目前在国内外还处于空白的状态。现有的理论研究与实践探索还仅仅局限于基本理论层次，缺乏应用到城市规划专业领域的技术手段。

综上所述，本书正是基于这两个学科领域相互衔接的环节，运用可拓学中菱形思维模式、可拓变换、可拓集合等理论与方法来分析与解决城市规划领域内具有复杂性、矛盾性与可拓性的不相容问题与对立问题，进而展开一系列理论与方法研究的。

1.1.2 研究的目的与意义

1）研究的目的

本课题运用可拓学的理论与方法来对当前的城市规划编制过程进行分析，目的在于对城市规划所涉及的专业领域进行模型化描述，用逻辑化的语言来进行深入研究分析，为城市规划方案的合理编制做出更为高效科学的资料分析基础，以指导规划编制的顺利开展，同时对可拓学在城市规划领域应用的实践提供理论指导和方法支持。

2）研究的意义

可拓学通过逻辑化的模式语言来对设计过程进行规范与整理，能够更加具有针对性地对繁复的现状条件进行分类与整理，进而提高整个设计过程的效率。总体来说，可拓学方法指导城市规划进行设计的意义有以下几点：

（1）**解决矛盾问题。**可拓学的研究对象是现实世界的矛盾问题，这些矛盾问题是人类改造世界的障碍。可拓学处理矛盾问题的背景——客观世界的总图像是可拓学处理矛盾问题的依据[5]。综合运用可拓学理论与方法，能够通过建立模型与逻辑推理的方式来解决城市规划领域中具有复杂性、矛盾性的不相容问题与对立问题，使得以往难以描述的解决问题过程被形式化模型准确地表达出来。这种解决问题的方式不但可以针对某个具体问题产生作用，还可以对今后类似问题的解决形成指导作用。

（2）**探求创新规律。**目前，我国城市发展受到资源条件、技术创新、投资能力、产业结构、劳动力素质等因素的制约，其中技术创新是影响和制约城市发展的关键因素[6]。据统计，我国技术创新的成功率仅为6%[7]。

人类思维本身受到客观环境、教育背景、生理状况等许许多多因素的制约，不可能是“天马行空，空穴来风”，而城市设计领域的方案设计更是倾向于主观感性的行动过程，其专业规律历来“只可意会，不可言传”。

而可拓学是研究事物的可拓性和开拓规律的学科，其分析和处理问题的思想和方法应用于创新是极为合适的，它回答“怎样创新”、“从哪里创新”、“对创新方案怎样评价”等问题[8]。运用可拓学的理论方法能够从已知的条件中寻求创新思维的规律，有利于我们提高目前城市设计领域的工作效率，进一步推动城市设计领域的历史性革命与进步。

（3）**经验规律理性逻辑化。**由于可拓学理论与方法在解决矛盾与探求创新规律时都是运用建立模型与逻辑分析的方式，因此整个问题解决过程的描述相对于以往言传身教的方式来说更加容易识别，不易产生传输过程中的谬误与误差。这种逻辑化描述问题的方式使得基于可拓学的城市规划应用方法研究能够在不依赖个人主观倾向性的情况下在较大范围展开。

（4）**研发人工智能。**可拓学理论与方法是建立在客观事物规律基础上的逻辑思维与分析方式，因此需要建立在能容纳足够案例的庞大数据库的基础上才能够真正发挥更加巨大的作用。事实上，如果脱离了计算机和发达的信息技术去构思规划，在现在已经是不可能了[9]。面对这样的情况，建筑、规划设计专业人员当前的任务是根据本专业的行业特点，对可拓学理论模型进行进一步改良，进而构建模拟人脑思维的逻辑模型，提出能够指导软件开发人员直接进行开发运作的成果。在具备拥有人工智能的可拓学分析软件与强大的网络数据库支持的情况下，城市设计乃至建筑、规划领域就能够突破当前计算机只是辅助绘图工具的局限性，进一步向高效智能的方向发展。

因此，在城市规划项目中有意识地运用可拓学思维模式方法使设计者能够思路更明晰地处理现状条件，判断现实需求，进而用较短的时间确定出明确的设计目标。诚然，目前可拓学思维模式的研究仍然处于初级阶段，还没有形成能够处理非常复杂情况的计算机软件与网络体系，现在还需要人工来建立模型、分析处理问题；但是，随着可拓学这一崭新学科领域有越来越多的研究者投入其中进行理论研究与软件研发，我们坚信利用计算机软件体系定量分析的优势，来对城市设计进行系统、周密分析，进而产生出高质高效设计方案的时日终将到来。

1.2　相关理论研究概况

可拓学与城市规划结合研究，是一个崭新的研究领域，目前在国内外还没有直接的相关研究文献，因此系统地搜集整理与分别可拓学、城市规划两者相关的学科领域的论著、文献、资料就成为十分必要的准备工作。下面就逐一介绍与可拓学、城市规划密切相关的学科领域研究成果。

1.2.1　城市规划理论研究

城市规划是人类为了在城市发展中维持公共空间秩序而对未来空间进行的安排，它的根本作用是成为建设城市和管理城市的基本依据，保证城市合理地进行建设和城市土地合理开发利用及正常经营活动的前提和基础，实现城市社会经济发展目标的综合性手段。

追溯人类文明的发展历史，关于城市建设与城市规划的思想十分丰富。中国最早有关城市规划思想有文献记载的历史可以追溯到春秋战国时期，《周礼 · 考工记》记述了周代王城建设的空间，《管子》则阐述了崇尚自由的规划思想，周王城、曹魏邺城、唐长安、元大都是体现中国规划思想最具有典型代表性的几座城市。

其他国家的规划思想也流派众多。最早在公元前500年古希腊城邦时期提出了城市建设的希波丹姆模式，古罗马时期建筑师维特鲁威的《建筑十书》成为西方古代保留至今唯一最完整的古典建筑书籍，城市布局形式从古希腊、古罗马以公共建筑为城市核心的布局风格发展演变到中世纪以教堂为城市中心的建设格局、文艺复兴时期的巴洛克式城市布局……很多宝贵的规划设计思想至今仍然具有指导意义。

但是，上述提及的这些规划思想却主要以零散的形式存在，缺乏统一的理论逻辑框架，在很长的人类历史发展阶段内并没有专门的学者、设计人员提出专门以城市以及相关因素为研究对象的相关专业理论领域，组织成为一个完整的学科。

直到18世纪英国工业革命萌发，生产力有了突破性的发展，城市规划方式也随之有了历史性的变革，从此以后关于城市建设问题的理论研究体系逐渐成熟起来，田园城市、明日城市、工业城市等各种理论流派也如雨后春笋般迅速发展，呈现出百家争鸣的状态。因此从严格意义上讲，真正独立于建筑学理论而存在的“城市规划理论”是20世纪50、60年代在系统论思想的影响下才逐渐系统地发展起来的[10]。

文艺复兴时期的建筑师阿尔伯蒂、费拉锐特、斯卡莫齐等人继承维特鲁威的思想，发展了“理想城市”的理论。16世纪英国的摩尔（T.More）的“乌托邦”、18~19世纪中期，傅立叶的“法朗基”、欧文的“新协和村”、西班牙索里亚（A.Soria，1882）的“线状城市”等思想都从不同角度对城市规划起了推动作用。

从规划理论成熟时期以来，诞生了许多从不同角度进行研究的理论流派。希利（P.Healey）的协作规划概念认为城市规划是一种国家社会经济制度[11]。麦克洛克林（J.B.Mcloughlin）的过程规划理念把城市规划归属为系统学的一部分[12]。勒菲伏（H.Lefebvre）则是建立在城市空间的社会生产理论基础上进行规划理论研究[13]。弗里德曼（J.Friedmann）阐述的公共领域规划体现了激进主义的城市规划概念[14]。简·雅各布斯的《美国大城市的死与生》对建立在现在建筑运动基础上的城市规划进行了猛烈抨击，被许多后现代城市研究者看成是后现代城市思想的开创之作[15]。桑德科克（L.Sandercock）建立在多元文化基础上的规划理念[16]和罗维斯（S.T.Roweis）运用权力 / 知识关系理论对城市规划实践的再阐述[17]，充分展示了后现代主义思想基础上形成的城市规划思想。其中许多研究城市区位与布局形态的学者建立了城市的区位模型，如伯吉斯的城市同心圆理论[18]、霍伊特（Hoyt）的扇形模型[19]、哈里斯（Harris）和厄尔曼（Urman）的城市多核心理论[20]（图 1–2）。

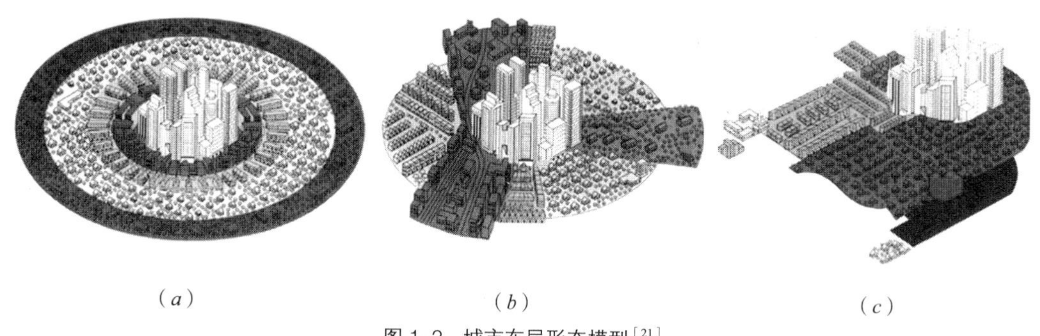

（*a*）　　（*b*）　　（*c*）

图 1–2　城市布局形态模型[21]
（*a*）同心圆理论；（*b*）扇形理论；（*c*）多核心理论

这些规划思想从不同的角度对城市建设进行研究，如何选择与利用适合于既定现状的理论体系，就必须由规划的编制者与执行者来决定。

真正对我国城市规划理论产生影响应该是 1960 年到 1970 年西方城市规划实践操作中的指导理论，这些理论体现了城市规划系统理性和控制论理念[22]。由于中国国情与其他国家差别很大，很多从外国引进的理论研究在中国直接进行应用的可能性大为降低；因此必须根据中国目前的现状，及时地对这些理论进行改良，以便于更现实地指导中国城市规划的发展。目前国内城市规划理论研究大多数处于对国外城市规划理论进行改良与总结的状态。

针对上述这些城市规划思想方法的不同角度，可以把城市规划划分为四种类型：综合理性规划、渐进主义规划、中间型规划理论、倡导性规划和公众参与。综合理性规划和分离渐进规划是规划方法论中的两个极端。前者是从规划期末出发来思考问题，从理想出发建立最美最好的图景，因此对现实问题的解决需要从整体上、结构上来进行总体性的解决，从规划实施的角度来讲也就是要按照未来的长远图景来安排现在。后者则是强调就事论事地解决问题，一切从现在出发，做力所能及的工作。中间型规划理论吸收了这两种方法的优势，提出了混合审视方法，在规划的不同侧重点上采用不同的分析深度，也就是说在不同需求条件下分别采用综合或渐进规划，力求以较高的效率来取得较好的设计成果。而倡导性规划认为个人普遍具有各自的喜好倾向，因此规划工作人员的偏好势必会融入到最终设计成果中，因此倡导性规划提倡公众参与，通过不同利益团体的共同协商来尽量避免由于个人喜好或局部利益驱使造成的片面性规划成果[23]。

以上这种类型划分方式是根据规划设计者的工作理念与操作步骤来划分的，其与国家规定的法定制度划分方式相比较，两者是从不同角度进行的划分，可以存在相互之间的交叉，两者并不矛盾与冲突。根据目前我国法律规定的规划编制制度，城市规划可以划分为总体规划、分区规划（不属于基本规划类型，大中城市可根据需要编制，由于此规划类型代表了中观层次的规划，因此在规划类型划分中予以保留）和详细规划，其中详细规划又可细分为控制性详细规划和修建性详细规划。

尽管城市规划划分方式众多，类型繁杂，但是在各种类型城市规划方案设计过程中，都存在共同的元素——城市用地布局、城市空间设计、管理控制规则。规划管理规则是综合考虑城市人口、经济、交通、市政、绿化等多方面因素而制定的法律约束条文，用以维持城市的正常运转。这些规划管理规则的制定有系统的理论方法支持，目前已经发展到比较成熟的阶段，可以适当运用可拓学来进行描述与分析。相对于规划管理控制规则这种理性工作而言，城市用地布局与城市空间设计固然也有功能、技术、规范等方面的要求，但很大程度上是具有感性思维色彩的规划设计过程，普遍偏重于感性思维，缺乏规律性的逻辑推理支持。这种以感性思维为主导的设计方式产生出很多优秀的设计方案，但有些时候思维定式、主观喜好、设计程式化等因素也会制约与限制设计者的思维创新，这就会造成设计方案千篇一律、缺乏创新或由于思路匮乏、灵感枯竭而导致工作效率低下的问题。

逻辑性推理正是可拓学的长处所在，因此上述城市用地布局、城市空间设计与管理控制规则这些类型的规划设计具备与可拓学进行融合与协作的可能性，对三种类型的内容分别进行不同程度的分析与研究是完全必要的。将可拓学与城市规划相结合，致力于形成一个以理性原则为指导、感性认识为补充，客观事实为基准、主观设计为手段，以现实合理、优美动人的城市形象为最终目标的方法体系是本书的研究目标。

1.2.2 城市设计理论研究

城市设计是与城市规划密切相关的研究领域，城市设计与城市规划虽然在法定效应、成果表达、设计侧重点上有所不同，但是方案设计过程本身却具有极其相似的共同点，因此研究可拓学与城市规划如何相结合，就必须同时重视对城市规划具有巨大影响的城市设计领域。

城市设计这个名词源自西方，主要是研究城市各项因素三维布局的设计，包括城市与山、水、地形等自然环境之间的联系和城市内封闭空间与开放空间（建筑之间、建筑与道路、广场绿化等）的关系。城市设计的目的是求得人工环境与自然环境的有机结合，解决现代城市建设中出现的诸多矛盾，使城市有序发展，以改善城市环境质量，提高生活质量。城市化迅速发展时期许多城市建设矛盾激化，造成了城市景观环境的严重破坏，更加推动了城市设计学科的发展，希望通过城市设计研究提出若干政策、准则来规范城市建设，从这个意义上说城市设计成为一门科学是现代城市发展的产物[24]。

城市设计研究的理论流派众多，设计作品形式相对城市规划而言也不固定，导致城市设计的准确定义与诞生年代至今没有统一的定论，大多数理论是对其特点进行诠释。城市设计的发展历史和城市规划是密不可分的，在现代城市设计思想蓬勃发展以前，城市设计一词并没有被单独提出进行研究，因此本书就从 20 世纪中期城市设计理论真正兴起的时期开始介绍。

20 世纪中期开始，城市设计理论进入迅速发展的时期，出现了很多影响重大的理论流派。1960 年凯文 · 林奇（Kevin Lynch）开创了城市意象理论，出版了《城市意象》[25]；黑川纪章、槙文彦、菊竹清训等人提出了“新陈代谢”理论模型。1961 年刘易斯 · 芒福德出版了《城市发展史》，提出“区域性城市”的概念，表达了生态文化的主要构想[26]；简 · 雅各布斯的《美国大城市的死与生》则对现代城市设计理论进行了抨击，认为城市不应该以建筑作为城市设计的本体，而应该以人为本，提出了相反的学术观点[27]。1962 年 Team10 第二次大会上，史密森夫妇提出了“簇状城市”的理想形态，建构了“可变化美学”。克里斯托弗 · 亚历山大于 1965 年发表的《城市并非树形》认为一个有活力的城市必须是半网络形[28]，1987 年发表的《城市设计新理论》提出了城市生长的七项法则[29]。凯文 · 林奇于 1981 年发表了《良好的城市形态》，提出了从空间安排上保证城市各项活动的交织是城市设计的关键[30]。到了 20 世纪 90 年代，美国的彼得 · 康兹针对现代主义对历史的排斥和结构主义对历史的搁置，城市设计领域里出现了一股回归传统的运动，这个运动被称为“新城市主义”。除此之外，还有很多关于城市设计的理论研究，都在一定程度上推动了城市设计的发展。

从 20 世纪中期至今的半个世纪是城市设计理论发展的黄金时期，先后出现了各种城市设计理论。通过对各种理论的比较研究，可以归纳总结出发展到现阶段的城市设计理论主要思想的几条共性特点。

（1）注重城市空间形体设计，通过对三维实体环境的设计来表达最终的设计成果。

（2）充分体现人文关怀，注重区域内公众的切身感受，强调公众参与行为，对专业设计人员进行有益的补充。

（3）尊重区域内的历史文化，提倡现代文化与传统文化共存，在不影响具有历史保护价值老城区的情况下进行新城建设，同时保护老城区。

（4）鼓励以间接的经济或调控手段来完成既定目标，而尽量避免用直接强硬的行政手段来完成。

通过这些特点可以看出，城市设计是偏重于空间形体设计的感性设计方法；以往的城市规划则是偏重于平面功能布局，空间形体设计不够突出。城市规划与城市设计在进行城市研究时各有不同的侧重点与表达方式，因此学习城市设计可以取长补短，弥补城市规划偏重于平面功能布局而空间形体设计不够充分的缺陷，进而更加完善地制定出全面合理的城市规划。

1.2.3　可拓学理论研究

1983 年，广东工业大学的蔡文教授发表了论文《可拓集合和不相容问题》[31]，标志着可拓学（原称“物元分析”）的诞生。1987年，蔡文出版了第一本学术专著《物元分析》[32]被列入《20世纪中国学术名著精华》。近年来，他的专著《物元模型及其应用》[33]与他主编的论文集《从物元分析到可拓学》[34]，《可拓工程方法》等相继出版，丰富了可拓学理论。

自学科创立以来，关于可拓学的研究不断开展，相关论著提出了很多具有创新性的学术观点（表1–1）。

可拓学理论方面的重要基础研究　　表1–1

	作者	著作	出处	时间
专著	蔡文	物元分析	广东高教出版社	1987
	蔡文	物元模型及其应用	科学出版社	1994
	蔡文，孙弘安等	从物元分析到可拓学	科技文献出版社	1995
	蔡文，杨春燕等	可拓工程方法	科学出版社	1997
	蔡文，杨春燕	可拓营销	科技文献出版社	2000
	杨春燕，张拥军	可拓策划	科学出版社	2002
	蔡文，杨春燕等	可拓逻辑初步	科学出版社	2003
	蔡文，杨春燕	可拓学工程方法（英文版）	科学出版社	2003
	李立希，杨春燕	可拓策略生成系统	科学出版社	2006
	杨春燕，蔡文	可拓工程	科学出版社	2007
	蔡文等	可拓集与可拓数据挖掘	科学出版社	2008
主要期刊论文	蔡文	可拓集合与不相容问题	科学探索学报	1983（1）
	蔡文	物元分析概要	人工智能学报	1983（2）
	蔡文	可拓学理论及其应用	科学通报	1999（7）
	杨春燕，蔡文	可拓工程研究	中国工程科学	2000（12）
	蔡文，杨春燕	可拓学基础理论研究的新进展	中国工程科学	2003（3）
	蔡文	可拓学的科学意义与未来发展	香山科学会议第271次学术讨论会文集	2005（12）

《可拓策划》是可拓学领域的重要里程碑式著作，该书从崭新角度对策划学进行了阐释，提出可拓策划的概念，并论述了很多有价值的策划与创新思想。该书系统论述了可拓策划

的基本理论体系，提出可拓分析原理、变换与整合原则、动态转化原理和创新思维模式；同时还总结出可拓策划的基本方法与实际操作方法，为策划学与可拓学的融合与发展注入新的活力[35]。

之后出版的《可拓逻辑初步》一书中进一步对可拓学理论进行完善，较为系统地阐述了可拓学的理论框架，论证了可拓学是解决矛盾问题的一门学科。该书的各个章节分别阐释了基元和复合元、可拓变换与可拓集合、可拓推理、命题和推理句的基元表示与拓展、解决矛盾问题的可拓推理、可拓逻辑的初步应用，在理论层次为可拓学搭建了基本的框架与体系，同时探索性地在实践应用层次上有所成就，为可拓学的实际应用向前迈进了一步[36]。

可拓学的重要发展方向是计算机人工智能的实现，因此在《可拓策略生成系统》中论述了一套新的决策与策划体系。该书首次提出了 ESGS（可拓策划生成系统）的概念，并阐述了其主要思想——把可拓技术和现有的人工智能技术、数据库技术、可视化技术、面向对象技术等结合，建立模拟人类思维的决策系统数据库，帮助决策者解决矛盾问题。同时根据 ESGS 的主要思想，展开论述了基本方法、实用技术与功能模块，并在房地产营销领域进行了实例论证研究[37]。

在可拓学领域的数年研究基础上，从事可拓学理论基础研究的学者们对于可拓学进行了进一步的优化与调整，使其理论体系更加合理与完善。新版的《可拓工程》中对于可拓学的理论基础、方法基础、矛盾问题的求解方法、可拓工程的方法与技术几个方面重新进行了阐释，对于以前的可拓学丛书是极为有力的补充[38]。到目前为止，《可拓数据挖掘方法及其计算机实现》是可拓学领域的最新著作[39]。

除了可拓学理论研究者的著作以外，还有很多将可拓学应用到实际学科领域的相关著作，例如中国人工智能学会的《中国人工智能进展》系列[40][41][42][43][44]、赵燕伟、苏楠的《可拓设计》[45]、肖筱南的《信息决策技术》[46]、李祚泳、丁晶、彭丽红的《环境质量评价与方法》[47]、陈文伟的《数据仓库与数据挖掘教程》[48]、胡启洲、邓卫的《城市常规公共交通系统的优化模型与评价方法》[49]、张恒喜、朱家元、郭基联的《军用飞机型号发展工程导论》[50]、李士勇的《模糊控制、神经控制和智能控制论》[51]、熊和金、陈德军的《智能信息处理》[52]、王雪荣的《管理体系一体化关键技术与实用评价方法》[53]在不同领域对可拓学实际应用进行了研究。

哈尔滨工业大学建筑计划与设计研究所是国内外第一个提出将可拓学应用于建筑学与城市规划领域并积极加以研究的学术团队，在可拓学在建筑设计领域的应用研究方面处于领先的地位，并显示了较好的发展势头，取得了初步的成果。在研究成果中，邹广天的著作《建筑计划学》[54]以及王涛的《论可拓策划与建筑设计创新方法》[55]、刘晓光、邹广天的《景观设计与可拓学方法》[56]、程霏、邹广天的《教育体验型文物建筑保护的可拓设计方法》[57]、邹广天的《可拓学在建筑设计领域中的应用》[3]、《建筑设计创新与可拓思维模式》[58]等论文提出了许多创新性的概念和建筑学科的新生长点（表 1–2）。

可拓学在建筑学与规划领域方面的期刊论文　　表 1-2

作者	论文	出处	时间
王涛	论可拓策划理论与建筑设计创新的方法	全国首届博士生论坛	2003（10）
刘晓光，邹广天	景观设计与可拓学方法	建筑学报	2004（8）
邹广天	可拓学在建筑设计领域中的应用	香山科学会议第 271 次学术讨论会文集	2005（12）
邹广天	建筑设计创新与可拓思维模式	哈尔滨工业大学学报	2006（7）
程霏，邹广天	文物建筑保护设计中的可拓方法——以审美体验型文物建筑为例	新建筑	2006（5）
程霏，邹广天	文物建筑搬迁保护选址的可拓方法分析	华中建筑	2006（9）
王涛，邹广天	空间元与建筑室内空间设计中的矛盾问题	哈尔滨工业大学学报	2006（7）
周成斌，邹广天	住宅产品类型创新中的可拓策划	哈尔滨工业大学学报	2006（7）
邹广天，程霏	教育体验型文物建筑保护的可拓设计方法	建筑学报	2007（5）
邹广天，连菲	可拓建筑策划理论的科学意义与前景展望	全国第 12 届可拓学年会	2008（10）
隋铮，邹广天等	计算机辅助可拓建筑设计及其思维模式	全国第 12 届可拓学年会	2008（10）
薛名辉，邹广天等	菱形思维模式在建筑设计目标导向中的应用	全国第 12 届可拓学年会	2008（10）
由爱华，邹广天等	计算机辅助可拓建筑策划的知识表示	第六届全国建筑与规划研究生年会论文集（建筑卷）	2008（12）
于融融，邹广天	计算机辅助可拓建筑设计的知识表示	第六届全国建筑与规划研究生年会论文集（建筑卷）	2008（12）
连菲，邹广天等	生态建筑策划矛盾问题求解方法	第六届全国建筑与规划研究生年会论文集（建筑卷）	2008（12）
薛名辉，邹广天	保障性住宅的可拓建筑设计研究	第六届全国建筑与规划研究生年会论文集（建筑卷）	2008（12）
张一飞，邹广天	城市规划设计中的问题蕴含系统及其表达方式	华中建筑	2009（2）
张一飞，邹广天	可拓学方法在城市用地规划中的运用	华中建筑	2009（11）
连菲，邹广天	可拓建筑策划的策略创新	城市建筑	2009（11）

同时，哈尔滨工业大学建筑计划与设计研究所还分别于 2006 年 8 月、2008 年 10 月承办了第 11 届、第 12 届全国可拓学年会，举行了全国范围的学术交流活动，对于可拓学理论研究与实践应用的进一步发展与成长做出了突出贡献。

哈尔滨工业大学建筑计划与设计研究所程霏的博士论文《文物建筑保护的可拓设计理论与方法研究》[59]（2007）最早全面系统地将可拓方法应用于文物建筑保护实践中去；刘金铭的硕士论文《计算机辅助可拓建筑策划的基本理论研究》[60]、由爱华的硕士论文《计算机辅助可拓建筑策划的表达方法研究》[61]（2009）是从计算机辅助设计角度研究可拓建筑策划理论与方法，推动计算机智能化表达可拓建筑策划的进程；隋铮的硕士论文《计算机辅助可拓建筑策划的基本理论研究》[62]、于融融的硕士论文《计算机辅助可拓建筑设计的表达方法研究》[63]，是从计算机辅助设计角度对可拓建筑设计理论与方法进行深入研究，推动计算机智能化表达可拓建筑设计的进程；此外两者的融合还散见在《景观象征理论研究》[64]、《建筑设计创新评价研究》[65]、《室内设计创新研究》[66]、《居住形态创新》[67]、《建筑设计创新思维研究》[68]等论文中。哈尔滨工业大学建筑计划与设计研究所内关于可拓学与建筑领域的结合研究目前也取得了卓越的成绩，已经完成的《可拓建筑策划研究》以及正在撰写中的博士学位论文《可拓建筑设计研究》在国家自然科学基金的资助下，也获得了重要的进展。这两篇论文从可拓学理论和方法研究入手，分别与建筑策划、建筑设计领域进行交叉研究，建构基于可拓学的建筑策划、建筑设计的基本理论框架，从而在建筑领域中开辟应用可拓学理论研究的建筑策划、建筑设计新领域。这两篇博士论文是哈尔滨工业大学建筑计划与设计研究所邹广天教授申请研究的国家自然科学基金项目——可拓建筑策划与设计的基本理论及其应用方法研究的核心课题。

本书研究课题与上述国家自然科学基金项目研究内容关系密切，属于基金项目相关研究范围。以上关于可拓学的国内外资料数据表明，城市规划与可拓学领域存在交叉研究的可能性，本课题具备继续深入研究的实际价值。

可拓学的理论体系主要由基元理论、可拓集合理论、可拓逻辑三部分构成。而基元理论又可分为可拓分析理论、共轭分析理论、可拓变换理论；可拓集合理论可分为可拓集合、关联函数、可拓域与稳定域的性质；可拓逻辑可分为可拓模型、可拓推理、命题和推理句的基元表示与拓展、解决矛盾问题的推理，理论构成体系参见图 1–3。本章将对这些理论体系加以阐释。

1）基元与复合元

基元是可拓学理论体系的逻辑细胞，根据其描述事物的方式可以划分为物元、事元、关系元和复合元几种类型。这些类型的基元分别是从不同的研究角度来描述世界万物的逻辑细胞，共同构成了可以描述物体、事件、相互关系以及多种描述元素结合的情况。

（1）**物元的概念**。物元是可拓学中描述静态事物特征的基本单位，在可拓学从书中把物 O_m，特征 c_m 及 O_m 关于 c_m 的量值 v_m 构成的有序三元组 $M=(O_m, c_m, v_m)$ 称为一维物元，O_m、c_m、v_m 三者称为物元 M 的三要素。为方便起见，把物元的全体记为 £（M），物的全体记为 £（O_m）[38]。需要描述物 M 的多个特征时，就需要构成阵列

$$M=\begin{bmatrix} O_m, & c_{m1} & v_{m1} \\ & c_{m2} & v_{m2} \\ & \vdots & \vdots \\ & c_{mn} & v_{mn} \end{bmatrix}=(O_m, C_m, V_m)$$

来进行表示，称为 n 维物元。当作为研究对象的物是随着时间 t 变化的时候，可以用物元 $M(t)=(O_m(t), c_m, v_m(t))$ 来描述[38]。对于多个特征，有多维参变量物元，记作

$$M(t)=\begin{bmatrix} O_m(t), & c_{m1} & v_{m1}(t) \\ & c_{m2} & v_{m2}(t) \\ & \vdots & \vdots \\ & c_{mn} & v_{mn}(t) \end{bmatrix}=(O_m(t), c_m, v_m(t))$$

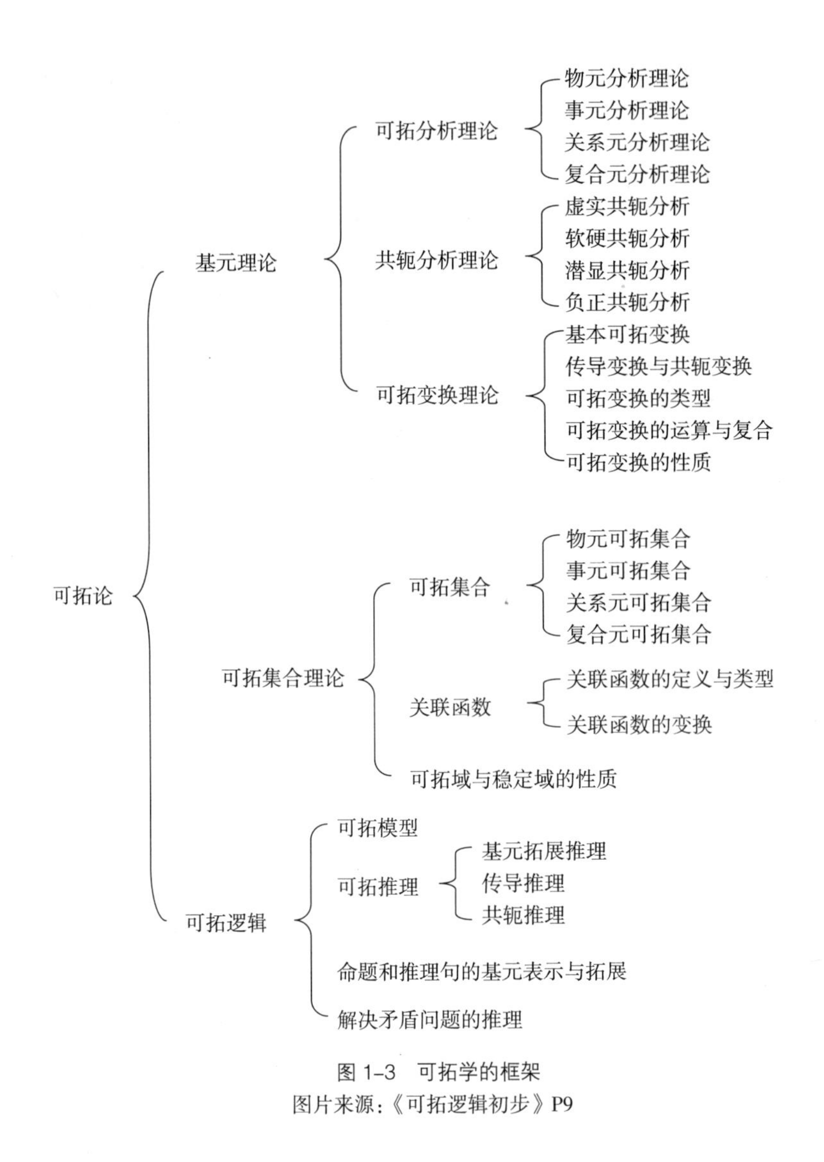

图 1–3　可拓学的框架
图片来源：《可拓逻辑初步》P9

(2) **事元的概念。**物与物的相互作用以事元来描述。把动词 O_a、动词的特征 c_a 及 O_a 关于 c_a 所取得的量值 v_a 构成的有序三元组 A=（O_a，c_a，v_a）称为一维事元。动词的基本特征有：支配对象、施动对象、接受对象、时间、地点、程度、方式、工具等。需要描述物 A 的多个特征时，就需要构成阵列

$$\begin{bmatrix} O_a, & c_{a1}, & v_{a1} \\ & c_{a2}, & v_{a2} \\ & \vdots & \vdots \\ & c_{an}, & v_{an} \end{bmatrix} = (Q_a, C_a, V_a) \overset{\Delta}{=} A$$

称为 n 维事元[38]。

(3) **关系元的概念。**物与物之间的关系以关系元来描述。把关系 O_r、关系的特征 c_r 及 O_r 关于 c_r 所取得的量值 v_r 构成的有序三元组 R=（O_r，c_r，v_r）称为一维关系元。需要描述物 R 的多个特征时，就需要构成阵列

$$\begin{bmatrix} O_r, & c_{r1} & v_{r1} \\ & c_{r2} & v_{r2} \\ & \vdots & \vdots \\ & c_{rn} & v_{rn} \end{bmatrix} = (O_r, C_r, V_r) \overset{\Delta}{=} R$$

称为 n 维关系元[38]。

(4) **复合元的概念。**物元、事元、关系元互相组合可以形成描述更为复杂情况的元素——复合元。复合元可以有七种形式：物元和物元形成的复合元、物元和事元形成的复合元、物元和关系元形成的复合元、事元和事元形成的复合元、事元和关系元形成的复合元、关系元和关系元形成的复合元以及物元、事元和关系元形成的复合元[38]。

2）基元与复合元的逻辑运算

(1) **物元的逻辑运算。**假如给定物元 $M_1=(O_{m1}, c_{m1}, v_{m1})$，$M_2=(O_{m2}, c_{m2}, v_{m2})$，那么会有以下几种运算规则的定义。

M_1 和 M_2 的“与运算”是指既取 M_1，又取 M_2，记作 $M=M_1 \wedge M_2$；M_1 和 M_2 的“或运算”是指至少取 M_1 和 M_2 中的一个，记作 $M=M_1 \vee M_2$；根据这些定义的规则，显然有 $M_1 \wedge M_2=M_2 \wedge M_1$，$M_1 \vee M_2=M_2 \vee M_1$，事元、关系元之间的关系同理可推，以下就不再加以论述。

同物物元或同特征物元具有如下的逻辑运算规则[38]：

$(O_m, c_m, v_{m1}) \vee (O_m, c_m, v_{m2}) = (O_m, c_m, v_{m1} \vee v_{m2})$

$(O_m, c_m, v_{m1}) \wedge (O_m, c_m, v_{m2}) = (O_m, c_m, v_{m1} \wedge v_{m2})$

$(O_{m1} \vee O_{m2}, c_m, v_{m1}) = (O_{m1}, c_m, v_m) \vee (O_{m2}, c_m, v_m)$

$(O_{m1} \vee O_{m2}, c_m, v_{m1}) = (O_{m1}, c_m, v_m) \wedge (O_{m2}, c_m, v_m)$

(2) **事元的逻辑运算。**假如给定事元 $A_1=(O_{a1}, c_{a1}, v_{a1})$，$A_2=(O_{a2}, c_{a2}, v_{a2})$，那么同动词事元或同特征事元有如下逻辑运算规则[38]：

$(O_a, c_a, v_{a1}) \vee (O_a, c_a, v_{a2}) = (O_a, c_a, v_{a1} \vee v_{a2})$

$(O_a, c_a, v_{a1}) \wedge (O_a, c_a, v_{a2}) = (O_a, c_a, v_{a1} \wedge v_{a2})$

$(O_{a1} \vee O_{a2}, c_a, v_a) = (O_{a1}, c_a, v_a) \vee (O_{a2}, c_a, v_a)$

$(O_{a1} \wedge O_{a2}, c_a, v_a) = (O_{a1}, c_a, v_a) \wedge (O_{a2}, c_a, v_a)$

(3) **关系元的逻辑运算。**给定关系元 $R_1=(O_{r1}, c_{r1}, v_{r1})$ 和 $R_2=(O_{r2}, c_{r2}, v_{r2})$，则对于同关系名和同特征关系元有如下的运算规则[38]：

$(O_r, c_r, v_{r1}) \vee (O_r, c_r, v_{r2}) = (O_r, c_r, v_{r1} \vee v_{r2})$

$(O_r, c_r, v_{r1}) \wedge (O_r, c_r, v_{r2}) = (O_r, c_r, v_{r1} \wedge v_{r2})$

$(v_{r1} \vee v_{r2}, c_r, v_r) = (O_{r1}, c_r, v_r) \vee (O_{r2}, c_r, v_r)$

$(v_{r1} \wedge v_{r2}, c_r, v_r) = (O_{r1}, c_r, v_r) \wedge (O_{r2}, c_r, v_r)$

(4) **复合元的逻辑运算。**复合元具有多种构成形式，因此其逻辑运算规则相对基元的逻辑运算要更加复杂。复合元具有如下运算规则[38]：

$(O_m, c_m, A_1) \wedge (O_m, c_m, A_2) = (O_m, c_m, A_1 \wedge A_2)$

$$(O_m, c_m, A_1) \vee (O_m, c_m, A_2) = (O_m, c_m, A_1 \vee A_2)$$
$$(O_a, c_a, A_1) \wedge (O_a, c_a, A_2) = (O_a, c_a, A_1 \wedge A_2)$$
$$(O_a, c_a, A_1) \vee (O_a, c_a, A_2) = (O_a, c_a, A_1 \vee A_2)$$
$$(O_r, c_r, M_1) \wedge (O_r, c_r, M_2) = (O_r, c_r, M_1 \wedge M_2)$$
$$(O_r, c_r, M_1) \vee (O_r, c_r, M_2) = (O_r, c_r, M_1 \vee M_2)$$
$$(O_r, c_r, A_1) \wedge (O_r, c_r, A_2) = (O_r, c_r, A_1 \wedge A_2)$$
$$(O_r, c_r, A_1) \vee (O_r, c_r, A_2) = (O_r, c_r, A_1 \vee A_2)$$
$$(O_r, c_r, R_1) \wedge (O_r, c_r, R_2) = (O_r, c_r, R_1 \wedge R_2)$$
$$(O_r, c_r, R_1) \vee (O_r, c_r, R_2) = (O_r, c_r, R_1 \vee R_2)$$

3）可拓集合

可拓集合是用于对事物进行动态分类的重要方法，是形式化描述量变和质变的手段，是解决矛盾问题的定量化工具。由于经典集合和模糊集合较少考虑论域中元素本身和性质的可变性，从而使很多矛盾问题无法用数学方法去解决，可拓集合正是基于这种研究问题角度的需要而提出的。

为了明确描述可拓集合及元素性质可变性和量变、质变过程，用 (u, y, y') 和可拓变换 $T=(T_U, T_k, T_u)$ 来定义可拓集合。设 U 为论域，u 为 U 中任一元素，k 是 U 到实域 $I(-\infty, +\infty)$ 的一个映射，T 为给定对 U 中元素的变换，称 $\widetilde{E}(T)=\{(u, y, y') \mid u \in T_U U, y=k(u) \in I, y'=T_k k(T_u u) \in I\}$ 为论域上 U 关于元素变换 T 的一个可拓集合，$y=k(u)$ 为 $\widetilde{E}(T)$ 的关联函数。

在可拓集合中对静态集合和动态集合两种情况分别进行了阐释。

第一种情况描述了静态可拓集合的构成方式。当 $T=e$（e 为幺变换）时，记 $\widetilde{E}(e)=\widetilde{E}=\{(u, y) \mid u \in U, y=k(u) \in (-\infty, +\infty)\}$，称为静态可拓集合，它把可拓集合划分为三个部分：$E=\{(u, y) \mid u \in U, y=k(u) \geqslant 0\}$ 称为 $\widetilde{E}$ 的正域；$\bar{E}=\{(u, y) \mid u \in U, y=k(u) \leqslant 0\}$ 称为 $\widetilde{E}$ 的负域；$J_0=\{(u, y) \mid u \in U, y=k(u)=0\}$ 称为 $\widetilde{E}$ 的零界（图 1-4）。

第二种情况描述了动态可拓集合的构成方式。当 $T \neq e$ 时，把可拓域划分为五个部分（图 1-5）。

$\underset{\bullet}{E}_+(T)=\{(u, y, y') \mid u \in U, y=k(u) \leqslant 0, y'=k(Tu) \geqslant 0\}$ 称为 $\widetilde{E}(T)$ 的正可拓域；

$\underset{\bullet}{E}_-(T)=\{(u, y, y') \mid u \in U, y=k(u) \geqslant 0, y'=k(Tu) \leqslant 0\}$ 称为 $\widetilde{E}(T)$ 的负可拓域；

$\underset{\bullet}{E}_+(T)=\{(u, y, y') \mid u \in U, y=k(u) \geqslant 0, y'=k(Tu) \geqslant 0\}$ 称为 $\widetilde{E}(T)$ 的正稳定域；

$\underset{\bullet}{E}_-(T)=\{(u, y, y') \mid u \in U, y=k(u) \leqslant 0, y'=k(Tu) \leqslant 0\}$ 称为 $\widetilde{E}(T)$ 的负稳定域；

$J_0(T)=\{(u, y, y') \mid u \in U, y'=k(Tu)=0\}$ 称为 $\widetilde{E}(T)$ 的拓界。

可拓集合通过 $(-\infty, +\infty)$ 中的数来描述事物具有某种性质的程度以及“是”与“非”

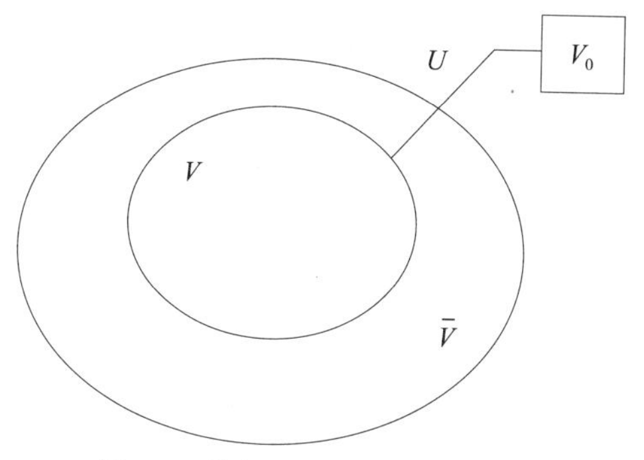

图 1–4　静态可拓集合对论域的划分
图片来源：《可拓逻辑初步》P71

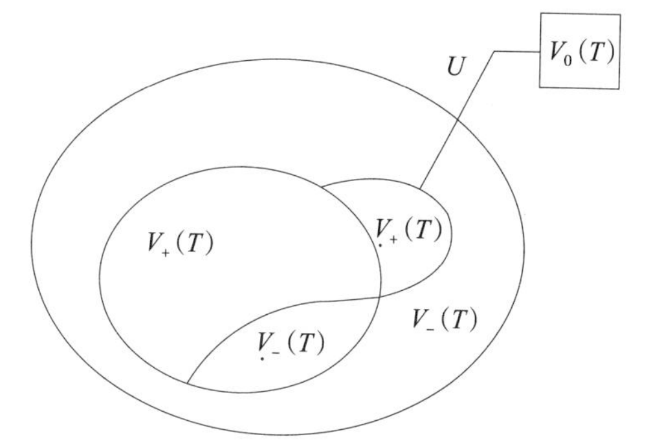

图 1–5　动态可拓集合对论域的划分
图片来源：《可拓逻辑初步》P72

的相互转化，它既用来描述量变过程（稳定域），又可以用来描述质变过程（可拓域）。相对于传统集合，可拓集合引进了正可拓域、负可拓域。正可拓域一旦超越拓界就会产生质变转变为正稳定域；反之，正稳定域一旦超越拓界也会转变为正可拓域。负可拓域一旦超越拓界就会产生质变转变为负稳定域；反之，负稳定域一旦超越拓界也会转变为负可拓域。

由此可见，可拓域的提出使人们把矛盾问题转化为不矛盾问题具有合理的理论基础，同时拓界这一概念的引入更加合理地描述了事物的客观规律，对于进一步进行可拓变换做出了有益的铺垫。

1.3　研究的内容与方法

学科交叉研究必须建立在合理可行的基础上，因此明确可拓学在城市规划领域的适用范围以及研究方法十分必要，下面就这些问题详细加以论述。

1.3.1　研究的内容

我国现有城市规划体系包括总体规划、分区规划（大中城市可选择编制）、控制性详细规划和修建性详细规划，可以概括为宏观、中观、微观几个层次，总体规划属于宏观层次的规划，分区规划与控制性详细规划属于中观层次的规划，修建性详细规划则属于微观层次规划（表 1–3）。

根据各层次城市规划编制成果性质，可以把城市规划设计成果划分为三个部分——管理控制规则、城市用地布局、城市空间设计。在三个部分中，管理控制规则的表达形式以规划文本、控制导则为主，城市用地布局的表达形式是规划平面图，城市空间设计则是以更加具象的图纸来表达城市、节点的建设意向。在三种类型设计成果中，城市用地布局是所有规划类型中必不可少的部分，宏观、中观的总体规划、分区规划、控制性详细规划偏重于管理控制规则的编制，微观的修建性详细规划则倾向于城市空间设计。

不同规划类型成果比较 表 1-3

规划类型	设计成果侧重程度			规模层次
	管理控制规则	城市用地布局	城市空间设计	
总体规划	城市整体控制	注重平面功能	无	宏观
分区规划	城市局部控制	注重平面功能	意向设计	中观
控制性详细规划	具体地块控制	注重平面功能	意向设计	中观
修建性详细规划	无	注重平面形式	详细设计	微观

由于城市规划成果编制涉及人文、社会、经济等诸多因素影响，其成果又是通过具有一定审美要求的文字、图纸来表达的，因此不可避免地会产生个人喜好、学识背景等因素的感性思维干预，导致难以寻求设计规律，总结出稳定、可靠的设计程序。

在以往城市规划项目中，由于设计者是拥有擅长定性思维的个体，在面对复杂情况可能会迷失方向，需要花费很多时间来整理思路与条件才能开始进行设计；而另一些设计者则可能无形中就运用了可拓学的方法，用很短的时间就找到了问题的症结所在，能够很快地制定出优秀的设计方案。可拓学是通过逻辑化语言来描述矛盾问题解决的学科，其学科特点恰好可以弥补城市规划设计方面的不足。在此基础上进一步寻求平面、空间设计与管理控制规则之间的关系，以指导城市规划各方面工作的全面顺利展开（图 1-6）。

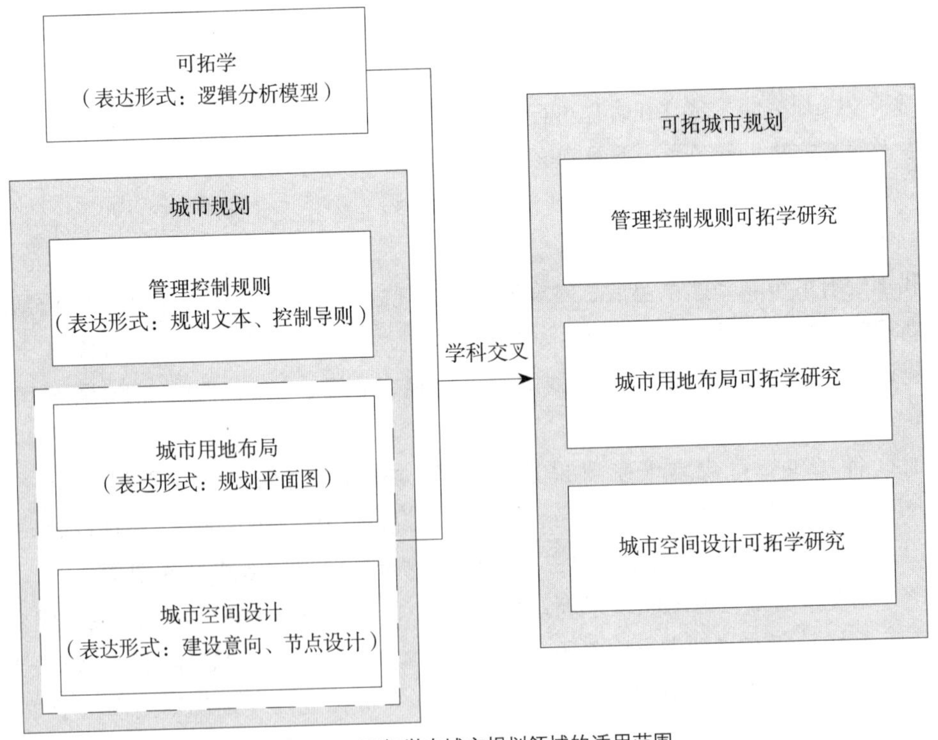

图 1-6　可拓学在城市规划领域的适用范围

这里要着重指出的是，可拓学并不是可以全面地解决城市规划各个层次、环节问题的万能学科，但是它对于城市规划难能可贵的借鉴之处在于可以分析总结在平面、空间设计过程中具有主观感性色彩的设计规律，帮助设计者找出明确清晰的设计思路，进而在一定程度有助于管理控制规则的合理制定，以提高整个城市规划的设计效率。

综上所述，可拓学与城市规划相结合进行研究的主要适用范围是城市规划中城市用地布局与城市空间设计的部分，而管理控制规则部分已经具有强大的理论支持与实践经验，逻辑性知识结构比较完备，引入可拓学主要是进行描述与模拟研究。因此，本书在以用地布局、空间设计、管理控制规则为研究对象的过程中，会突出各个类型的特点，对各类型领域所应用的方法会有所侧重与不同。可拓学如果离开了在城市规划领域应用的适用范围，解决矛盾问题的效率就会大打折扣，事倍功半；因此合理地在城市规划需要改进的领域进行可拓学研究才是可拓学与城市规划结合研究的真正意义所在。

1.3.2　研究的方法

针对可拓学在城市规划领域的应用范围，需要根据研究内容来制定研究方法。根据可拓学特点可总结出可拓学与城市规划交叉研究的方法如下。

（1）**学科交叉研究。**充分考虑城市规划的专业特点与现有不足，结合可拓学相对于城市规划领域的优势，对可拓学模型进行改良与拓展，使其更加适用于城市规划领域的专业特点，使本课题的研究更加趋近完善。

（2）**建构逻辑模型。**根据可拓学理论体系建立逻辑模型，把城市规划领域矛盾问题通过公式语言表达出来，再根据可拓学各种分析与应用方法对于问题进行分析比较，得出相对合理的解决方案，指导城市规划方案设计。

（3）**实践案例分析。**在理论研究基础上选取案例进行分析。案例分为两类，一种是利用可拓学理论方法对现有既定案例分析，总结设计思维规律；另一种是采用可拓学理论与方法帮助设计过程的完成，最终得出设计方案。通过两类案例分析寻求城市规划设计过程思维规律，利用逻辑模型形式加以表达，进而提升城市规划设计工作的工作效率。

1.4　论文研究框架

本书分为 6 章，论述了可拓学在城市规划领域的应用方法研究。

第 1 章介绍了本书研究的背景与意义、相关理论研究概况、研究内容与方法；第 2 章论述了可拓学与城市规划结合研究的构成体系，同时介绍了在交叉研究中所应用的理论与方法体系，以及这些理论与方法如何应用到城市规划领域中去；第 3 章、第 4 章、第 5 章分别论述了如何在可拓城市规划的三个主要构成部分——城市用地布局、城市空间设计、管理控制规则中应用可拓学理论与方法；第 6 章通过案例分析来论证可拓学在城市规划领域的实践应用价值。本书的基本框架与各章节之间逻辑关系参见图 1–7。

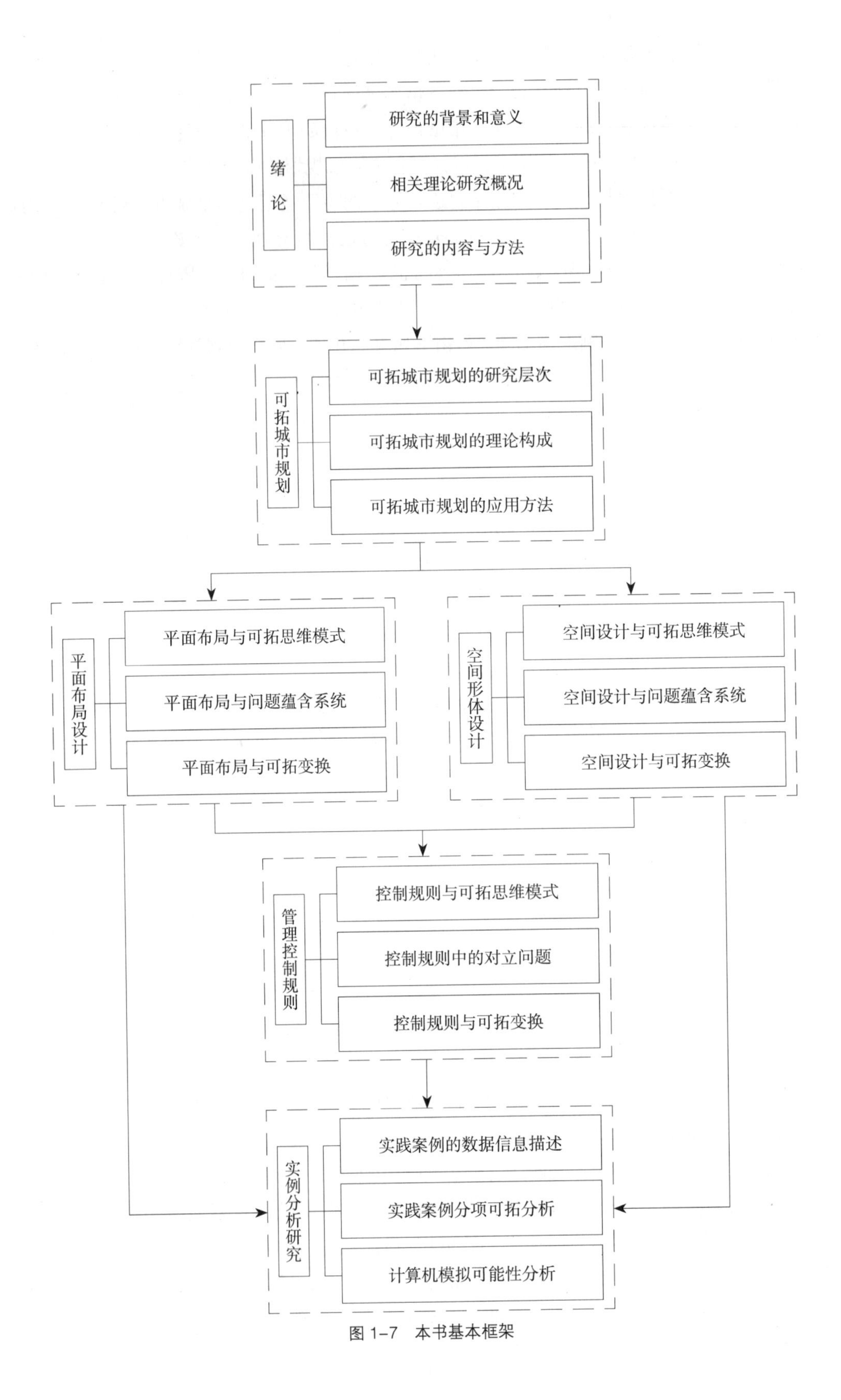
绪论
研究的背景和意义
相关理论研究概况
研究的内容与方法
可拓城市规划
可拓城市规划的研究层次
可拓城市规划的理论构成
可拓城市规划的应用方法
平面布局设计
平面布局与可拓思维模式
平面布局与问题蕴含系统
平面布局与可拓变换
空间形体设计
空间设计与可拓思维模式
空间设计与问题蕴含系统
空间设计与可拓变换
管理控制规则
控制规则与可拓思维模式
控制规则中的对立问题
控制规则与可拓变换
实例分析研究
实践案例的数据信息描述
实践案例分项可拓分析
计算机模拟可能性分析
图 1–7　本书基本框架

第2章

基于可拓学的城市规划研究的构成体系

本章主要围绕可拓学与城市规划结合的研究范围以及要解决的主要问题、创新目标进行展开论述，进一步构建基于可拓学的城市规划研究的应用方法构成体系。

2.1　基于可拓学的城市规划研究定位

任何一个具有研究价值的专业领域都必须具备一整套逻辑严密的理论体系与相应的研究范围，基于可拓学的城市规划研究同样也不例外。城市规划是一门融合美学、经济学、社会学以及交通、市政、环保等诸多专项研究领域的综合领域；而可拓学则是擅长于逻辑语言表达与定量分析的学科领域，具有其解决矛盾问题的突出优势，但可拓学不可能完全解释与替代城市规划学科现有的理论与方法体系。因此，明确可拓学在城市规划领域的具体研究领域与范围就成为当务之急，剖析当前城市规划编制过程中所面临的主要矛盾就成为研究工作的首要工作。

2.1.1　城市规划值得注意的几种倾向

城市规划是针对普遍的未来不确定性而展开的工作，而不确定性是由于未来的一系列因素而产生的，对于规划而言这是与规划本身所具有的未来导向所共生的，是规划与生俱来的特点。不确定性只存在于关于未知的未来，关于现在和过去不存在不确定性问题，只存在无知的问题，这可以通过强化学习得以消除，当然很多时候不能马上得以消除这种无知。简言之，无知是可以消除的，而未来的未知是不可消除的[23]。这就意味着必须尽量用最近似现实情况的预测模型来对未来情况进行模拟运算，以最小程度地避免规划中的误差。同时在中国改革开放以来城市建设进度大大加快，在这个增长迅速的城市发展过程中出现了很多值得注意的人为因素问题，而这些由于设计者主观原因而造成的规划方案偏差则是完全可以避免的。下面就根据城市规划客观上存在的不确定性以及当前规划设计领域的人为主观问题进行描述。

从城市规划设计者的角度出发，抛却城市规划审批与实施阶段所面临的问题（城市规划审批、实施阶段更大程度上是取决于政府、建设委托方等利益集团之间的操作程序与复杂相互关系，与主要侧重于专业技术性设计工作的城市规划编制过程关系不大），单纯从城市规划编制阶段来分析，本书总结归纳了城市规划编制设计阶段目前所面临的主要发展趋势如下。

(1)**“权力主义”倾向**。目前，在城市规划编制中普遍存在着虚浮夸大、不切实际的现象。比如：一个现状只有 5~6 万城市人口的小县城，规划的城市人口规模往往达到 20 万甚至更多[69]。究其原因，是城市规划的“权力主义”倾向，也就是通常所说的“部门意志”和“长官意志”。长期以来，城市规划的公正性受到“部门意志” 和“长官意志”所形成的“权力主义”的强烈干预，由此产生的新“集权主义”的后果是大多数人被少数人的意志强加于身，必然发生少数人侵占大多数人公民权益的现象，形成新的城市腐败。

（2）**简单工程技术化倾向**。自从改革开放以来，我国城市建设工程日渐庞大复杂，但是建设质量却参差不齐，“千城一面”的现象屡见不鲜[70]。城市资源被公平、公正地进行有效分配是城市规划最重要的任务之一，其中涉及诸多公共政策的制定，单纯地做一些建设工程是远远不够的。换言之，城市规划制订的公共政策具有引导城市发展的作用，因此必须具有长期有效性，并且具有控制作用，行之有效，成为高效的监督工具和运行机制，这绝不是简单的工程技术手段所能达到的。然而，现实情况却恰恰相反，由于城市规划在政治权力结构中长期处于弱势地位，因此导致其将注意力集中在工程技术层面。长此以往，城市规划领域自然就难以脱离从技术到工程再到技术的怪圈，而城市规划的困境则被伴随"长官意志"出现的"城市快餐"效应进一步加剧。

(3) **市场化倾向**。国内的城市规划编制部门，尤其是传统的规划编制部门——规划设计院的企业化实质是城市规划市场化倾向的主要根源。追求利润最大化是这些企业的目标，效率是其最关心问题，因此必然导致催生标准化产品。企业对产品一致性的要求恰恰是与城市极具地域特色的历史文化内涵所背道而驰的，当前我国很多城市面貌千篇一律就是最好的脚注[71]。

这几种具有普遍性的发展倾向导致了城市规划编制的种种问题，其中最为突出的矛盾有以下几点。

2.1.2 当前城市规划面临的突出矛盾

(1) **城市规划编制缺乏理性**。由于"长官意志"和"部门意志"所构成的"权力主义"的强行干预，导致规划设计工作者在设计的过程中很难按照理想化的模式来对城市进行规划设计。在这种干预下，代替规划者意志的是某些个人或部门的主观意志。而这些个人或部门却未必是经过城市规划专业培训的专业人士，经常是一些"外行"人士的简单直观感受，因此这些人群的主观意志很容易导致城市规划的片面主观性，使得城市发展走向某个极端，产生各种城市问题。

(2) **规划方案缺乏城市特色**。由于上述的简单工程计划化倾向与市场化倾向，导致政府部门和城市规划部门都产生了一种急功近利的做法，用工业生产线的生产方式来"制造"规划。这样一种做法就导致了规划设计作品相互抄袭现象严重，缺乏创新。此外，经济快速增长的大环境、委托方越来越严格的时间限制等因素也进一步加大了规划设计工作者的工作压力，这种情况下催生了很多"似曾相识"、抄袭现象严重的设计作品，或是不加修改直接仿造。这种畸形发展的趋势也是"速成高产"设计作风的副作用之一，如果不严格加以控制，任其发展，最终将会使各个城市的地域人文特色逐渐遗失，变成"千城一面"，丧失对于一个具有悠久历史的国家最为重要的民族、地域与文化特色。

(3) **"黑箱"思维方式难以描述**。除却以上种种不利因素对城市规划造成的影响，能够正常运作的规划编制过程也充满了困难的选择与思考。城市规划是一个综合性的领域，涉及各种可能性之间的权衡与比较，而这个选择过程经常难以用理性思维来进行描述，被誉为"黑箱"思维模式。"黑箱"思维模式存在很大的不确定性，难以用逻辑语言进行描述。在需要运用主观审美进行艺术创作的规划设计过程中，"黑箱"思维模式处于主导地位，设计工作极大程度上仍然依赖于人类的"审美感觉"、"经验体会"，缺乏具有人工智能的有效设计辅助工具。从个人思维的不确定性讲，个人行为有两方面：一方面人的行为是符合因果关系的，因此就具有了确定性，但另一方面，人的行为并不都是符合因果关系的，有大量行为具有随机性，从而产生了不确定性。而个人思维的不确定性的产生则包括三种可能性：第一，人与人之间存在差异，个人不能理解他人；第二，即使是个人，也不一定清楚自己的行为，因为个人的偏好和成本函数也在不断变化；第三，人的行为中包含非理性的成分，对非理性的认识与揭示还远未充分，许多作用的机理仍未能揭示。从集体思维的不确定性来讲，一方面，集体行为是由个人的行为合成的，个体行为所具有的不确定性会带入到集体行为之中，但另一方面，个体的行为是其他人行为的函数，因此集体行为并不是个人行为的简单相加，而是具有相对独立于个人行为的范式，这就是非加和性。集体行为中人们之间的学习、模仿、同化、相互传染，信息的传递与异化，在这样的非加和性的影响下更加加剧了不确定性的程度。造成这种状况的根本原因是人类对于设计思维的具体过程缺乏逻辑化语言描述的知识准备，换句话说，就是以人类目前的计算机知识仍然不能够准确有效地模仿人类大脑的思维过程。

以上这三点是城市规划编制过程中普遍存在的问题，也描述了我国城市规划领域目前的主流状态——缺乏理性、缺乏创新、缺乏特色，因此采取一种创新的理性分析设计方法来进行城市规划编制是十分必要的。

2.1.3　基于可拓学的城市规划研究创新目标

城市规划编制过程中客观存在诸多矛盾，单纯凭借单一的其他学科或研究领域不可能完全解决城市规划编制所面临的矛盾，可拓学也是一样。但是，凭借可拓学的特有优势可以有选择性地解决一些城市规划编制面临的矛盾。因此，根据城市规划编制过程的主要矛盾进行分析选择，明确可拓学在城市规划领域的研究目标至关重要。用可拓学拥有的优势来弥补当前城市规划领域的不足是本书研究的主旨，现总结出以下几点关于基于可拓学的城市规划研究的创新目标。

（1）**通过分析以往的城市规划案例总结设计创新规律。**“规律”是自然界和社会诸现象之间必然、本质、稳定和反复出现的关系，它是建立在大量客观事实基础上所形成的一种人类共识。因此我们运用可拓学对城市规划进行系统的理论与方法研究，也必须以一定数量普遍认为较为成功的城市规划现实案例为研究基础，在大量客观事实的研究基础上，探求剖析创新思维的产生过程，进而总结归纳出一套较为合理的城市规划设计创新方法。

（2）**通过将“黑箱”思维转化为逻辑化语言来为人工智能研究做出积极准备。**针对“黑箱”思维的多变性与不可确定性，本书主要的研究方法是从大量现实案例既定的设计成果出发，运用逆向思维推断设计者的思维过程，致力于最大程度地还原与再现设计者在设计创作过程中的思维形式，同时用逻辑化的语言表达出来，总结出一套行之有效的设计创新方法。这里要指出的是，运用可拓学对城市规划进行解释与剖析，并不是简单地用一个学科领域的理论体系去重新解释另一个学科领域那么简单，而是运用计算机可识别的逻辑化形式语言来描述城市规划这样一个以往一直被认为是抽象思维主导的领域，这样做的目的是为人工智能研究进程做出积极的理论与方法准备，以便使人工智能这种能够推动人类科技革命、大幅度提升工作效率的新科技力量早日实现。

（3）**通过城市规划相关的数据库扩展规划资料获取来源。**当今的信息社会，互联网已经成为人们不可缺少的通信工具之一，城市规划领域同样面临着网络化的新挑战。城市规划领域的资料与数据网络共享在中国仍然处于起步阶段，大多数规划设计单位仍然依靠原始的现场座谈等形式来获取设计资料，这样就使得设计前期阶段漫长而低效。针对目前国内地理信息系统日益发展与壮大的状况，充分利用这些有助于城市规划提升工作效率的条件可以节省开发资金，把有限的技术力量投入到最关键的环节，才是最为明智的选择。通过可拓学的理论体系指导，可以把现有的地理信息系统与城市规划领域恰当地衔接起来，真正实现城市规划数据与资料的网络共享化，缩短资料获取时间，提升工作效率。

以上几点创新目标正是将可拓学应用于城市规划领域的研究目的，同时也间接地限定了基于可拓学的城市规划研究的适用范围，杜绝了盲目应用可拓学来解决城市规划领域一切问题的错误做法。在这些创新目标的建立基础上，下面对基于可拓学的城市规划研究内容的构成层次进行进一步地划分。

综上所述，可拓学理论与城市规划理论的差异如表 2–1 所示。

可拓学理论与城市规划理论的差异　　表 2–1

	城市规划理论	可拓学理论
学科基础	建筑学、城市社会学、城市经济学、城市生态学、城市文化	建立在数学基础上的一门原创性横断学科
解决途径	以法规规范为基础的理性思维为主，辅之以感性思维的设计过程	以形式化模型探讨事物的可能性与创新规律
思维模式	常规思维为主（基于对资料占有）	以可拓学的思维模式为主
学科特征	易受人为干预、具有主观发挥性的法定方案编制过程	用可拓学特有的基元形式化描述与表达问题
理论导向	专业性较强、处理数据庞杂	可以借助计算机智能化解决问题
成果	以文字、图表等为主	以生成较优的策略为主
研究对象	城市用地布局与空间设计	解决矛盾与创新问题

2.2　基于可拓学的城市规划研究构成层次

根据上述的城市规划编制面临的矛盾、可拓学的创新目标及特点以及与城市规划结合的适用范围，可以把可拓城市规划的研究层次划分为城市用地布局、城市空间设计和管理控制规则三个层次。

这三个层次的研究内容有别于以往城市规划的总体规划、分区规划、详细规划等研究层次，是从规划设计成果出发划分的几种类型，分别代表了规划成果中几个设计重点侧重不同的组成部分。

城市用地布局是城市规划中最基本的成果类型，包括所有与二维城市平面功能布局有关的设计成果，在这种类型的设计过程中涉及交通、环境、人口等诸多影响因素，本书致力于通过系统的可拓学方法体系来对其进行描述与分析，进而制定出一套理性的用地布局设计方法。

城市空间设计是城市规划中最具感性色彩的成果类型，包括所有与三维城市空间环境设计有关的设计成果，在这种类型的设计过程中涉及整体风格、区域文化、心理学等更加复杂的影响因素，本书致力于通过系统的可拓学方法来对其进行描述与分析，进而制定出一套理性的空间设计方法。

管理控制规则是城市规划中最复杂的成果类型，包括所有方案图纸以外的文本、法规、规则等设计成果，在这种类型的设计过程中涉及政府意愿、规划法规、实施难度、经济可行性等多种因素影响，本书致力于运用可拓学的方法来对其进行描述与分析，进而制定出一套模拟管理控制规则的逻辑模型。

这三种规划成果的类型是基于可拓学的特点对城市规划成果所进行的划分结果，下面就简要介绍这三种城市规划成果类型。

2.2.1　城市用地布局

在系统阐述本书观点之前，必须对于前面所提到的基于可拓学的城市规划研究的三个层次有明确而清晰的概念界定。本书所提及的城市用地布局是根据城市规划编制成果性质所划分的三种类型成果之一，是城市总体规划、分区规划、控制性详细规划、修建性详细规划所共有的重要组成内容。

从城市规划的角度来说，城市用地布局就是对城市土地使用的布局，是既满足城市各项活动有效开展的需求，又能避免对其他活动的开展产生不利影响，同时又符合城市发展趋向、保证城市整体效益的城市用地格局[23]。其体现方式是通过赋予城市规划区内土地资源以既定功能以及相应控制指标的方法，来确定城市土地的开发方式及开发强度，以达到规范城市发展进程的目的。城市规划编制过程中，城市用地的布局方式涉及诸多因素以及相关理论的研究——农业区位理论、工业区位理论、商业区位理论、服务业区位理论、住宅区位理论、中心地理论、地租和竞租理论等，因此城市规划设计者需要认真思考的问题不仅仅是审美需求的平面摆布方式，而需要投入更多的精力来预见城市各个方面远期发展的可能性，进而制定出交通、市政、绿化、环保等各个方面的相应措施。20 世纪 80 年代以来，很多学者所认同的合理的规划模式仍大部分倾向于土地的利用规划[72]。

本书第 3 章将详细地利用可拓学方法对城市用地布局进行系统剖析。

首先运用可拓学中的共轭思维模式来全面分析城市用地的对立面，寻求解决问题突破点的方法，进而总结出针对城市用地布局的共轭思维模式的一般步骤；针对单块城市用地的相关因素所进行的传导思维模式将探讨相关因素对单块城市用地所产生的作用与影响；运用菱形思维模式来根据城市用地本身固有特征以及相关因素对其产生影响的特征进行归纳与总结。

在运用可拓学知识分析城市用地的单体特征以后，接下来运用问题相关网的可拓学知识，来建立对多块城市用地共同构成的整体城市用地产生作用的影响因素相关网，建构分析复杂问题的模型体系，把当前城市用地布局中所涉及的因素用逻辑化的形式语言表达出来。通过影响因素相关网的建立，来实现对更加复杂的多块城市用地集合进行研究的目的，为可应用于计算机人工智能的方法体系做理论准备。

通过可拓学理论模型对城市用地的描述，进一步运用可拓集合与可拓变换的方法来对城市用地的规划设计过程中用地性质与用地比例构成的确定进行指导，对设计过程中涉及的功能指标体系数值确定的各种可能性进行选择与判断，进而制定出更加合理可行、具有现实可行性的城市用地布局规划设计成果。

在对单体城市用地、整体城市用地进行可拓学模型建构、可拓集合划分的基础上，运用可拓变换对城市用地的各种变化情况进行分析，进而探讨城市规划中由于各种原因而对城市用地产生改变的情况，完善整个城市用地的理论研究体系。

整个第 3 章致力于运用可拓学的各种方法来构建基于可拓学的城市用地布局设计的应用方法体系。

2.2.2 城市空间设计

相比较而言，城市用地布局是囊括城市规划宏观、中观与微观层次的研究领域，而城市空间设计则是偏重于中观、微观层次的研究领域。空间的本质是空而有边界，是有机体与环境相互作用的产物[73]，是从低点而不是从空无获得其存在的[74]。城市空间设计大多体现在微观的修建性详细规划的项目中，在中观的控制性详细规划与分区规划中则相对较少，而城市总体规划这种宏观层次的研究体系一般对空间形体设计不予考虑。

关于城市空间，目前存在的研究流派也非常多，大多数城市规划从事者公认较为权威的理论主要有诺伯格 · 舒尔茨的空间和场所理论、凯文 · 林奇的城市意象理论、Team10 的城市空间形态讨论、罗伯特 · 文丘里的城市空间论、阿尔多 · 罗西的城市类型学空间形态理论等。相对于城市用地布局所涉及的诸多理性要求与技术规范等因素而言，针对城市空间所进行的设计考虑更多的则是地域的历史特色、文化底蕴、空间感受、视线序列等感性因素；对于设计者本身来说，空间设计的思维过程更加复杂细腻，在考虑地块周边邻接关系同时，还必须斟酌高度控制、色彩搭配、风格协调等因素，因此城市空间设计是一门融合历史、美学、社会学等多学科知识的综合艺术。

在本书第 4 章中，将较为详细地利用可拓学的方法对城市空间设计进行系统的剖析。

首先运用可拓学中的共轭思维模式来全面分析城市空间的对立面，寻求解决问题突破点的方法，进而总结出针对城市空间设计的共轭思维模式的一般步骤；针对单体城市空间的相关因素所进行的传导思维模式将探讨相关因素对单体城市空间所产生的作用与影响；运用菱形思维模式来根据城市空间本身固有特征以及相关因素对其产生影响的特征进行归纳与总结。

在运用可拓学知识分析城市空间的单体特征以后，接下来运用问题相关网的可拓学知识，来建立对多个城市空间共同构成的整体城市空间体系产生作用的影响因素相关网，建构分析复杂问题的模型体系，把当前城市空间设计中所涉及的因素用逻辑化的形式语言表达出来。通过影响因素相关网的建立，来实现对更加复杂的整体城市空间进行研究的目的，为可应用于计算机人工智能的方法体系做理论准备。

通过可拓学理论模型对城市空间进行描述，进一步运用可拓集合与可拓变换方法来对城市空间的规划设计过程中空间节点、空间序列与区域空间的确定进行指导，利用维度表的方法来对设计过程中各种可能性进行描述，进而进行选择与判断，制定出更加合理可行、具有创新意识的城市空间设计方法。

在对单体城市空间、整体城市空间格局进行可拓学模型建构、可拓集合划分的基础上，运用可拓变换对城市空间的各种变化情况进行分析，进而探讨城市规划中由于各种原因而对城市空间格局产生改变的情况，完善整个城市空间的理论研究体系。

整个第 4 章致力于运用可拓学的各种方法来构建基于可拓学的城市空间设计的理论研究体系。

2.2.3　管理控制规则

在第 1 章的论述中，论述了可拓学的研究范围以城市用地布局、空间设计为主，管理控制规则为辅；换言之可拓学对于城市规划政策的研究并不是针对所有政策而言，而是与用地布局、空间设计关系密切的那部分内容，因此这里所提到的管理控制规则是城市规划相关政策的一部分，二者是部分与整体的关系，不可混淆。

从城市规划政策制定的全局角度来讲，可以划分为城市人口分布、城市产业政策与产业布局、城市空间政策、土地政策以及其他相关政策几个大的方面。城市规划政策制定是一个协调政府、开发商、居民等多方利益的错综复杂的过程，可拓学并不是能够解决城市规划所有问题的万能学科，因此本书所要研究的管理控制规则主要是针对城市空间政策所进行的研究，其中又可以细分为四个方面的内容：城市功能、城市结构布局、建设时序、城市大型基础设施及其周边配套设施[23]。

在本书第 5 章中，将较为详细地利用可拓学的方法对管理控制规则进行系统地剖析。

首先运用可拓学中的共轭思维模式来全面分析管理控制规则的对立面，寻求解决问题突破点的方法，进而总结出针对管理控制规则的共轭思维模式的一般步骤；针对管理控制规则的相关因素所进行的传导思维模式将探讨相关因素对管理控制规则所产生的作用与影响；运用菱形思维模式来根据管理控制规则的类型以及公众参与对其产生影响的特征进行归纳与总结。

在运用可拓学知识分析管理控制规则的特征以后，接下来运用问题相关网的可拓学知识，来建立对管理控制规则体系产生作用的影响因素相关网，建构分析复杂问题的模型体系，把当前管理控制规则中所涉及的因素用逻辑化的形式语言表达出来。通过影响因素相关网的建立，来实现对更加复杂的管理控制规则进行研究的目的，为可应用于计算机人工智能的方法体系做理论准备。

通过可拓学理论模型对管理控制规则的描述，进一步运用可拓集合与可拓变换的方法来对管理控制规则的制定过程中区域控制方式与宏观政策的确定进行指导，对管理控制规则制定过程中各种可能性进行选择与判断，进而制定出更加合理可行的城市规划管理控制规则。

在对管理控制规则进行可拓学模型建构、可拓集合划分的基础上，运用可拓变换对管理控制规则的各种变化情况进行分析，进而探讨城市规划中由于各种原因而对管理控制规则产生改变的情况，完善整个管理控制规则的理论研究体系。

整个第5章致力于运用可拓学的各种方法来构建基于可拓学的管理控制规则的理论研究体系。

以上三个方面构成了基于可拓学的城市规划研究的主要内容，这些内容并不是“大而全”的城市规划研究体系，而是通过可拓学对城市规划一个侧面进行的全新角度探索与尝试，旨在通过这个学科交叉的突破点来抛砖引玉，引导今后的工作人员能够在城市规划智能化发展的道路上继续前进。

2.3 基于可拓学的城市规划研究的步骤与方法

根据前面章节所划分的城市用地布局、城市空间设计、管理控制规则三种类型的规划成果，分别论述所采用的不同可拓学方法。

对于城市用地布局与城市空间设计来说，是属于不相容问题，其研究分析步骤如下。

（1）运用可拓思维方法对城市用地布局的各个层面进行分析。

（2）运用问题相关树方法对城市用地布局进行多角度的研究分析。

（3）结合可拓集合，运用可拓变换来对城市用地布局中亟待改良的部分进行研究分析。

而对于管理控制规则来说，是属于对立问题，其研究分析步骤如下。

（1）运用可拓思维方法对管理控制规则的各个层面进行分析。

（2）运用转换桥方法对管理控制规则进行多角度的研究分析。

（3）结合可拓集合，运用可拓变换来对管理控制规则中亟待改良的部分进行研究分析。

下面，就针对可拓思维、问题相关树、转折部与转换通道、可拓变换这些可拓学方法一一展开详细论述。

2.3.1 可拓思维分析

可拓思维模式是利用可拓学解决矛盾问题的基本思路，也是运用可拓学方法的关键所在。可拓学解决了“思维怎样创新”、“从哪里创新”、“对创新思维的结果如何评价”等问题，基于此类问题可拓学提出了四种创新思维模式，即菱形思维模式、逆向思维模式、共轭思维模式和传导思维模式。

1）菱形思维模式

菱形思维模式是形式化生成解决矛盾问题的有效方法，首先它利用物元的可拓性，得到一批基元；然后利用合适的评价方法收敛成少量的物元，其基本过程是“先发散后收敛”[75]，它包括了发散性思维和收敛性思维两个阶段。

从某一基元出发，利用拓展分析方法沿不同途径开拓出多个基元，从而获得大量的信息，为分析问题和解决问题提供丰富的资料，这个过程就是发散过程。根据可行性、优劣

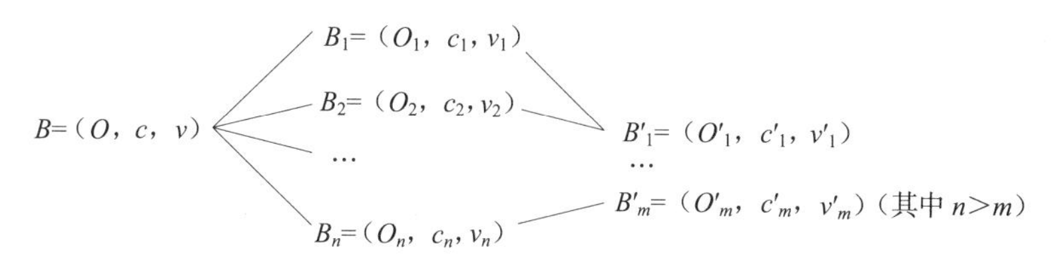

图 2-1　一级菱形思维模式
图片来源：《可拓工程》P171

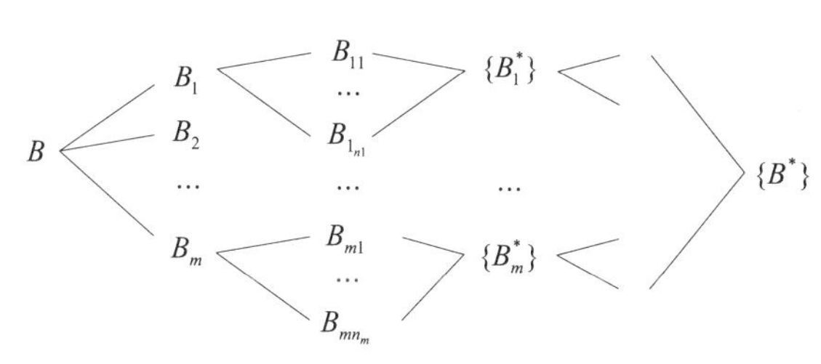

图 2-2　多级菱形思维模式
图片来源：《可拓工程》P171

性、真伪性和相容性出发，对发散过程得到的大量基元进行评价，筛选符合要求的少量基元，这个过程称为收敛过程。先发散后收敛就构成了一级菱形思维过程，图 2-1 为一级菱形思维模式。如果在此基础上再次或多次进行发散收敛过程，就形成了多级菱形思维过程，图 2-2 为多级菱形思维模式。

2）逆向思维模式

逆向思维模式是有意识地从常规思维的反方向去思考问题的思维方式，是一种冲破常规、寻求变异的思维，它改变了人们从正面去探索问题的习惯，主动地打破了常规思维的单向性、单一性、习惯性和逻辑性，可以产生超常的构思和不同凡响的新观念和新思路，应用逆向思维，往往可以获得较大的创新成果。从可拓学的角度出发，对于逆向思维进行类型划分，下面就基于可拓学中基元、逆变换及蕴含关系等，给出形式化描述逆向思维的四种常用思维模式。

（1）**利用反物元和非物元的逆向思维模式。**反物元是指两物元中的物关于某特征量值是互为对立量值的物元，其形式化表示方法如下。设物元 $M_1=(O_1, c, v_1)$，$M_2=(O_2, c, v_2)$，若 v_1 与 v_2 互为对立量值，则称物元 M_1 与 M_2 关于特征 c 互为反物元，记作 $M_1=M_2^-$ 或 $M_2=M_1^-$。

例如物元 M_1=（地上建筑物，高度，15m）与 M_2=（地下构筑物，高度，−15m）互为反物元。

（2）**利用逆事元的逆向思维模式。**逆事元是指事元中的动作为逆动作，或者动作关于某特征的量值是逆量值的事元，其形式化表示方法如下。设事元 $A_1=(O_1, c, v_1)$，$A_2=(O_2, c, v_2)$，若动作 O_1 与 O_2 互为逆动作，或者量值 v_1 与 v_2 互为逆量值，则称事元 A_1 与 A_2 关于特征 c 互为逆事元，记作 $A_1=A_2^{-1}$ 或 $A_2=A_1^{-1}$。

例如 A_1=（施工，支配对象，建筑）的逆事元为 $A^{-1}=A_2$=（拆除，支配对象，建筑）。

(3) **利用逆变换的逆向思维模式。**逆变换是相对于另一变换而言的，对某对象 Γ，存在变换 T，使 $T\Gamma=\Gamma'$，若能找到逆变换 T^{-1}，使 $T^{-1}\Gamma'=\Gamma$，则可认为变换 T 实现。

(4) **利用逆蕴含的逆向思维模式。**蕴含关系是若 A@，则 B@，称 A 蕴含 B，记作 $A\Rightarrow B$。所谓逆蕴含，是指上述蕴含关系中 A 与 B 位置互换所得到的蕴含关系。即若 B@，则 A@，称 B 蕴含 A，记作 $B\Rightarrow A$。

3）共轭思维模式

世界上存在的事物都存在着虚实、软硬、潜显、负正四对共轭部，这些共轭部也是解决问题的途径之一。应用共轭思维模式可以使我们更全面地了解事物的结构，分析其优缺点，并根据共轭部在一定条件下的相互转化性，有针对性地采取相应措施去达到预定目标。共轭思维模式的符号表达如下。

$$
\begin{aligned}
O_m &= \mathrm{re}(O_m)\oplus\mathrm{im}(O_m)\oplus\mathrm{mid}_{\mathrm{im-re}}(O_m)\\
&= \mathrm{hr}(O_m)\oplus\mathrm{sf}(O_m)\oplus\mathrm{mid}_{\mathrm{hr-sf}}(O_m)\\
&= \mathrm{ap}(O_m)\oplus\mathrm{lt}(O_m)\oplus\mathrm{mid}_{\mathrm{lt-ap}}(O_m)\\
&= \mathrm{ps_c}(O_m)\oplus\mathrm{ng_c}(O_m)\oplus\mathrm{mid}_{\mathrm{ng-ps}}(O_m)
\end{aligned}
$$

同时，共轭思维模式也可以用图 2-3 来表示。

在解决城市规划领域矛盾问题的过程中，如果能够很好地认识事物的各个共轭部并加以分析，就可以充分地认识事物的优劣势，进一步制定具有针对性的解决策略，提高工作效率。

4）传导思维模式

在很多时候，某些问题不能够直接得到解决，这就需要对其进行转换，利用传导变换来使矛盾问题得到解决。这种利用传导变换解决矛盾问题的思维模式称为传导思维模式，其形式化表达方法如下。设某对象为 Γ_1（Γ_1 可以是基元、论域或关联准则），变换 $\phi\Gamma_1=\Gamma'_1$ 无法解决矛盾问题，若 $\Gamma_1\sim\Gamma_2$，则可寻找变换 $T_\phi\Leftarrow\phi$，$T_\phi\Gamma_2=\Gamma_2'$，以使矛盾问题得以解决，寻找 T_ϕ 并实施该变换的思维模式即是传导思维模式。

上述四种思维模式是可拓学分析问题的基本方法，也是利用可拓学解决矛盾问题的基础。在可拓思维模式逻辑分析的过程中，问题的各个层次与优劣势逐渐突显出来，也为矛盾问题的求解做出了有益的铺垫与准备。

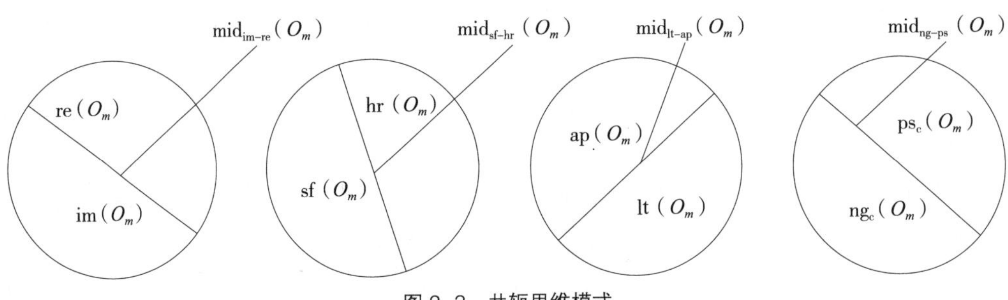

图 2-3　共轭思维模式
图片来源：《可拓工程》P179

2.3.2　建立问题相关树

城市规划设计是一个涉及多种学科知识的复杂过程，需要综合考虑市政、交通、生态、经济、景观等多方面因素，进而在这些相关因素的影响下形成相对合理的规划方案。要达到有效率地设计出合理规划方案的目的，就必须在制定规划问题的阶段就开始对规划问题进行系统分析与具体化。

规划的初始问题是建立合理的规划方案，其归属于可拓学中的核问题，因此可以表达为 $P_0=g_0l_0=(Z_0,\ c_{0s},\ X_0)(Z_0,\ c_{0t},\ c_{0t}(Z_0))$，其中 g_0 代表问题，l_0 代表现状条件。城市规划的复杂性决定了城市规划设计问题不仅仅是单一的问题，而是具有体系关系以及方向性的一组问题集合，为了更好地探讨与研究核问题中问题与条件的细节，需要根据核问题的问题与条件分别来进行发散思维，运用可拓学中针对矛盾问题所建立的问题相关树来进行剖析与阐释。

1）问题蕴含系统的概念

蕴含分析是根据事、物或关系的蕴含性，以基元为形式化工具而对事、物和关系进行的形式化分析。设 B_1、B_2 为两个基元，在条件 L 下，若 B_1@，必有 B_2@，则称在条件 L 下 B_1 蕴含 B_2，记作 $B_1\Leftarrow(L)B_2$，B_1 与 B_2 之间的关系称为蕴含关系。当 B_1 与 B_2 是物、关系、物元或关系元时，符号 @ 表示存在；当 B_1 与 B_2 是事或事元时，符号 @ 表示实现。其中，B_2 称为上位元素，B_1 称为下位元素。

若干元素 B_1，B_2，…，B_n 以及它们之间的蕴含关系 $\{\Rightarrow\}$ 构成一个蕴含系，记为

$$B=\{\{B_i,\ i=1,\ 2,\ \cdots,\ n\},\ \{\Rightarrow\}\}$$

通过蕴含系寻找解决问题路径的方法称为蕴含系方法，其基本步骤如下。

（1）列出要分析的基元或变换。

（2）根据已知信息和蕴含性建立蕴含系。

（3）根据在解决问题的过程中出现的新情况，在蕴含系的某层增加或截断蕴含系；若无新情况，则进入下一步。

（4）通过实现最下位基元或变换使最上位基元或变换实现，从而找到解决矛盾问题的路径[38]。

在现实分析问题的过程中，运用蕴含系的方法对矛盾问题进行分析所形成的系统就称之为问题蕴含系统。问题蕴含系统是一个描述体系元素之间关系的集合体，因此对于系统内各个元素之间关系的研究势在必行。

城市规划包括总体规划、分区规划、详细规划各种类型，因此在规划设计中需要针对不同的规划类型确定不同的规划问题。通常规划设计的初始问题是一个相对笼统抽象的问题，需要进一步细化问题，形成相对具体、更具有实施针对性的问题体系；要建立这样的问题体系，就需要运用可拓学的问题蕴含系统来进行下一步的问题具体化，形成城市规划设计的问题蕴含系统。

在《可拓策略生成》一书中集中讨论了核问题中与条件有关的相关树模型建立问题，而对于问题的相关树并没有展开进行论述，本书就根据核问题的问题与条件两方面进行分

$$P \Downarrow \oplus \overbrace{P_1,P_2,\cdots P_m} \qquad P \Uparrow \oplus \overbrace{P_1,P_2,\cdots P_m}$$

图 2-4 正、负方向的与子图

$$P \Downarrow \otimes \overbrace{P_1,P_2,\cdots P_m} \qquad P \Uparrow \otimes \overbrace{P_1,P_2,\cdots P_m}$$

图 2-5 正、负方向的或子图

析与论述。在初始问题所构成的问题蕴含体系中，问题之间存在两种关系——与子问题、或子问题，同时还存在正负两种方向的关系，参见图 2-4、图 2-5。

很多时候与子关系和或子关系是错综复杂同时出现在一起的，这时候就需要用问题相关树来对初始问题进行表达。以总体规划为例，在总体规划初始问题的基础上可以发散出改良道路体系、改善城市生态环境、调整用地比例、完善市政设施等很多子问题，同样总体规划的初始现状条件也可以发散出经济条件、交通状况、市政水平、景观特色等一系列子条件。

正是这些问题与条件发散所形成的元素集合表示了问题体系的层叠关系，构成了总体规划的问题蕴含体系。

2）问题相关树的方向性

以上论述与子关系、或子关系构成了问题相关树推导的基本结构，在此基础上问题相关树还具有方向性特征。根据不同的规划类型，问题相关树具有正、负两种推导方向，参见表 2-2，这两种方向构成了单向问题相关树的两种基本类型，适用于不同情况下，在下文将详细加以论述。

规划类型问题相关树推导方向 表 2-2

规划类型	问题相关树推导方向
总体规划	正向
分区规划	正向
控制性详细规划	正向
修建性详细规划	负向

而在复杂的现实情况中，通常单纯的单向问题相关树不能完全解决问题的复杂性和发散性问题，因此就需要引入正、负向同时作用的双向问题相关树。对于城市规划的不同类型，所采用的双向问题相关树中正、负向推导过程的程度也不尽相同，具体参见图 2-6。在图 2-6 中，横轴为负向反馈的程度，纵轴为正向推导的程度，而表达函数曲线则表达了不同规划类型在问题相关树推导过程中正负向的倾向程度。可以看出 A 到 B 之间的总体规划区间任意一点 g_1 在 P 轴上的投影 g_{1p} 值较大，而在 N 轴的投影 g_{1n} 值较小，这就表示了总体规划的问题相关树推导过程运用正向推导较多，运用负向反馈较少。同理，其他规划类型在图中也相应地体现出不同的正负向参与程度[76]。

3）正向问题相关树

下面首先根据总体规划的本身属性以及其综合构成特性，建立关于总体规划设计问题的正向问题相关树如下，参见图 2-7。

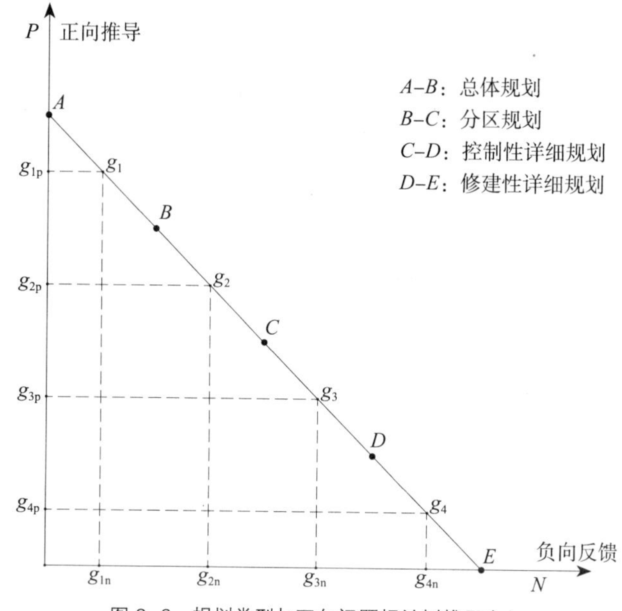

图 2–6　规划类型与双向问题相关树推导方向

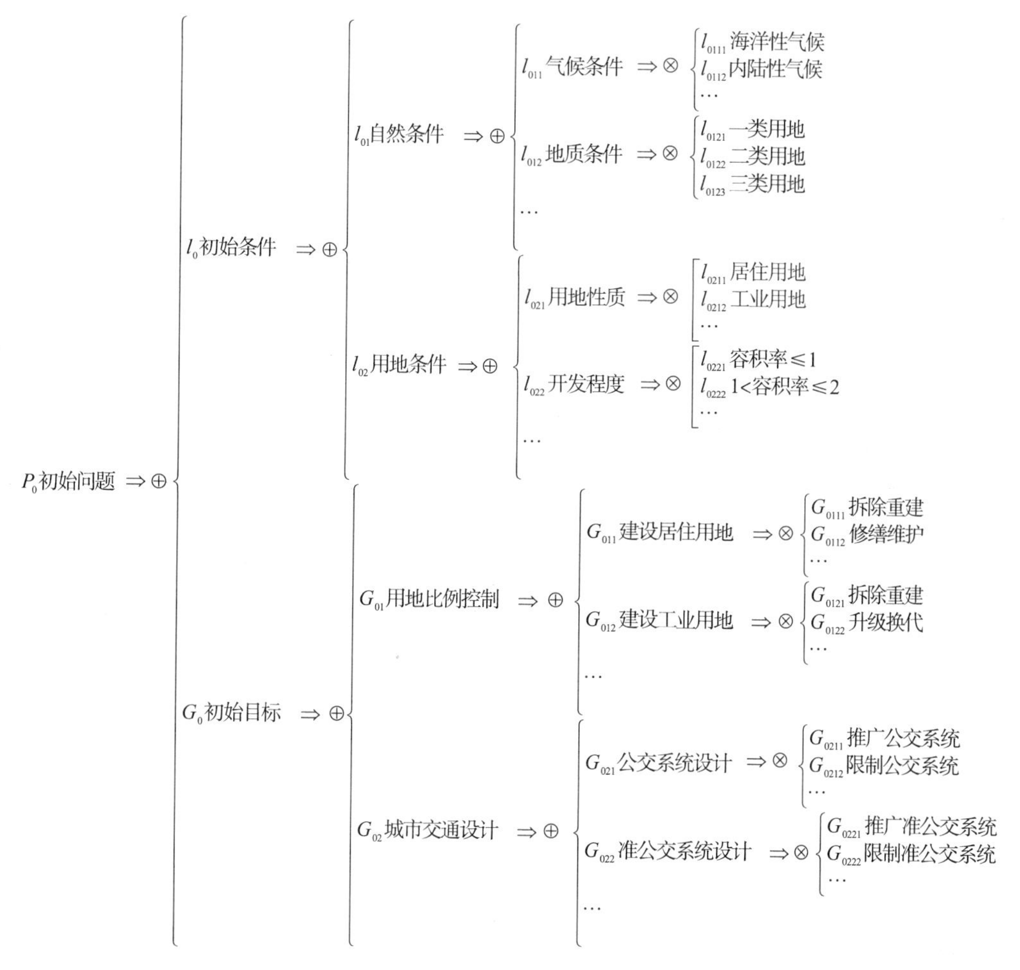

图 2–7　总体规划设计问题的正向问题相关树

从城市规划的学科特性来对总体规划进行定性，总体规划是对城市做出整体调控并且具有复杂体系的规划类型，体现了从专业角度来对问题进行从粗略到具体的分析过程。

正是基于总体规划所具有的这些宏观性特征，采用正向问题相关树的分析模型进行模拟与分析就相对比较适合。

采用正向问题相关树方法对总体规划进行分析，这样可以由宏观的角度来对城市进行整体安排与指导，能够更大限度地发挥城市的潜力，适合于今后的城市发展趋势，这正是正向问题相关树分析模型的优点所在；而其最大的缺点则是问题与条件分支过于庞杂，很多时候这种正向思维所产生的成果对于直接指导规划方案来说效率比较低下，因此正向问题相关树分析模型适用于规模较大的宏观规划类型，而对于小规模的规划设计项目则不是很合适。

4）负向问题相关树

相对于总体规划而言，控制性详细规划、修建性详细规划则是与委托方、设计者密切相关的小规模规划类型，涉及的诸多因素更容易受到周边因素和具体条件的影响，因此比较适合于从具体条件和问题来进行反向推理的分析过程。下面以修建性详细规划为例，构建负向问题相关树分析模型，参见图 2–8。

负向问题相关树的最大特点就是从已知的条件与既定问题入手，逆向推导所要达到的最终问题以及相应所要达到的条件，相对于正向问题相关树来说其优点是更加具有针对性，可以更有效率地寻求解决问题的方案；其缺点就是只适合于较小规模的规划方案，对于大型规划方案如果采用这种逆向推导的方式，很容易产生疏忽与遗漏的因素而造成方案的设计主观性与片面性。

2.3.3 建立转换桥

转换桥方法是通过设置转换桥连接或分隔对立问题中对立的元素，使对立问题转化为共存问题的方法。转换桥是解决对立问题不可或缺的重要元素，其定义如下。给定对立问题 $P=(G_1 \wedge G_2)*L$，$(G_1 \wedge G_2)\uparrow L$，若存在变换 $T=(T_G, T_{G2}, T_L)$，使 $(T_{G1}G_1 \wedge T_{G2}G_2)\downarrow T_L L$，则称 T 为问题 P 的解变换，它使 G_1 和 G_2 共存，其中 ↑ 表示非共存，↓ 表示共存。解变换的变换对象称之为转换桥，一般是由转折部 Z 和转换通道 J 构成，记为 $B(G_1, G_2)=Z*L$。

转换桥只需要一步即可达到目的时，转折部就是转换桥；而需要两步以上变换才能达到目的时，转换桥由转折部与转换通道（由对立转化为共存的变换过程）构成。转折部 Z 可以划分为连接式转折部和分隔式转折部两种；转换通道 J 包括蕴含通道和变换通道两种。

1）解决对立问题的步骤

解决对立问题其实是把对立问题转化为共存问题的过程，此过程可以划分为以下几个步骤（图 2–9）。

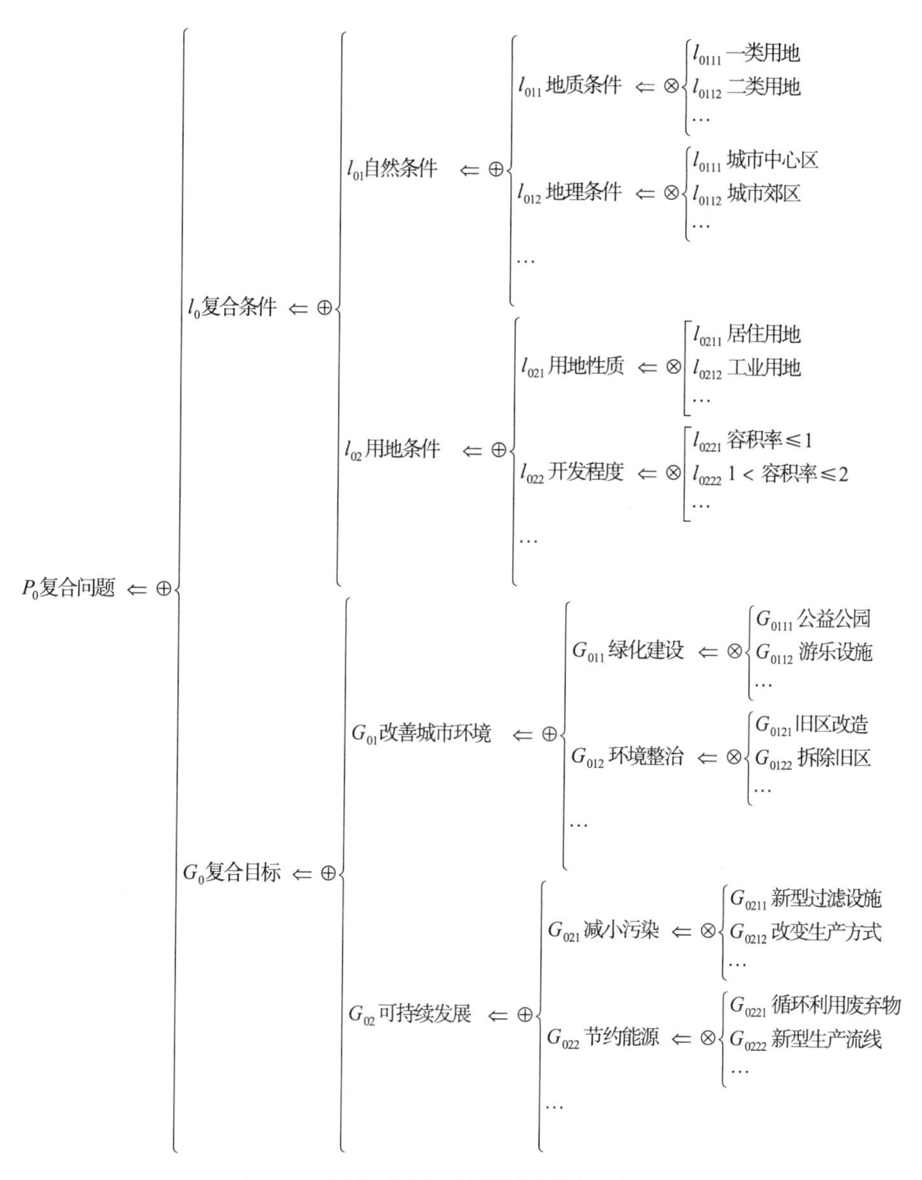

图 2–8　修建性详细规划设计的负向问题相关树

（1）实施对条件 L 的变换 T_L，以形成转折部或变换通道。T_L 可以是对条件中对象的变换或量值的变换，分别形成分隔式转折对象或转折量值；T_L 也可以是对条件基元的一系列变换，可形成变换通道。如果经过 T_L 变换以后目标之间不再矛盾，则对立问题转化为共存问题。

（2）实施对目标（G_1，G_2）的变换（T_{G1}，T_{G2}），以形成转折部或蕴含通道。（T_{G1}，T_{G2}）可以是对目标中对象的变换或量值的变换，相应形成连接式转折对象或转折量值；也可以直接对目标基元进行蕴含分析，形成蕴含通道。如果经过（T_{G1}，T_{G2}）变换以后目标之间不再矛盾，K_L（G'_1，G'_2）>0，则对立问题转化为共存问题。

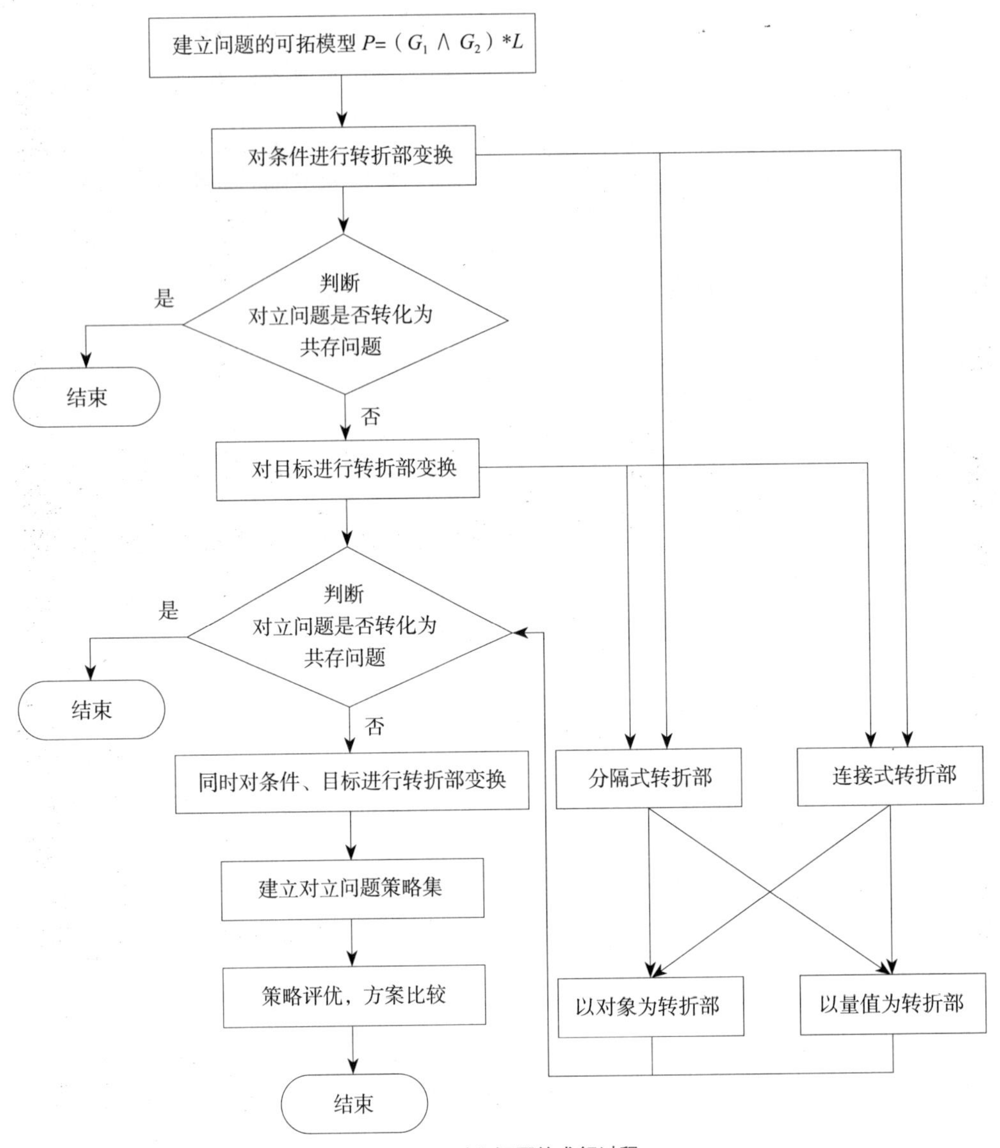

图 2-9 对立问题的求解过程

（3）同时实施对条件 L 和目标（G_1, G_2）的变换，以形成转折部或变换通道、蕴含通道。令 $T_L L=L'$，$T_{G1}G_1=G'_1$，$T_{G2}G_2=G'_2$，且 $G'_1 \Rightarrow G_1$，$G'_2 \Rightarrow G_2$，若 $K_{L'}(G'_1, G'_2)>0$，则对立问题转化为共存问题。

对立问题中转换通道是基于转折部基础上构建的，因此对转折部进行系统的分析与阐释是十分必要的，下面将针对对立问题转折部的各种类型在城市规划中的应用方法进行论述与剖析。

转折部方法有两种类型——分隔式转折部和连接式转折部。城市规划中的问题元素可以用基元来进行表示，而基元是基于对象与量值来表示的，因此以上两种类型的转折部又可分别划分为两种类型——以对象作为转折部、以量值作为转折部。下面将对以上几种类型的转折部进行分类论述。

2）分隔式转折部

分隔式转折部可以解决条件具有可分解性情况下的对立问题，包含以对象为转折部的分隔式转折部与以量值为转折部的分隔式转折部，其分析过程可分为以下几个步骤（图 2–10）。

（1）建立对立问题的可拓模型。

（2）寻找条件基元对象 O 或量值 v 的分隔式转折部，使条件分解为独立部分。

（3）验证各个由条件分解出的独立部分是否与初始目标相吻合。

3）连接式转折部

连接式转折部可以解决目标具有可合并性情况下的对立问题，包含以对象为转折部的连接式转折部与以量值为转折部的连接式转折部，其分析过程可分为以下几个步骤（图 2–11）。

（1）建立对立问题的可拓模型。

（2）寻找目标基元对象 O 或量值 v 的连接式转折部，使目标合并为统一整体。

（3）验证由各目标合并出的整体部分是否与初始目标、条件相吻合。

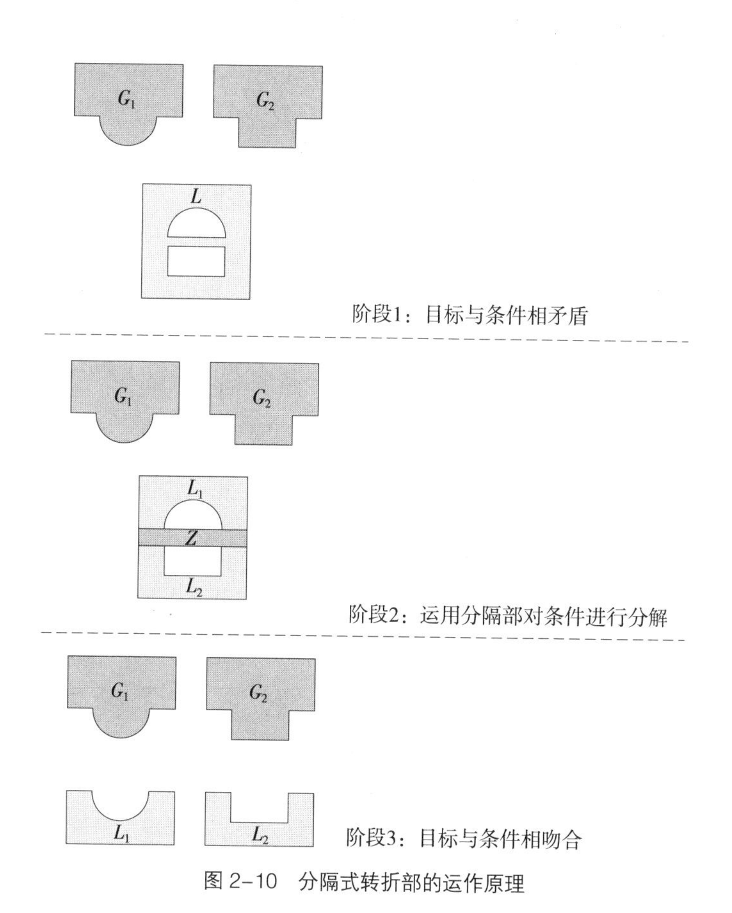

图 2–10　分隔式转折部的运作原理

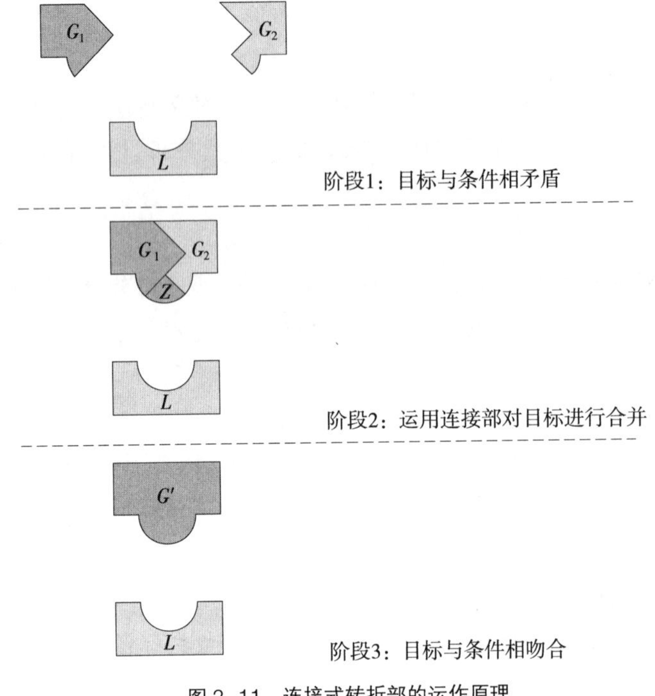

图 2-11　连接式转折部的运作原理

4）转换通道

转换通道是转折部连续运作的过程，由于转折部本身又有很多种类型，因此导致了转换通道是一个比较复杂的过程。对于对立问题 $P=(G_1 \wedge G_2)*L$，其中 $G_1=(O_1, c_1, v_1)$，$G_2=(O_2, c_2, v_2)$，$L=(O, c, v)$，若不能直接利用构造转折部转化为共存问题，则需要构造转换通道，对目标使用蕴含通道，对条件使用变换通道。有些对立问题只用其一即可解决，而有些问题需要同时应用两种通道，才能达到化对立为共存的目的。

在对实际问题的模拟过程中，对问题条件的变换是特殊的变换通道，通常把需要进行两次以上变换的才称为变换通道，而把对条件的一次变换称为转折条件。如果利用变换通道无法使对立问题转化为共存问题，则需要对目标基元 G_1 和 G_2 进行蕴含分析，分别寻找的最下位基元 G_{1n} 和 G_{2n}，即

$$G_1 \Leftarrow G_{11} \Leftarrow G_{12} \Leftarrow \cdots \Leftarrow G_{1n},$$
$$G_2 \Leftarrow G_{21} \Leftarrow G_{22} \Leftarrow \cdots \Leftarrow G_{2n},$$

若 $(G_{1n} \wedge G_{2n}) \downarrow L$（或 L'），则对立问题可转化为共存问题[77]。

2.3.4　实施可拓变换

可拓变换是可拓学解决矛盾问题的重要工具。运用可拓学进行推理的核心机制在于拓展与变换，这与传统意义的推理以蕴含和匹配为核心机制有着本质上的差别。可拓变换的目的是通过剖析现存事物的各个环节和方面，充分挖掘其自身具有的潜在因素，来生成和选择恰当的对象来解决矛盾问题。因此，在可拓学的研究范畴内，解决矛盾问题的工具是可拓变换。

可拓变换并不是无中生有、空穴来风的解决方法，而是基于现有事物的基础上，对于传统的思维方式、构成体系、操作顺序等方面进行重新组合和变换，进而使求知问题中的不可知问题变为可知问题，使求行问题中的不可行问题转化为可行问题，使不适当条件下的假命题变为适当条件下的真命题，使不适当条件下错误的推理转化为适当条件下正确的推理。本节将介绍可拓变换的概念、基本变换、变换的类型、基元的变换及其传导变换等形式。

1）可拓变换的概念

可拓变换是把一个对象变为另一个对象或者分解为若干对象，进而使原先矛盾的问题转化为不矛盾问题的过程。可拓变换可以用事元形式化表示为

$$T=\begin{bmatrix} O_a, & c_{a1}, & v_{a1} \\ & c_{r2}, & v_{a2} \\ & c_{a3}, & v_{a3} \\ & c_{a4}, & v_{a4} \\ & c_{a5}, & v_{a5} \\ & c_{a6}, & v_{a6} \\ & c_{a7}, & v_{a7} \\ & \vdots & \vdots \end{bmatrix}=\begin{bmatrix} \text{变换}, & \text{支配对象}, & v_{a1} \\ & \text{接受对象}, & v_{a2} \\ & \text{变换结果}, & v_{a3} \\ & \text{施动对象}, & v_{a4} \\ & \text{方法}, & v_{a5} \\ & \text{工具}, & v_{a6} \\ & \text{时间}, & v_{a7} \\ & \vdots & \vdots \end{bmatrix}$$

其中 O_a 是动作的名称，表示实施的变换的名称，即

$$O_a \in \{\text{置换，分解，增加，删减，扩大，缩小，}\cdots\}$$

O_a 可以通过对拟实施变换的对象的可拓分析或共轭分析确定。

上述变换 T 可以解析为：v_{a4} 在时间 v_{a7}，以 v_{a6} 为工具，v_{a5} 为方法，对 v_{a1} 实施变换 O_a，变换量为 v_{a2}，变换结果为 v_{a3}。此变换通常简要记为 $Tv_{a1}=v_{a3}$，其中 v_{a5} 和 v_{a6} 可通过历史资料、人为指定或经验等确定。确定了 v_{ai}（i=1，2，…，n），就确定了可拓变换 T 中 v_{a1}，v_{a2}，v_{a3}，v_{a4} 均可以是物、事、物元、事元、关系元、复合元等。

下面就根据 2003 年人居获奖案例梅州土地资源置换的改造案例进行分析。广东省东部的梅州市始建于宋代，历史上饱受梅江水患之苦，给梅江两岸的百姓带来了无尽的灾难（图 2–12）。

梅江“一江两岸”改造工程获得了 2003 年“中国人居环境范例奖”，为人居环境建设事业做出了创造性尝试，并且取得了有益的经验。此次城市建设最大的难点在于资金的筹措。虽然著名港商曾宪梓以及此后旅居海外的客乡侨胞总共捐资近 3000 万元，中央及广东省政府也拨款 1000 多万元用于梅江“一江两岸”改造工程，但距离 8 亿的工程设计总预算还颇为遥远。为解决这一巨大资金缺口，市委、市政府想到了一条全新的建设思路。

首先，水利和城市规划部门将梅江南岸弯弯曲曲、大片常年荒废的土堤改为石堤，将河道裁弯取直，在满足行洪断面宽度的情况下，可以从河道的滩涂、沙洲和原土堤中获得将近 80 公顷的土地，其价值对于城市建设中日趋紧缺的土地资源而言不可估量。

图 2-12　梅州市地图

图片来源：百度地图

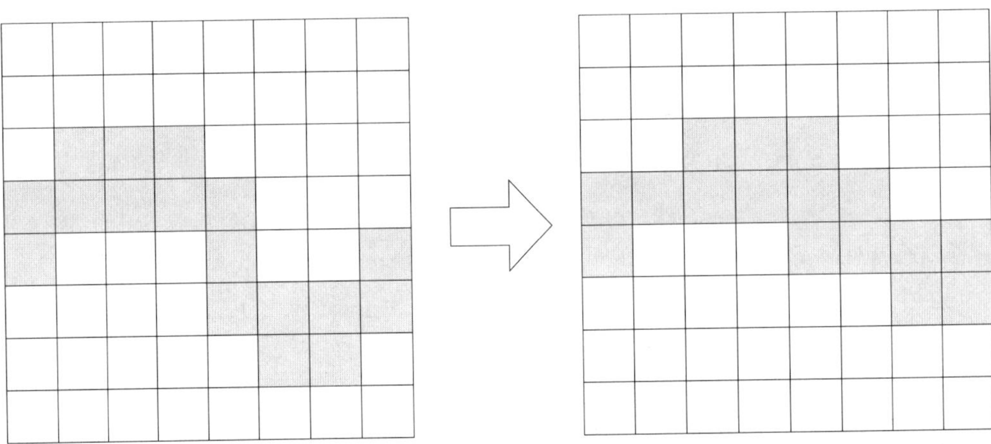

图 2-13　梅州河道改造示意图

有了这些宝贵的土地资源，市委、市政府确立了“堤围改造与房地产开发相结合，企业筹资进行堤围改造，政府以土地作为补偿”和“谁投资，谁管理，谁受益”的建设开发模式。这些政策极大地调动了各级企业参与建设的积极性，梅州当地两家上市公司、城市建设发展总公司以及几家国际机构投入了大量资金，使“一江两岸”改造建设工程迅速得以落实。

梅州“一江两岸”改造建设的这种被当地称之为“空手道模式”的市政建设模式解决了梅江的严重水患问题，同时也为各级地方政府开拓思路、解决市政建设资金缺口树立了良好的榜样[78]（图 2-13）。

下面将上述建设案例用可拓学的公式方法来进行分析与表达，具体形式如下。

$$T=\begin{bmatrix} O_a, & c_{a1}, & v_{a1} \\ & c_{a2}, & v_{a2} \\ & c_{a3}, & v_{a3} \\ & c_{a4}, & v_{a4} \\ & c_{a5}, & v_{a5} \\ & c_{a6}, & v_{a6} \\ & c_{a7}, & v_{a7} \\ & \vdots & \vdots \end{bmatrix}=\begin{bmatrix} \text{置换}, & \text{支配对象}, & M_1 \\ & \text{接受对象}, & M_2 \\ & \text{施动对象}, & \text{城市规划、水利部门} \\ & \text{方法}, & c_{m1}\text{换为}c_{m0} \\ & \text{工具}, & \text{水利建设}M \\ & \text{时间}, & \text{2003年} \\ & \text{地点}, & \text{梅州} \\ & \vdots & \vdots \end{bmatrix}$$

$$M_1=\begin{bmatrix} \text{改造前梅江}, & c_{m1}, & x \\ & c_{m2}, & 0 \end{bmatrix}=\begin{bmatrix} M_{21} \\ M_{22} \end{bmatrix},\quad M_2=\begin{bmatrix} \text{改造后梅江}, & c_{m1}, & x' \\ & c_{m2}, & 1 \end{bmatrix}=\begin{bmatrix} M_{21} \\ M_{22} \end{bmatrix}$$

其中 c_{m1} 表示防洪标准，c_{m2} 表示沿河土地，c_{m0} 表示河道形式。则 T 表示在 2003 年，梅州的城市规划和水利部门，以水利建设 M 为工具，利用把特征（c_{m1}，x）变换为（c_{m0}，a）的方法，将求知不可行（即无沿河土地可用于建设）的梅江的防洪问题转化为求知可行的梅江的河道形式问题，简记为 $TM_1=M_2$，其中物 O_m 关于沿河土地 c_{m2} 的量值规定为

$$c_{m2}(O_m)=\begin{cases} 1, & O_m\text{为城市可建筑用地} \\ 0, & O_m\text{为城市不可建筑用地} \end{cases}$$

取 c_{m0}（河道形式）为 M 的评价特征，若 $c_{m0}(M_2)>c_{m0}(M_1)$，表示改造后的梅江综合效益要优于改造前的梅江。这样，对梅江实行变换 T，可通过改变河道形式的方法，使梅江的防洪能力大幅度上升，同时又增加了城市可建设用地，使得开发商获得了利润，进而使城市与河流改造成为现实。

变换的效果如何，将用评价事物元加以评价

$$M(T)=\begin{bmatrix} T, & c_{m3}, & v_{m1} \\ & c_{m4}, & v_{m2} \\ & c_{m5}, & v_{m3} \end{bmatrix}$$

其中，c_{m3} 表示可行性，c_{m4} 表示效果，c_{m5} 表示代价。

2）基本变换与传导变换

认识可拓变换的概念之后，对于变换的类型进行划分是十分必要的，下面就着重阐释可拓变换的几种基本变换类型。设 $\Gamma\in\{O_m, O_a, O_r, c_m, c_a, c_r, v_r, v_a, v_r, M, A, R, Z, f, U\}$，其中，$Z$ 表示复合元，f 表示关联准则，U 表示论域，其余同前。Γ 可以有置换、增删、扩缩、分解、复制五种形式的基本变换，下面逐一加以详细论述。

（1）**置换变换**。置换变换的表达式是 $T\Gamma=\Gamma'$，即

$$T=\begin{bmatrix} \text{置换}, & c_{a1}, & \Gamma \\ & c_{a2}, & \Gamma' \\ & c_{a3}, & u_3 \\ & \vdots & \vdots \end{bmatrix}$$

置换变换可以通过图 2–14 来表达。

图 2–14 阴影部分为体现城市规划个性需求部分，是按不同城市规划要求进行置换的部分。其中图 2–14（*a*）表示在模块特征相同条件下进行量值的可拓置换，如对不同尺度的用地进行规划；图 2–14（*b*）表示在模块特征不同条件下对被置换模式进行特征的可拓置换，相应其量值也发生了变换[79]。

（*a*）　　　　　　　　　　（*b*）

图 2–14　置换变换模式
（*a*）量值置换；（*b*）特征置换

（2）**增删变换**。增删变换包括增加变换和删减变换两种情况。增加变换的表达式是 $T_1\Gamma=\Gamma\oplus\Gamma_1$，即

$$T_1=\begin{bmatrix} 增加, & c_{a1}, & \Gamma \\ & c_{a2}, & \Gamma_1 \\ & c_{a3}, & \Gamma\oplus\Gamma_1 \\ & \vdots & \vdots \end{bmatrix}$$

删减变换的表达式是 $T_2\Gamma=\Gamma\ominus\Gamma_1$，即

$$T_1=\begin{bmatrix} 增加, & c_{a1}, & \Gamma \\ & c_{a2}, & \Gamma_1 \\ & c_{a3}, & \Gamma\ominus\Gamma_1 \\ & \vdots & \vdots \end{bmatrix}$$

增删变换可以通过图 2–15 来表达。

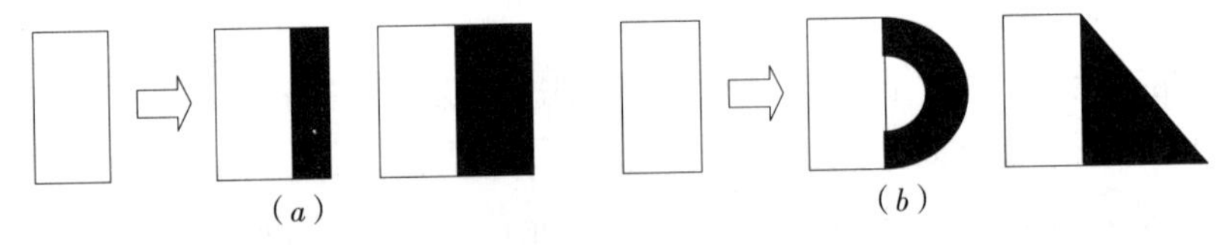

（*a*）　　　　　　　　　　（*b*）

图 2–15　增删变换模式
（*a*）量值增加；（*b*）特征、量值增加

图 2–15 阴影部分为增删部分。其中图 2–15（*a*）表示在模块特征相同条件下进行量值的可拓置换；图 2–15（*b*）表示在模块特征不同条件下对被置换模式进行特征的增加置换，其量值发生变换。

（3）**扩缩变换**。扩缩变换的表达式是 $T\Gamma=\alpha\Gamma$，即

$$T=\begin{bmatrix}扩大\vee缩小, & c_{a1}, & \alpha倍 \\ & c_{a2}, & \Gamma \\ & c_{a3}, & \alpha\Gamma \\ & \vdots & \vdots \end{bmatrix}$$

当 $\alpha>1$ 时为扩大变换，当 $0<\alpha<1$ 时为缩小变换。

扩缩变换可以通过图 2–16 来表达。

图 2–16（a）表示在模式特征相同条件下进行量值的扩缩置换；图 2–16（b）表示在模式特征不同条件下对被置换模式进行特征、量值的扩缩置换。

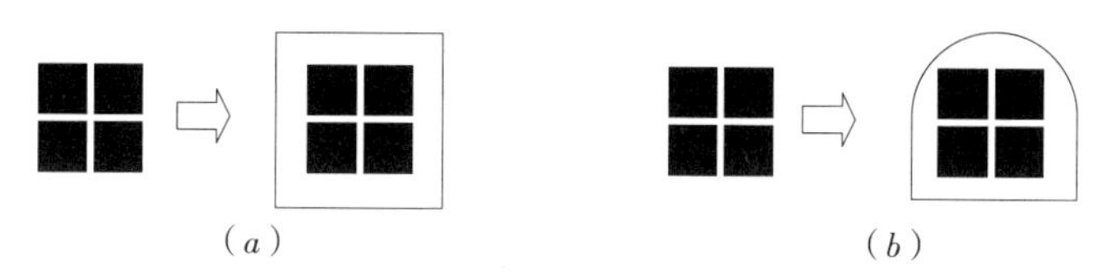

图 2–16　扩缩变换模式

（a）量值扩缩；（b）特征、量值扩缩

（4）**分解变换**。设定 $T\Gamma=\{\Gamma_1, \Gamma_2, \cdots, \Gamma_n\}$，其中 $\Gamma_1\oplus\Gamma_2\oplus\cdots\oplus\Gamma_n=\Gamma$，则

$$T=\begin{bmatrix}分解, & c_{a1}, & \Gamma \\ & c_{a2}, & \Gamma_1\oplus\Gamma_2\oplus\cdots\oplus\Gamma_n \\ & c_{a3}, & \{\Gamma_1,\Gamma_2,\cdots\Gamma_n\} \\ & \vdots & \vdots \end{bmatrix}$$

分解变换可以通过图 2–17 来表达。

（5）**传导变换**。可拓变换具有传导的特性，变换的传导是解决矛盾问题的重要性质。不但基元具有传导的性质，复合元也具有类似的传导性。相对于直接变换而言，传导变换则是指一个基元的变换或若干个基元的变换引起的另一个基元或若干个基元的变换。传导变换的基本步骤参见图 2–18 [80]。从严格的意义上讲，给定基元 Γ_0 和 Γ，Γ_0 的变换 ϕ，当 $\phi\Gamma_0=\Gamma'_0$ 时，存在变换 T，使 $T\Gamma=\Gamma'$，也即 $\phi\Rightarrow T$，则称 T 为 ϕ 的一阶传导变换，简称传导变换，记作 T_ϕ；这时，$T_\phi\Gamma=\Gamma'$，同时，称 ϕ 为主动变换；ϕ 的一阶传导变换的全体 $\{T_\phi\}=\{T|T\Leftarrow\phi\}$ 为 ϕ 的一阶传导变换集。在变换 ϕ 的传导效应中，ϕ 引起 Γ_0 及相关基元 Γ_1 的变换，而 Γ_1 又与 Γ_2 相关，Γ_1 的变换又引起 $T\varphi$ 又引起 Γ_2 的变换，则称 T 为 ϕ 关于 Γ_2 的二阶传导变换，记作 $T=T_\phi^{(2)}$。同理，T 为 ϕ 关于 Γ_n 的 n 阶传导变换，记作 $T=T_\phi^{(n)}$。

3）变换的复合与运算

在可拓变换的传导变换基础上，还存在着变换之间的复合运算。若给定变换

$$T=\begin{bmatrix}O_a, & c_{a1}, & v_{a1} \\ & c_{a2}, & v_{a2} \\ & \vdots & \vdots \\ & c_{an} & v_{an} \end{bmatrix}$$

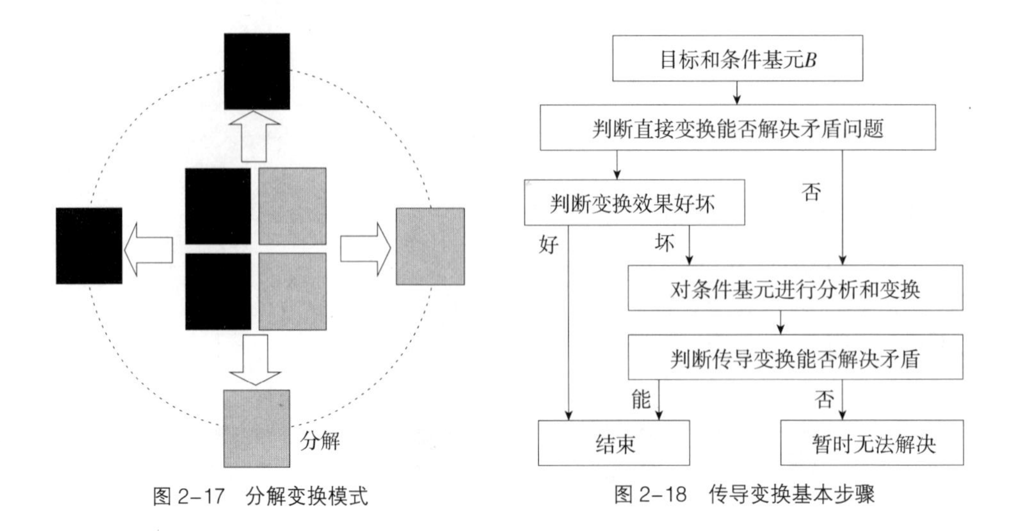

图 2-17　分解变换模式

图 2-18　传导变换基本步骤

若对 v_{aj}（$j \in \{1, 2, \cdots, n\}$）作变换 $T_{v_{aj}}$，称

$$T=\left({}_{v_{aj}}T_{v_{a1}},\ {}_{v_{aj}}T_{v_{a2}},\ \cdots,\ {}_{v_{aj}}T_{v_{ai}},\ \cdots,\ {}_{v_{aj}}T_{v_{an}}\right)$$

为复合变换，其中 $v_{aj} \in \{M, A, R, Z\}$，${}_{v_{aj}}T_{v_{ai}}$ 表示对 v_{aj} 的变换所传导的对 v_{ai} 的变换。

前面论述了可拓变换的各种基本类型以及传导变换，但是除却这些变换类型，现实中还存在着各种变换之间相互影响的复杂情况，因此下面我们就这些变换之间相互影响的关系用运算的方式来进行表达。可拓变换具有如下四种最基本的运算规则：或变换、与变换、积变换、逆变换。

或变换表达式是 $T=T_1 \vee T_2 \vee T_3$，表示多种变换中取其中之一的变换。

与变换表达式是 $T=T_1 \wedge T_2 \wedge T_3$，表示多种变换同时进行的变换。

积变换表达式是 $T=T_{n-1}T_{n-2}\cdots T_2T_1$，表示按照一定次序连续进行一系列变换的变换。

除了正常顺序的运算规则外，相反意义的变换常常成对存在。为了描述这些相反的变换，我们称它们互为逆变换，T 的逆变换记作 T^{-1} 或 T。

在现实生活中，很多事物不单纯是某一种变换所能涵盖的，是由五种基本变换通过运算或复合所构成的；反过来讲，世界上无数种复杂的变换类型都可以由以上论述的五种基本变换类型以及复合与运算规则来表达。这样，可拓变换就为我们研究世界上事物的变化带来了一种新的方法，可以指导我们在描述事物将其数据逻辑化的道路上更前进一步。

4）可拓变换的类型

在确定可拓变换中基本变换的类型以及变换的复合、运算规则后，还必须对于可拓变换的类型加以划分。这里所说的可拓变换的类型并不是前面所提到的置换变换、增删变换等方式的划分，而是针对可拓变换构成部分的那一部分（也就是变换对象）来进行变换所展开的讨论。根据变换对象的类型，可以把可拓变换分为论域的变换、关联准则的变换和论域中元素的变换。由于论域中的元素可以是基元、复合元或它们中的某个元素，因此元素的变换又分为基元的变换和复合元的变换。

（1）**论域的变换**。论域是事物的研究范围，因此论域的确定是我们研究和解决矛盾问题的首要工作。在经典逻辑和模糊逻辑中，论域是固定不变的，这反映了人们一种习惯思维：把问题涉及的对象局限于某一固定的论域中。这样做的优点是便于在固定的范围内研究问题的解，但同时这种做法也限制了人们的视野。在客观世界中，一定范围内是矛盾的问题，在另一个论域中却可能是不矛盾的。因此，在可拓学中不把论域视为固定不变的，而是研究在论域变换的情形下，如何使矛盾问题转化成为不矛盾问题。

例如，在城市规划设计领域中，规划设计者不断地扩大其承接项目的范围，从一个地区扩大到一个省，扩大到全国，扩大到世界。把大量的非业主变成业主，从而使市场不断扩展。设计单位考虑自己的业务承接范围，常常要从目前的承接范围扩展到本省的资源、全国的资源，甚至海外的资源。因此，把论域看成固定不变的思想往往妨碍了人们的开拓活动。论域的变换正是从这些实际背景抽象出来的。

论域 U 也具有上述五种基本变换形式：

$$TU=U'$$

$$TU=U\oplus U_1$$

$$TU=U\ominus U_1，U\supset U_1$$

$$TU=aU$$

$$TU=\{U_1，U_2，\cdots，U_n\}$$

$$TU=\{U，U^*\}$$

（2）**关联准则的变换**。关联准则是可拓学中一个重要的定义，它是对问题矛盾或不矛盾以及矛盾程度的一种规定。由于这些规定，使某些元素不能满足限制，从而造成“不可知”、“不可行”。当关联准则改变时，不满足原限制的某些元素，可以变为满足“新限制”的元素，从而使不行变行，不是变是，不可知变可知。

关联准则的变换会带来一种全新角度思考问题的解决方法。在国外城市规划领域限制下的某些矛盾问题，在中国城市规划的规则下就可能是不矛盾的。某些矛盾经由政府的某些政策“补充规定”会变成不矛盾的。在很多实际工作中，关联准则的改变是解决问题的一条途径。在制定政策时，不同时期使用不同的政策，不同国家、地区执行不同的规定；在城市建设方面，地方政府制定政策的改变；在城市规划设计领域，不同设计单位采用不同的设计方法或风格；在项目前期阶段，按照法定程序所进行的设计地段使用性质的调整等等都属于关联准则的变换。关联准则的变换正是以这些实际问题为背景而进行研究的。

例如，若在城市规划方案中的一个中央商务区需要建设资金两亿，而当地政府目前只有五千万的可支配资金，且不可能全部用于建设此商务区，因此不具备建设商务区的实力。若改为吸引商家投资的方法，由商家负责地区的开发建设工作，制定相关的收益优惠政策（可制定把前几年的经济收益作为建设补偿费用交给投资方，几年后收益回归政府等类似政策），则最终可以实现这样的建设行为。这种方法被广为采用，既使政府节约了费用，可把五千万资金用于其他领域的城市建设，又使投资方有利可图，最终还使城市建设和市民生活也得到了相应的改善，一举三得。

关联准则 k 也具有上述的五种基本变换：

$$Tk=k'$$
$$Tk=k\oplus k_1$$
$$Tk=k\ominus k_1,\ k\supset k_1$$
$$Tk=ak$$
$$Tk=\{k_1,\ k_2,\ \cdots,\ k_n\}$$
$$Tk=\{k,\ k^*\}$$

（3）**基元的变换**。基元的变换是指对论域 U 中的基元 B 的变换，其中包括物元变换、事元变换、关系元变换、共轭部变换和共轭变换。当 $u=M$ 是物元时，变换 T_B 是物元变换，即 $T_B=T_M$；当 $B=A$ 是事元时，变换 T_B 是事元变换，$T_B=T_A$；当 $B=R$ 是关系元时，变换 T_B 是关系元变换，$T_B=T_R$。其中，物元和事元都具有上述的五种基本变换；关系元可以划分为置换变换、增删变换、分解变换、复制变换、中介变换、换位变换六种。

基元变换除却物元、事元、关系元的变换之外，还存在共轭部变换和共轭变换。物 O_m 按照物质性、系统性、动态性和对立性，可以划分为四对共轭部，即

$$O_m=\mathrm{im}(O_m)\oplus\mathrm{re}(O_m)=\mathrm{sf}(O_m)\oplus\mathrm{hr}(O_m)=\mathrm{lt}(O_m)\oplus\mathrm{ap}(O_m)=\mathrm{ng_c}(O_m)\oplus\mathrm{ps_c}(O_m)$$

这八个部中某一部分的变换统称为共轭部变换，共轭部变换使物 N 产生改变，这是解决矛盾问题的另一途径。各个共轭部的变换对应记为

$$T_{\mathrm{im}}M_{\mathrm{im}}=M'_{\mathrm{im}},\ T_{\mathrm{re}}M_{\mathrm{re}}=M'_{\mathrm{re}}$$
$$T_{\mathrm{sf}}M_{\mathrm{sf}}=M'_{\mathrm{sf}},\ T_{\mathrm{hr}}M_{\mathrm{hr}}=M'_{\mathrm{hr}}$$
$$T_{\mathrm{lt}}M_{\mathrm{lt}}=M'_{\mathrm{lt}},\ T_{\mathrm{ap}}M_{\mathrm{ap}}=M'_{\mathrm{ap}}$$
$$T_{\mathrm{ng_c}}M_{\mathrm{ng_c}}=M'_{\mathrm{ng_c}},\ T_{\mathrm{ps_c}}M_{\mathrm{ps_c}}=M'_{\mathrm{ps_c}}$$

某一共轭部的变换又会导致同一共轭对中另一共轭部的变换，称为共轭变换。如果设

$$M_{\mathrm{im}}=\begin{bmatrix}\mathrm{im}O_m, & c_{i1}, & v_{i1}\\ & c_{i2}, & v_{i2}\\ & \vdots & \vdots\\ & c_{in}, & v_{in}\end{bmatrix},\quad M_{\mathrm{re}}=\begin{bmatrix}\mathrm{re}O_m, & c_{r1}, & v_{r1}\\ & c_{r2}, & v_{r2}\\ & \vdots & \vdots\\ & c_{rm}, & v_{rm}\end{bmatrix}$$

若 $T_{\mathrm{im}}M_{\mathrm{im}}=M'_{\mathrm{im}}$，则必存在 ${}_{\mathrm{im}O_m}T_{reO_m}$，使 $T_{\mathrm{im}O_m}\Rightarrow{}_{\mathrm{im}O_m}T_{reO_m}$；在不至于混淆的情况下，简记为 $T_{\mathrm{im}}\Rightarrow{}_{\mathrm{im}}T_{re}$。类似地，还可以推导出以下公式：

$$T_{\mathrm{re}}\Rightarrow{}_{\mathrm{re}}T_{\mathrm{im}}$$
$$T_{\mathrm{sf}}\Rightarrow{}_{\mathrm{sf}}T_{\mathrm{hr}}$$
$$T_{\mathrm{hr}}\Rightarrow{}_{\mathrm{hr}}T_{\mathrm{sf}}$$
$$T_{\mathrm{lt}}\Rightarrow{}_{\mathrm{lt}}T_{\mathrm{ap}}$$
$$T_{\mathrm{ap}}\Rightarrow{}_{\mathrm{ap}}T_{\mathrm{lt}}$$
$$T_{\mathrm{ng_c}}\Rightarrow{}_{\mathrm{ng_c}}T_{\mathrm{ps_c}}$$
$$T_{\mathrm{ps_c}}\Rightarrow{}_{\mathrm{ps_c}}T_{\mathrm{ng_c}}$$

（4）**复合元的变换**。复合元的变换是建立在基元变换基础上更为复杂的情况。设 Z_0 为由物元、事元或者关系元构成的复合元。对 Z_0 实施某变换 T，使之改变为另一复合元 Z 或若干复合元 Z_1，Z_2，…，Z_n，称变换 T 为对复合元 Z_0 的变换，简称为复合元变换。

对复合元中的物元进行的变换，遵循物元变换规则；对复合元中事元的变换，遵循事元变换规则；对复合元中关系元的变换，遵循关系元变换规则，在此不再进行详细论述。

通过上述的可拓变换原理论述，明确对各种情况下事物的变换用可拓变换的表达方式来进行表达的方法后，还必须拟订在城市规划领域开展研究的研究步骤。城市规划领域涉及很多名词、术语以及相关影响因素，如果利用可拓学进行分析，必须根据其基本原理来对各种规划单位进行定义，规定出明确的物元、事元、关系元，乃至于更加具体的单位（如空间元）。确定出明确的研究对象及其表达方式后，进一步的工作是对城市规划领域的各种矛盾进行分析与表达，通过可拓变换来寻求解决问题的方法。

城市规划领域中各种变换的种类以及情况相对复杂，涉及各种影响因素分析时，更多会涉及可拓变换中的复合元变换、传导变换、中介变换等较为复杂的表达形式。在第 3 章到第 5 章中，将列举各种实例来对城市规划各个构成部分用可拓学思想来进行解释，用可拓变换来解决问题。

2.4　本章小结

本章首先从分析当前城市规划领域面临的矛盾入手，归纳总结出以下几个主要矛盾问题：

（1）规划设计相关资料获取过程费时费力，资料难以收集完整齐全。

（2）“黑箱”思维模式难以取代。

（3）设计创作时间严重不足。

（4）设计作品相互抄袭现象严重，缺乏创新。

在分析矛盾问题后，进一步论述了用可拓学拥有的优势来弥补当前城市规划领域的不足的主旨，探讨城市规划领域存在的创新可能性，总结出以下几点基于可拓学的城市规划研究的创新目标。

（1）分析以往的城市规划案例，总结设计创新规律。

（2）将“黑箱”思维转化为逻辑化语言，为人工智能研究做出准备。

（3）结合与城市规划相关的数据库，通过互联网拓展数据获取来源。

系统地分析城市规划领域面临问题以及可改进方面后，阐述了可拓学思维表达方式逻辑化易于计算机识别的基本特点，进而论述了可拓学在城市规划领域应用的适用范围，进而确定了基于可拓学的城市规划研究的三个主要研究层次——城市用地布局、城市空间设计、管理控制规则。本章集中论述了这三个研究层次的主要构成内容及后面章节的研究框架组织形式。

在明确研究对象与范围后，论述了基于可拓学的城市规划研究的步骤与方法。对于城市用地布局与城市空间设计来说，是属于不相容问题，其研究分析步骤如下。

（1）运用可拓思维方法对城市用地布局的各个层面进行分析。

（2）运用问题相关树方法对城市用地布局进行多角度的研究分析。

（3）结合可拓集合，运用可拓变换来对城市用地布局中亟待改良的部分进行研究分析。

而对于管理控制规则来说，是属于对立问题，其研究分析步骤如下。

（1）运用可拓思维方法对管理控制规则的各个层面进行分析。

（2）运用转换桥方法对管理控制规则进行多角度的研究分析。

（3）结合可拓集合，运用可拓变换来对管理控制规则中亟待改良的部分进行研究分析。

在基本步骤的基础上，本章充分地论述了与各个步骤相对应的问题相关树、转折部、可拓变换等方法。

第3章

基于可拓学的城市用地布局

对于城市建设来说，区位具有极端重要性。因此，城市用地布局是基于可拓学的城市规划研究中最根本与最普遍的研究层面。从整体角度来进行分析的城市用地包含多块独立的城市用地，每块独立的城市用地都具有各自独特的地理区位、文化特质、经济价值、环境质量等等诸多因素的影响，而这些独立的用地之间又相互作用，产生错综复杂的关系网，最终形成了复杂多变的城市用地格局。

本章将从可拓学的角度来对城市用地进行系统分析，运用可拓思维模式从微观角度对独立的城市用地进行剖析，进而建立问题相关网来进行宏观角度的城市用地分析，利用问题相关树、可拓集合、可拓变换的方法来描述以及解决城市用地布局设计中所面临的各种矛盾问题。

城市中某一个具体的地块是城市用地整体布局中最基本的研究单元，它本身所蕴涵的各种信息，在各地块之间互相作用的过程中逐级累加到城市用地整体布局中去，因此要从宏观角度来研究城市用地布局，就必须先运用可拓思维模式来对城市用地中相对独立的具体地块进行微观角度的分析。

3.1　城市用地与可拓思维模式

可拓思维模式包括共轭思维模式、逆向思维模式、传导思维模式与菱形思维模式四种，本节将根据可拓思维模式的特点有选择性地应用以上可拓思维模式，在城市用地的利弊分析、影响因素、综合分析几个方面进行系统分析与论述。

3.1.1　利弊分析与共轭思维模式

由第 2 章关于共轭思维模式的介绍得知，任何事物都是由虚实、软硬、潜显、正负四对共轭部所构成，下面将根据这个原理对独立的城市用地的各项特性用可拓学的表述方式进行表达。

城市用地是一个整体的概念，要全面地分析城市用地，必须从独立的城市用地地块的系统分析入手。单块的城市用地其构成元素同样非常复杂，从用地性质、面积、容积率、土地价值、环境保护程度等角度都可以进行多层次的研究。例如，把某一具体城市用地作为物元，从用地性质或其他角度入手进行研究，就可以选择不同的共轭对进行研究，并规定其具体代表含义，以指导下一层次研究的展开，以城市用地为研究对象的共轭对选择具体情况参见表 3–1。

具体城市用地的共轭部研究定位　　　　**表 3–1**

研究对象	研究元素	共轭对选择	共轭部含义
城市用地	用地性质	虚实	虚部 im（O_m）：规划用地性质
			实部 re（O_m）：现状用地性质
	环境保护	软硬	软部 sf（O_m）：环境保护政策
			硬部 hr（O_m）：环境整治工程

续表

研究对象	研究元素	共轭对选择	共轭部含义
城市用地	土地价值	潜显	潜部 lt（O_m）：潜在价值、增值可能性
			显部 ap（O_m）：现有价值、可开发能力
	经济收支	正负	正部 ps_c（O_m）：地块内生产价值总额
			负部 ng_c（O_m）：地块内消费价值总额

由上述表格可以看出，共轭思维模式可以从多个角度对城市用地进行比较与分析，这就需要在现实中对具体地块采取具体情况具体分析的策略，从各个共轭对中寻求突破点，以解决面临的矛盾问题。在现实城市用地的分析与应用中，共轭思维模式相对于传导思维模式、菱形思维模式而言，更适用于用地涉及关系相对直接、简单的情况，也可以说共轭思维模式是其他几种可拓思维模式的基础。

城市用地是复杂的研究对象，涉及诸多相关因素，在本书中引入戈德堡和秦罗伊关于城市用地特点的观点，以指导更加具体的可拓共轭分析。

1）城市用地的特征

城市用地的特征决定了城市规划对于用地进行各种研究的角度与所采用方法。从城市土地经济学的角度来看，戈德堡和秦罗伊认为城市用地具有独特的三个方面的重要特征——物理特征、区位特征和法律特征。

(1) **物理特征**。将城市用地与其他经济实体进行比较，可以引发出四项将城市用地和其他经济物品区分开的普遍特征，这四项特征分别是空间、不可破坏性、不可移动性、唯一性。因此，具备这四种特性的用地特征就应当归纳为物理特征。物理特征表达了城市用地本身固有的诸多特性，如地块坡度、水平高度、形状、土壤和尺寸等内容。

(2) **区位特征**。城市用地的区位所反映的是该项用地在城市中的位置以及由此位置所反映出的特征。城市用地的区位决定了该地块作何使用及其经济和社会的价值。因此，对区位特征的讨论，实际上不仅仅是在讨论影响到具体地块上经济活动所涉及的经济、社会和空间相互作用的网络。从区位的独特唯一性入手，一切与位置有关的因素都应当归属于区位特征，因此可以推导出交通状况、周边环境、土地价值等一系列相关因素。

(3) **法律特征**。从上述城市土地资源的物理和区位特征可以清楚地看到它与一般经济物品的区别。出于土地资源的稀缺性和唯一性，几个世纪以来建立起来了独特的法律制度来处理涉及城市用地的使用、处置和所有权以及对此进行改进的相关法律问题[81]。以城市用地为目标所建立的关于土地管理的法律、关于建筑保护的法律、关于城市规划的法律法规以及一切与城市用地有关的法定条文等都属于城市用地的法律特征。

根据以上所述的城市用地各种特征，下面就列举真实的城市用地进行共轭思维分析，此举的主旨在于通过此案例的分析总结出一般的共轭分析规律，进而指导更广泛的项目分析。

2）实例共轭分析

江苏省北部的宿迁市是新兴的中心城市，西接安徽省，南距淮安市100km，北邻徐州市117km，东距连云港市120km。古黄河、京杭大运河南北纵贯该市境内，2005年全市总人口526万，中心城区人口33万。

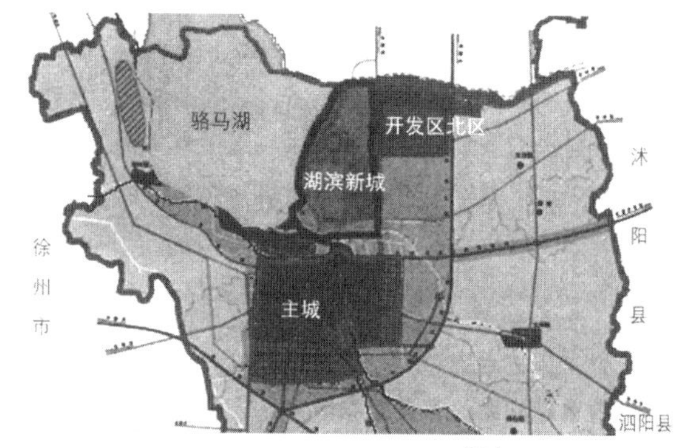

图 3–1　湖滨新城区位[82]

湖滨新城位于宿迁市中心城区北部，西邻江苏四大湖泊之一的骆马湖，东连嶂山森林公园，北至新沂河，南抵京杭大运河与主城接壤，总面积 81km^2（图 3–1）。现状用地中包括小部分城镇建成区，约 10km^2 高教园区、村庄用地和少量耕地，同时已形成"四纵十三横"的道路系统[82]。

针对此地块进行分析，可以按照城市用地的物理特征、区位特征、法律特征几个不同的角度来展开。

首先，从地块的物理特征入手，以共轭思维方式来对该地块进行分析。物理特征是城市用地最基本的特征，地块的垂直标高、形状、尺寸、面积、坡度、自然环境一系列指标都可以用共轭思维中的共轭对来表示。具体应用共轭对的方式参见表 3–2。城市用地的物理特征是城市建设予以实施的基本条件，其改造可塑性是有限的，一切指标需要在适当的范围内进行选择与调整。

城市用地物理特征的共轭部分析　　表 3–2

研究对象	研究元素	共轭对选择	共轭部含义
城市用地物理特征	垂直标高	正负	正部 ps_c（O_m）：地上标高
			负部 ng_c（O_m）：地下标高
	形状	虚实	虚部 im（O_m）：不宜建设部分
			实部 re（O_m）：宜建设部分
	尺寸	软硬	软部 sf（O_m）：影响范围
			硬部 hr（O_m）：地块尺寸
	面积	软硬	软部 sf（O_m）：红线控制范围
			硬部 hr（O_m）：建设控制范围
	坡度	虚实	虚部 im（O_m）：不可建设用地
			实部 re（O_m）：可建设用地
	自然环境	潜显	潜部 lt（O_m）：自然生态环境带来的影响
			显部 ap（O_m）：现有的自然生态环境

其次，对于城市用地区位特征的分析需要从一切与地理位置有关以及间接相关的因素入手，进而确定更加具有指导性的指标体系。从相对于城市规划的关系来说，与区位特征相关的各种因素更加复杂，需要投入更多的精力进行分析与调查。具体的城市用地区位特征分析参见表 3–3。

城市用地区位特征的共轭部分析　　表 3–3

研究对象	研究元素	共轭对选择	共轭部含义
城市用地区位特征	地理位置	虚实	虚部 im（O_m）：相对城市的位置
			实部 re（O_m）：绝对地理坐标
	交通状况	软硬	软部 sf（O_m）：交通组织、流量状况
			硬部 hr（O_m）：交通设施、道路建设状况
	绿化建设	软硬	软部 sf（O_m）：使用人群所形成的活动
			硬部 hr（O_m）：绿化覆盖率、建设水平
	区域文化	虚实	虚部 im（O_m）：民俗、历史文化
			实部 re（O_m）：文化留存实物、建筑等
	土地价值	潜显	潜部 lt（O_m）：旅游等潜在未被挖掘的价值
			显部 ap（O_m）：目前已开发建设具有的价值
	用地性质	虚实	虚部 im（O_m）：规划用地性质
			实部 re（O_m）：现状用地性质
	经济收支	正负	正部 ps_c（O_m）：地块内生产价值总额
			负部 ng_c（O_m）：地块内消费价值总额

客观地说，城市用地的区位特征与城市规划的关系更为密切，同时区位特征也反映出城市规划方案是否合理、建设程度等；事实上很多经济学家也对城市区位进行了专门的研究，制定出很多关于城市商业区、社区、经济产业分布规律的理论。因此，对城市用地的区位特征进行透彻的分析可以有助于编制更加合理的城市规划方案。

再次，关于城市用地法律特征的研究也必不可少。法律特征是指一切通过法律条文规定或地方政府制定的行政法令对城市建设、维护、管理等活动进行管理的规则等相关因素，它反映了城市政府以及规划机构对城市用地进行管理的手段与水平。关于城市用地法律特征的具体分析参见表 3–4。

城市用地法律特征的共轭部分析　　表 3–4

研究对象	研究元素	共轭对选择	共轭部含义
城市用地法律特征	保护措施	虚实	虚部 im（O_m）：用地、建筑保护法规
			实部 re（O_m）：保护用地、建筑实体

续表

研究对象	研究元素	共轭对选择	共轭部含义
城市用地法律特征	红线控制	软硬	软部 sf（O_m）：适宜建设范围
			硬部 hr（O_m）：规划红线范围
	开发强度	潜显	潜部 lt（O_m）：规划容积率
			显部 ap（O_m）：现有容积率
	市政设施	虚实	虚部 im（O_m）：市政服务水平
			实部 re（O_m）：市政配套设施
	风貌特色	正负	正部 ps_c（O_m）：有益于历史特色的措施
			负部 ng_c（O_m）：破坏历史特色的措施

以上所有表达物理特征的因素所描述的共轭对分析是针对城市土地最基本要素所进行的分析环节，正是这些最基本的分析过程构成了宿迁城市用地布局的复杂情况。

2006 年 5 月宿迁市规划局组织了宿迁市湖滨新城概念规划国际征集，参加此次国际征集的方案共有 5 个，下面对这 5 个方案进行各个方面的比较，参见表 3–5，5 个方案的总平面图参见图 3–2。

此次方案征集，经过各个层面的对比分析，由江苏省城市规划设计研究院与法国 PBA 国际有限公司联合体的5号方案获得第一名。表3–5是对5个规划案例各个层面的比较分析，同时运用共轭分析中的共轭对形式将其主要特点、不足加以概括。

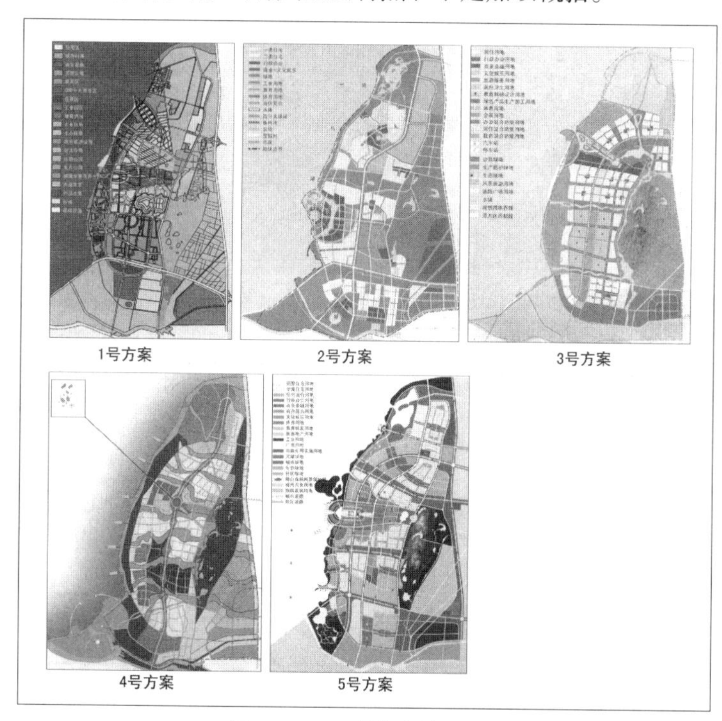

图 3–2　1~5 号方案总平面图

5 个方案的对比共轭部分析 表 3-5

方案编号	比较特征	具体描述
1	规划理念	提出“湖滨花园城”，注重保护湖滨岸线，沿湖滨设置生态绿带，并进行低密度旅游开发；建设以会展商务区、教育园区、居住区等为主要功能的城市开发地带，强调各组团的合理分工与标识性
	主要特点	充分强调保护基地原生态环境和水系，保留与利用现有农业、园艺生产用地，较低的总体开发强度和人口规模对自然生态环境造成压力较小
	不足之处	关于湖滨新城与现有城区在功能与空间上联系的研究较少，交通系统组织不尽合理，中心区偏北，且缺乏与周边地区的有机联系，总体用地方案可操作性较弱
	涉及共轭对	交通状况——软硬，绿化建设——软硬，保护措施——虚实，开发强度——潜显，风貌特色——正负，经济收支——正负
2	规划理念	提出“生态旅游花园城市”，加强嶂山与西部沿湖、南部沿河的空间联系，形成北部生态旅游组团、中心组团、南部体育休闲组团的“集中分散式”组团空间结构形态
	主要特点	对基地环境进行了细致分析，注重结合基地现状条件，总体规划结构合理，土地利用组合类型多样，规划内容全面，有一定深度；城市设计手法娴熟，中心区景观视觉效果较好
	不足之处	对产业发展、新城中心与主城区关系的研究较欠缺，新城中心开发强度过大，滨湖人工设施工程量大且缺乏必要性，对居住区组织考虑较少
	涉及共轭对	形状——虚实，自然环境——潜显，交通状况——软硬，绿化建设——软硬，开发强度——潜显，风貌特色——正负
3	规划理念	提出“综合性新城区”及“条码城市”的设计理念，强调原生态的自然环境 + 鱼骨状的空间结构，以此提供富有成长性的新城空间结构，体现各组团发展机会的均等性以及设施共享的均等性
	主要特点	较好地处理了城市开发建设与生态环境保护之间的关系，利于湖滨新城与主城区联系和实施有序发展；注重对湖滨地区的保护，留出了较充足的滨湖绿带，有利于骆马湖水体保护和滨湖新城未来环境品质的提升
	不足之处	中心布局偏北，不利于促进湖滨新城的启动，对项目策划、创意较少，城市设计的效果尚可提高
	涉及共轭对	形状——虚实，地理位置——虚实，保护措施——虚实，市政设施——虚实，风貌特色——正负
4	规划理念	运用生态 3R（简约、循环、重复利用）理念和“反规划”的设计手法，结合基地特征开辟自然地生态廊道，于湖滨与城市建设用地之间设立绿化缓冲区。提出了浮岛、生态型居住的设计概念
	主要特点	强调生态优先的发展理念，重视湖滨地区与嶂山之间的有机联系；对湖滨地区生态环境保护与发展做了比较全面的考虑，对生态型居住形态具有较好的创意，提出了高科技环保型生态工程技术的设想
	不足之处	新城中心区设计过于复杂且不易组织交通。生态工程技术的成本高，浮岛的设计不经济且可能破坏湖滨的自然景观界面
	涉及共轭对	自然环境——潜显，交通状况——软硬，保护措施——虚实，经济收支——正负

续表

方案编号	比较特征	具体描述
5	规划理念	提出“RBD”设想，与主城错位发展；以基地的生态安全格局、发展驱动力等综合分析为依据，提出未来新城发展高、中、低三个规模方案；分析开发策略与建设时序，提出建设湖滨新城的五个重要概念：“绿掌结构”、“霸王之樽”、“宜人水岸”、“魅力之核”、“连系之轴”，并由此形成“轴、带、廊、核、组团”的空间结构，适应分阶段开发和体现各阶段相对的完整性
	主要特点	注重从区域、城市总体空间层面分析湖滨新城的空间关系和功能定位，相关分析较全面系统，产业研究较深，并提出了建设湖滨新城的五大策略：用地布局比较完整，功能分区明确，交通组织系统性较好，城市设计手法比较娴熟，对湖滨地区的设计比较细致
	不足之处	湖滨地区总体开发规模过大，中心区建设强度偏高，对湖滨岸线自然便捷的人工化处理过度，对基地内水系处理与绿化考虑不足
	涉及共轭对	形状——虚实，自然环境——潜显，交通状况——软硬，绿化建设——软硬，保护措施——虚实，开发强度——潜显，风貌特色——正负，经济收支——正负

上述过程表述了可拓学共轭思维模式的基本方法——通过对研究对象各个组成部分的两个对立面的考虑与分析，寻求解决问题的突破点，以达到全面分析问题，对症下药解决问题的最终目的。

3）共轭分析的一般步骤

由以上论述可以得知，共轭思维模式可以通过对研究对象的各个层面的综合分析来进行考虑，而根据以上对于单块城市用地分析的环节，可以确定出共轭分析的一般步骤，进而指导一般的共轭思维应用过程。

共轭分析的一般步骤可以划分为三步：确定研究对象以及研究层次，选择合适共轭对进行分析，根据多对共轭对分析的结果进行归纳总结。

第一步确定研究对象以及研究层次是为应用共轭思维模式做出的铺垫，此步骤能够根据所要达到的目的来缩小研究范围，通过针对与研究目的有关的因素进行筛选，进而集中有限的研究精力来对研究对象进行分析。

第二步选择合适共轭对进行分析是在筛选的因素研究基础上，根据各个因素的特征选择适当的共轭对，确定其两个对立层面的研究内容，探讨此共轭对是否存在互相转化的可能性。

第三步根据多对共轭对分析的结果进行归纳总结是在探讨共轭对转化可能性之后，对所有存在转化可能性的共轭对进行转化，总结出一系列针对现状进行改造的建设措施。

这三步是共轭思维模式的一般步骤，可以解决一般的层次相对简单的研究对象的利弊分析问题，如果要考虑更多关系较为复杂的相关因素对研究对象所造成的间接影响，就需要运用传导思维模式来进行分析。

3.1.2 相关因素与传导思维模式

上述案例论证了单独城市用地的共轭分析方法，是城市规划中最直接的分析环节，现实中城市规划更加复杂的类型——总体规划、分区规划、详细规划等规划类型都是由这些最基本、最直接的分析环节所构成的。如果对城市规划中多种因素对城市用地造成的间接影响进行共轭分析，就需要引入传导思维模式来进行下一步的分析。

1）传导思维模式的应用

下面就以西安唐皇城复兴规划为例，来论述传导思维模式的应用。

西安（古称长安）是我国历史上建都时间最长的都城，从公元前 11 世纪西周建都丰邑开始，建城已有 3000 年历史。西安在周、秦、汉、唐代经济文化高度发达，其影响通过丝绸之路传播到了世界各地，与雅典、开罗、罗马一起被称为世界四大古都。

现存的老城（唐皇城）面积为 11.7km^2，全部位于唐长安城的城址范围之内。唐长安城的皇城和宫城占据了老城面积的三分之二，历史记载和历史遗迹也都充分证实了这一事实。丰富的商业活动使作为西安中心市区的老城充满生机，但随着城市快速发展，建筑密度增大，环境质量日益降低，古城文脉日渐消失，也给文物的保护、历史的传承带来了危机[83]。

如何对有着十三朝建都史的历史文化名城西安进行保护并赋予其新的生命是此次规划最突出的主题。为了保护与复兴西安唐皇城，西安市规划局制订了“唐皇城”复兴规划，力求使日渐失去特色的古城得以复兴。最初很多规划者将此次规划称为“老城百年规划”，由此可以看出规划者的意图是制定出一套可以长期执行的综合规划方案，使得西安这座古城能够真正地弘扬其古文化底蕴，而并不仅仅是贪图短期效益的权宜之计（图 3–3）。

通过规划行为来获得长期收益的初衷与可拓学的传导思维模式不谋而合，下面就运用可拓学的传导思维模式来对此次规划的内容进行详细的模拟与论述。

“唐皇城”复兴规划包含三个部分（图 3–4）。

第一部分的“唐皇城”核心区是本次规划的重点区域，范围为环城路中线以内区域，规划用地面积 13.11km^2。

第二部分的“唐皇城”协调区范围为环城路中线外延 200~500m 的区域，规划用地面积 7.23km^2。

第三部分的规划控制区范围为原长安城范围，东起东二环，西至西二环，南起纬

图 3–3 优秀改造方案[83]

零街，北至自强路、玄武路，规划用地总面积 84km^2。大明宫、兴庆宫、青龙寺、曲江、大雁塔、小雁塔、唐城林带、东市、西市、木塔寺、兴善寺等很多历史遗迹节点都坐落在此区域。

“唐皇城”复兴规划主要采取了以下措施来实施建设控制方式。

（1）**弘扬传统，重构里坊。**在当前城市街坊与邻里单元设计中融入长安城传统“里坊”理念，形成地方特色鲜明、富具盛唐风韵的现代“里坊”空间（图 3–5）。

（2）**优化结构，交通分行。**将道路系统进行完善，形成主体为地铁、公交，辅以自行车、行人交通的多层次交通体系，构建区域交通宁静区，使道路交通体系逐步达到大众化、观光化、步行化的目标（图 3–6）。

（3）**传承文脉，突出轴线。**在规划方案中使城市历史基因得以延续，对主要交通、景观道路等形成的轴线进行强化，保护城市地标视廊，通过整齐对称的城市景观序列来展现“唐皇城”历史格局（图 3–7）。

（4）**引水筑林，生态永续。**在生态城市理念的指引下，继承“唐皇城”水文化底蕴丰富的历史，利用曲江的水源，依托明城墙，形成集城、河、林、路、巷五位一体的环形绿带。同时在“里坊”格局的基础上增大绿地面积，形成“环、廊、面、点”四位一体的绿地景观系统（图 3–8）。

（5）**新旧和谐，突显风貌。**以“新旧和谐”为首要指导原则，以汲取历代城市遗留精华为依托，同时结合当代城市发展建设需求，对能够反映历史风貌的城市整体景观加以保护，将“唐皇城”划分为不同风格特色的风貌区，形成古今文明交相辉映的古都西安核心区（图 3–9）。

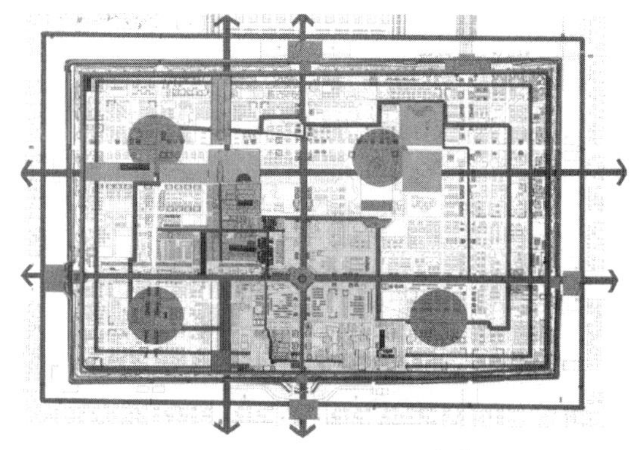

图 3–4　整体布局分析[83]

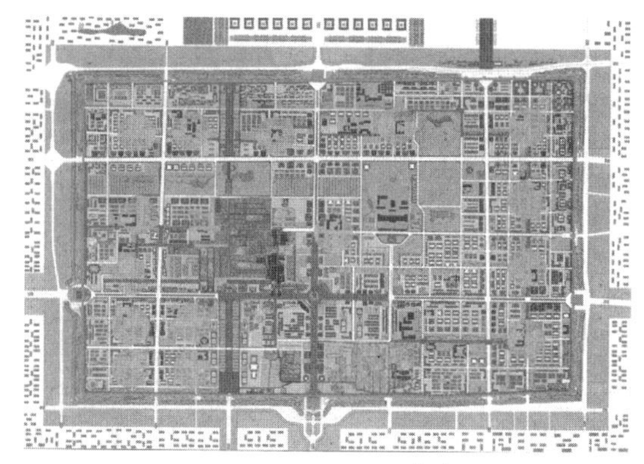

图 3–5　里坊规划[83]

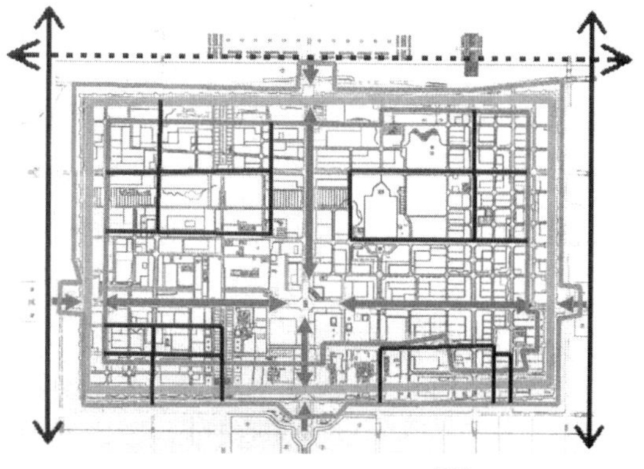

图 3–6　交通综合规划[83]

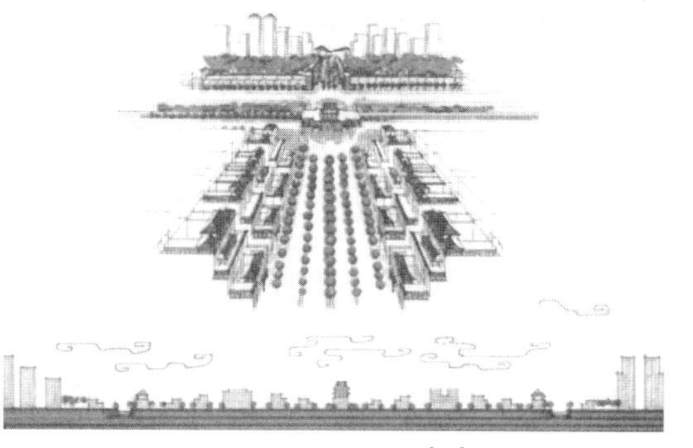

图 3–7　轴线示意[83]

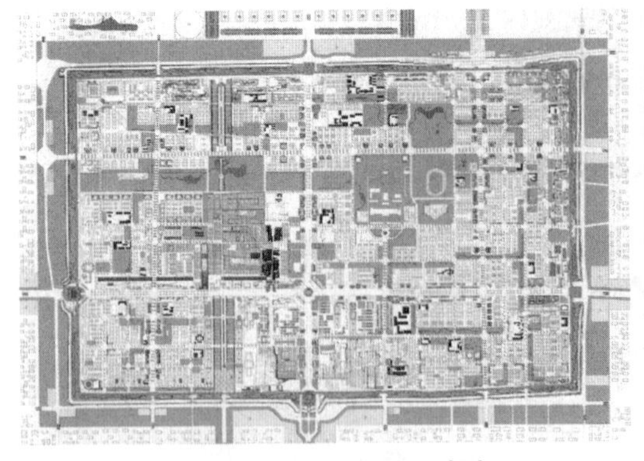

图 3-8　生态可持续发展[83]

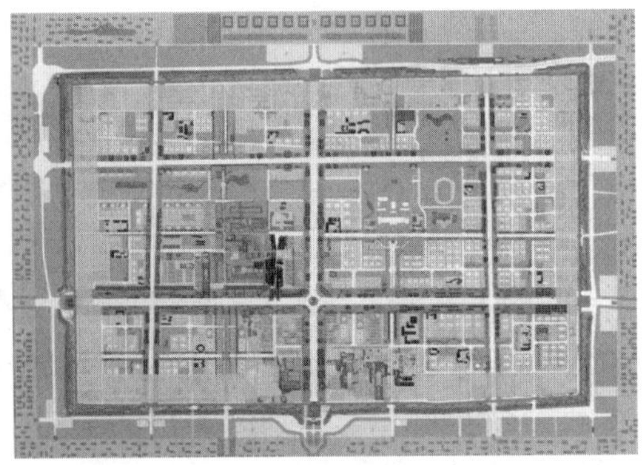

图 3-9　土地使用分区[83]

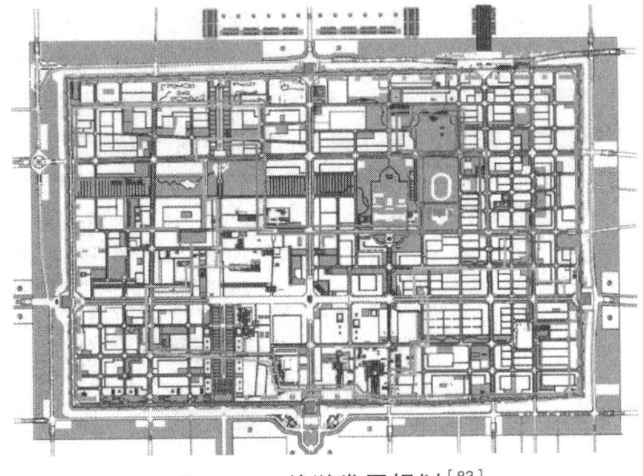

图 3-10　旅游发展规划[83]

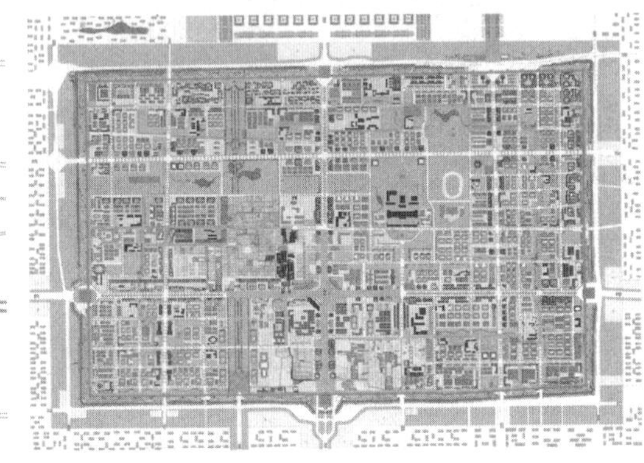

图 3-11　总平面[83]

（6）**整合资源，特色旅游。**整合老城区各类历史文化资源，对传统的历史格局及街道名称等加以恢复，使地域识别性更加突出，强化旅游景点彼此之间的联系，连点成线，连片成面，形成以古城墙、顺城路、环城绿带三大环线为主的旅游观光系统，营造魅力突出的多元化人文城市（图 3-10）。

在这些措施的综合作用下，形成古城保护的总平面图（图 3-11）。

以上的规划理念与实施措施都是保护西安古城的一些相对具体的手段，属于复兴古城这个根本目标下的具体目标，可以用传导思维模式的方式来进行表达。设作为研究对象的西安古城为 M_1，由于其包含多方面随时间变化的子因素，因此用以时间 t 为参变量的物元模型来进行表述。以上所说的六种规划建设方式是其中的多个子因素，由以下表达式来进行描述。

$$M=\begin{bmatrix}\text{西安}(t), & \text{建设方式}, & \text{古城复兴}\\ & \text{对象}, & \text{唐皇城}\\ & \text{复兴措施}, & \text{具体手段}(t)\end{bmatrix}=\begin{bmatrix}O(t), & c_{11}, & O_1\\ & c_{12}, & O_2\\ & c_{13}, & O_3(t)\end{bmatrix}=\begin{bmatrix}M_1\\ M_2\\ M_3\end{bmatrix}$$

$$M_3=\begin{bmatrix}\text{具体手段}(t), & \text{更新目标}, & \text{里坊}(t)\\ & \text{交通方式}, & \text{步行化、观光化}(t)\\ & \text{城市格局}, & \text{视廊、轴线}(t)\\ & \text{绿化方式}, & \text{引水、依托城墙}(t)\\ & \text{开发方式}, & \text{新旧和谐}(t)\\ & \text{主导功能}, & \text{旅游、人文}(t)\end{bmatrix}=\begin{bmatrix}O_3(t), & c_{31}, & O_{31}(t)\\ & c_{32}, & O_{32}(t)\\ & c_{33}, & O_{33}(t)\\ & c_{34}, & O_{34}(t)\\ & c_{35}, & O_{35}(t)\\ & c_{36}, & O_{36}(t)\end{bmatrix}=\begin{bmatrix}M_{31}\\ M_{32}\\ M_{33}\\ M_{34}\\ M_{35}\\ M_{36}\end{bmatrix}$$

除了这些控制要素外，此次规划还强调了时间要素，也就是说力争“一张蓝图干到底”，像接力赛一样持之以恒地贯彻规划，杜绝一届领导一个新口号的盲目做法。而这些想法正是传导思维模式的精髓所在，通过多个步骤的努力来解决需要较长过程才能解决的问题。下面，就以具体手段中的新旧和谐，也就是 M_{35} 为研究对象，继续进行传导分析。

$$M_{35}=\begin{bmatrix} O_{35}(t), & 新区建设方式, & 风格控制(t) \\ & 老区建设方式, & 保护措施(t) \end{bmatrix}=\begin{bmatrix} O_{35}(t), & c_{351}, & O_{351}(t) \\ & c_{352}, & O_{352}(t) \end{bmatrix}=\begin{bmatrix} M_{351} \\ M_{352} \end{bmatrix}$$

$$M_{352}=\begin{bmatrix} O_{352}(t), & 精神层面效果, & 文化传承(t) \\ & 物质层面效果, & 特色延续(t) \end{bmatrix}=\begin{bmatrix} O_{352}(t), & c_{3521}, & O_{3521}(t) \\ & c_{3522}, & O_{3522}(t) \end{bmatrix}=\begin{bmatrix} M_{3521} \\ M_{3522} \end{bmatrix}$$

根据发散分析原理，相对于物 $O(t)$ 来说，如果其分物元 M_3、M_{35}、M_{352}、M_{3521}、M_{3522} 都是相关的，就可以有如下相关网：

$$M\sim M_3\sim M_{35}\sim M_{352}\begin{cases}\sim M_{3521}\\ \sim M_{3522}\end{cases}$$

以上传导思维模式的理论模型所表达的是只有通过一系列自始而终的正确保护措施，才能够实现真正保护西安古城复兴的这一艰辛过程，也揭示了任何建设行为都会间接、潜在地影响诸多相关因素的规律。在以上问题分析的相互关系中，当某一分物元的量值发生变化，从而引起复杂关系网络中每一个物元都要发生相应的变化。传导思维模式是建立在问题相互关系的基础之上的，突出强调剖析事物之间的彼此联系，是一种全局性思考问题的思维方式。

2）传导思维模式的一般步骤

综上所述，传导思维模式主要适用于分析事物影响涉及范围的情况。传导思维模式分析过程是下面要详细论述的菱形思维模式的特殊表现形式，是一级菱形思维模式的发散思维部分；之所以把传导思维模式单独列举出来进行分析，是因为其对事物影响范围具有特殊的针对性，可以广泛应用到项目影响评价分析体系中。

由以上推导过程，可以得出传导思维模式分析问题的三个步骤。

（1）确定研究对象各种相关因素来确立分析的目标。体现在西安复兴规划的案例上，就是把具体的规划措施确定为分析研究的目标。

（2）对确定的分析目标进行子因素发散，并在子因素的基础上继续发散，直至把子因素分解为与现实事物密切相关的事物为止。

（3）将发散过程中的利弊影响因素进行归类与评价，衡量分析目标的实施是否在整体上具有正面价值。

3.1.3 综合分析与菱形思维模式

菱形思维模式是先发散后收敛的思维模式，它适用于现状条件较为复杂的城市用地情况。下面以深圳市城中村问题为例，运用共轭思维模式来对其进行描述与分析。“城中村”是指在城市建成区内，依据有关规定属于农村（含已实行农村城市化的原农村）的集体工商用地和私人宅基地。深圳城中村的形成有其特殊的环境和原因，改造过程涉及政府、业主（村民）与改造单位三方的利益，其中政府代表的是公共利益，其他两方代表各自的利益，城中村改造的实质是调节三者之间的相互关系以达到利益均衡。

深圳城中村的具体案例——平山村位于南山区东北部留仙大道与平山一路之间，邻近西丽镇和深圳大学城，地势平坦，附近山脉较多，周边有很多电子制造业工厂。这些工厂的工人大多来自外地，定居在村内。平山村居住用地面积 16.90 公顷，建筑 642 栋，大部分是原籍村民建设住宅楼，出租给外来人口。平山村原籍村民 635 人，外来人口 32824 人，人口密度极高，环境恶劣，市政设施多项指标不能满足正常标准。邻近平山村的深圳大学城（拥有四所学校：清华大学、北京大学、哈尔滨工业大学、南开大学）各（分校）存在很多功能需求，迫切需要解决[84]。平山村现状参见图 3-12。

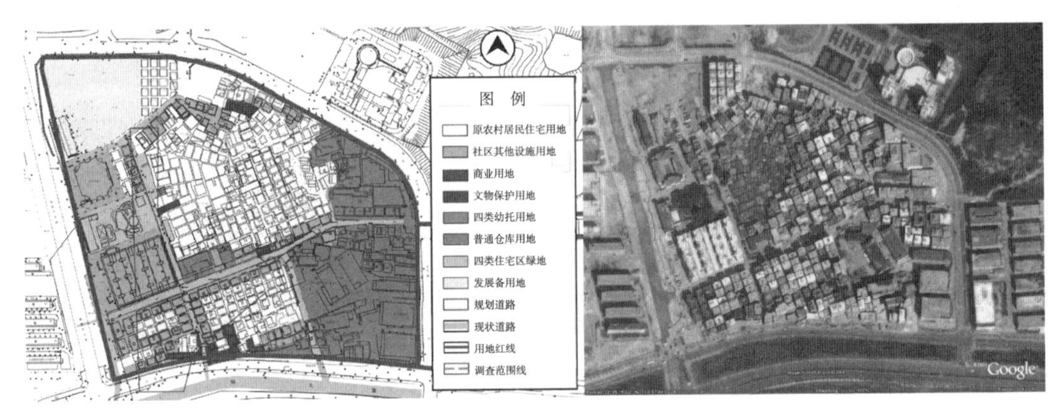

图 3-12　平山村现状图

1）一级菱形思维推导

针对上述的情况，以平山村为研究对象，来运用菱形思维模式进行描述。首先，把平山村作为物元，建立一级菱形思维模式的模型。

$$M=\begin{bmatrix} 平山村O, & 面积, & =16.90\text{ 公顷} \\ & 人口, & =33459 \\ & 容积率, & =4.3 \\ & 建筑密度, & =76\% \\ & 土地产权, & 集体所有 \\ & 主要产业, & 房屋租赁 \\ & 周边环境, & 大学城、工业区 \end{bmatrix}=\begin{bmatrix} M_1 \\ M_2 \\ M_3 \\ M_4 \\ M_5 \\ M_6 \\ M_7 \end{bmatrix}$$

$$M_1 \dashv \begin{cases} M_{11}=(平山村O_1,\ 面积, <16.90\text{ 公顷}) \\ M_{12}=(平山村O_2,\ 面积, >16.90\text{公顷}) \end{cases}$$

$$M_2 \dashv \begin{cases} M_{21} = (\text{平山村}O_3, \text{人口}, < 33459) \\ M_{22} = (\text{平山村}O_4, \text{人口}, > 33459) \end{cases}$$

$$M_3 \dashv \begin{cases} M_{31} = (\text{平山村}O_5, \text{容积率}, < 4.3) \\ M_{32} = (\text{平山村}O_6, \text{容积率}, > 4.3) \end{cases}$$

$$M_4 \dashv \begin{cases} M_{41} = (\text{平山村}O_7, \text{建筑密度}, < 76\%) \\ M_{42} = (\text{平山村}O_8, \text{建筑密度}, > 76\%) \end{cases}$$

$$M_5 \dashv \begin{cases} M_{51} = (\text{平山村}O_9, \text{土地产权}, \text{国家所有}) \\ M_{52} = (\text{平山村}O_{10}, \text{土地产权}, \text{出让和转让}) \end{cases}$$

$$M_6 \dashv \begin{cases} M_{61} = (\text{平山村}O_{11}, \text{主要产业}, \text{盈利实体}) \\ M_{62} = (\text{平山村}O_{12}^{*}, \text{主要产业}, \text{公共服务}) \\ M_{63} = (\text{平山村}O_{13}, \text{主要产业}, \text{居住区}) \end{cases}$$

$$M_7 \dashv \begin{cases} M_{71} = (\text{平山村}O_{14}, \text{周边环境}, \text{企业单位}) \\ M_{72} = (\text{平山村}O_{15}, \text{周边环境}, \text{服务设施}) \\ M_{73} = (\text{平山村}O_{16}, \text{周边环境}, \text{居住区}) \end{cases}$$

根据上述各种发散可能性进行组合，对不可能实现的组合方式进行一级筛选，可得到平山村以下各种发展可能性的一级菱形思维模式结果。

$$M_{01} \dashv \begin{cases} \text{平山村}O_1, & \text{面积}, & =16.90\text{公顷} \\ & \text{人口}, & >33459 \\ & \text{容积率}, & >4.3 \\ & \text{建筑密度}, & <76\% \\ & \text{土地产权}, & \text{出让或转让} \\ & \text{主要产业}, & \text{居住区} \\ & \text{周边环境}, & \text{大学城、工业区} \end{cases}$$

$$M_{02} \dashv \begin{cases} \text{平山村}O_2, & \text{面积}, & =16.90\text{公顷} \\ & \text{人口}, & <33459 \\ & \text{容积率}, & <4.3 \\ & \text{建筑密度}, & <76\% \\ & \text{土地产权}, & \text{国家所有} \\ & \text{主要产业}, & \text{公共服务} \\ & \text{周边环境}, & \text{大学城、工业区} \end{cases}$$

$M_{03} \dashv$
平山村O_3，面积，<16.90公顷
人口，<33459
容积率，$=4.3$
建筑密度，$=76\%$
土地产权，出让或转让
主要产业，房屋租赁
周边环境，大学城、商业区

$M_{04} \dashv$
平山村O_4，面积，$=16.90$公顷
人口，>33459
容积率，$=4.3$
建筑密度，$<76\%$
土地产权，集体所有
主要产业，盈利实体
周边环境，大学城、工业区

经过一级菱形思维模式的初步结果，它们反映了平山村今后发展的几种可能性。

第一种情况的 M_{01} 说明的是把平山村的全部或部分土地出让或转让给开发商，由开发商来投资兴建高层居住区。由于开发商需要以经济利益为目标，因此在具体实施策略中需要在降低建筑密度的基础上提升容积率，进而容纳更多的居住人口，同时完善市政设施，改善恶劣的居住环境，形成适合于周边大学城、工业区人口收入水平的居住区。

第二种情况的 M_{02} 说明的是平山村的土地收归国家所有，由政府来统一拨款建设为周边大学城和工业区服务的公共设施。这种方法的目的是改变用地性质，减少居住人口，降低过高的容积率，进而彻底地改造城中村。

第三种情况的 M_{03} 说明的是把平山村的部分土地出让或转让给开发商，由开发商来进行商业区开发，结合周边工业区的需求，把工业区部分改造为商业区，进而形成具有整体效应的商业区域。

第四种情况的 M_{04} 说明的是在不改变土地所有权的基础上，出于盈利的经济目的来建设盈利实体，在建设的过程中降低建筑密度，改善环境质量，以吸引村落外部人员来此消费，进而达到环境整治与经济创收的双赢目的。

2）多级菱形思维推导

以上这四种情况所表达的改造策略是一种粗略的思路，如果要制定更加详细的措施，就必须在一级菱形思维模式基础上再次或多次进行发散——收敛思维，运用多级菱形思维模式来确定更加具体的细节。

例如，以第四种情况为研究对象，对其涉及各因素继续进行发散思维，可以得出以下一系列可能性。以 M_{04} 第二个研究因子为对象，在平山村人口增加的基础上，再次进行发

散思维，可以得出以下各种措施实施的可能性。

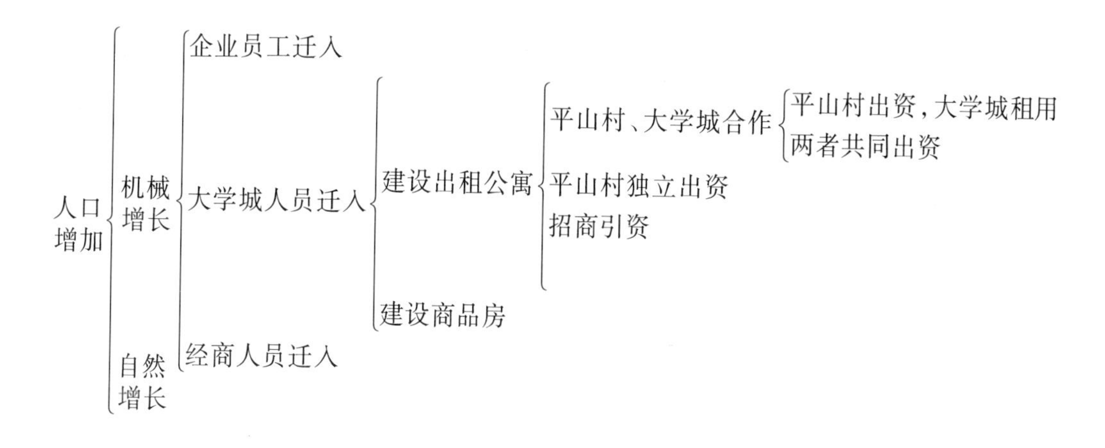

而以 M_{04} 第四个研究因子为对象，在建筑密度减小的基础上再次进行发散思维，可以得出以下各种措施实施的可能性。

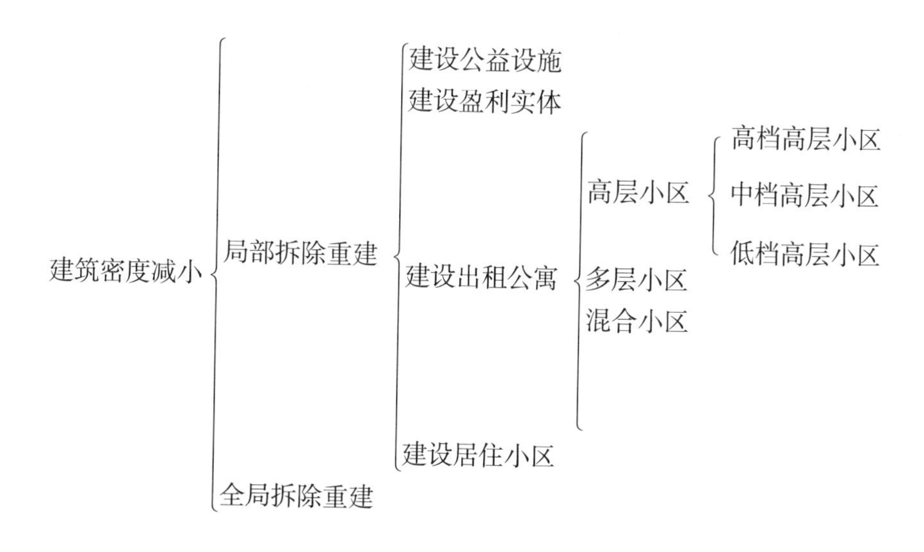

根据以上研究因子以及 M_{04} 的其他因子多维菱形思维模式所得到的各个发散结果进行筛选与评价，可以得出最后的实施方案——平山村独立出资建设出租公寓，大学城为其提供稳定大量的学生客源，双方以合同方式完成合作[85]（图 3-13、图 3-14）。

建设出租公寓的宗旨是改善原有不合标准的村落用地以及建设状况，利用部分村落用地建设档次合理、适合周边居住人群收入水平的低档高层小区。这个实施方案是根据平山村周边需求的现实状况产生的，可以满足平山村、大学城双方的需求，同时又改善了村落的环境质量，实现了多赢的效果，具有实施的现实意义。在此策略的指引下，制定出一套可实时性较强的规划方案，参见表 3-6、表 3-7。

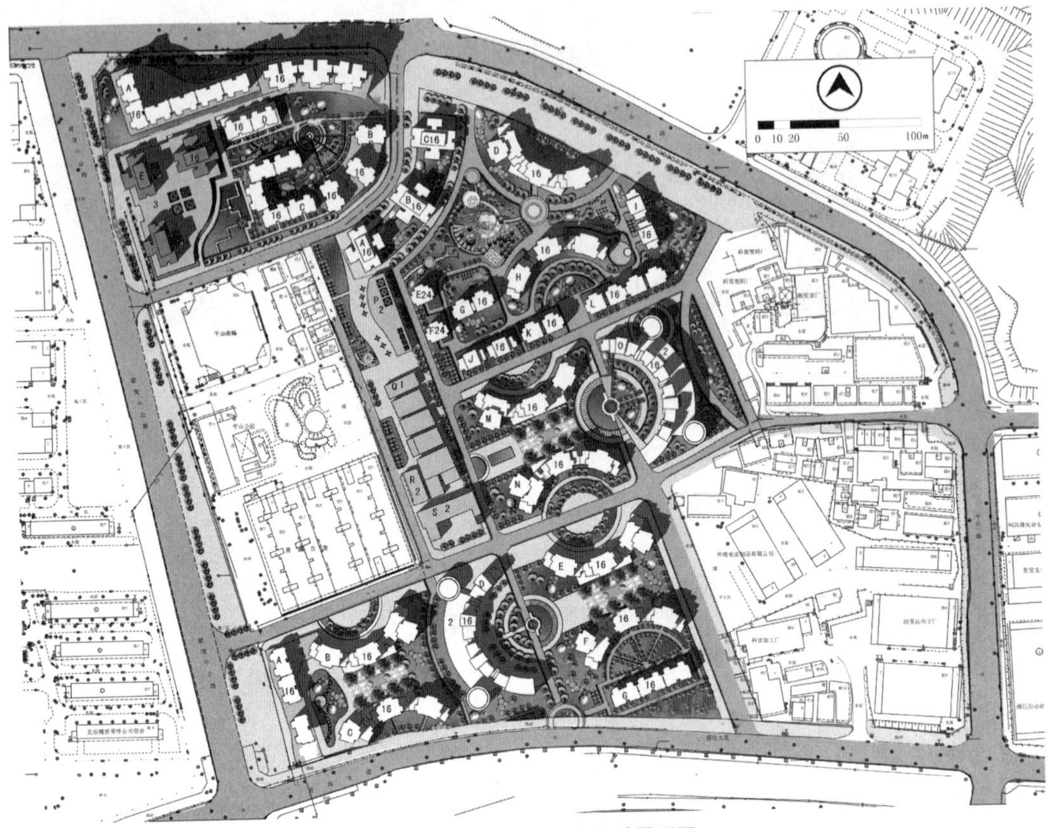

图 3-13　平山村改造方案总平面图

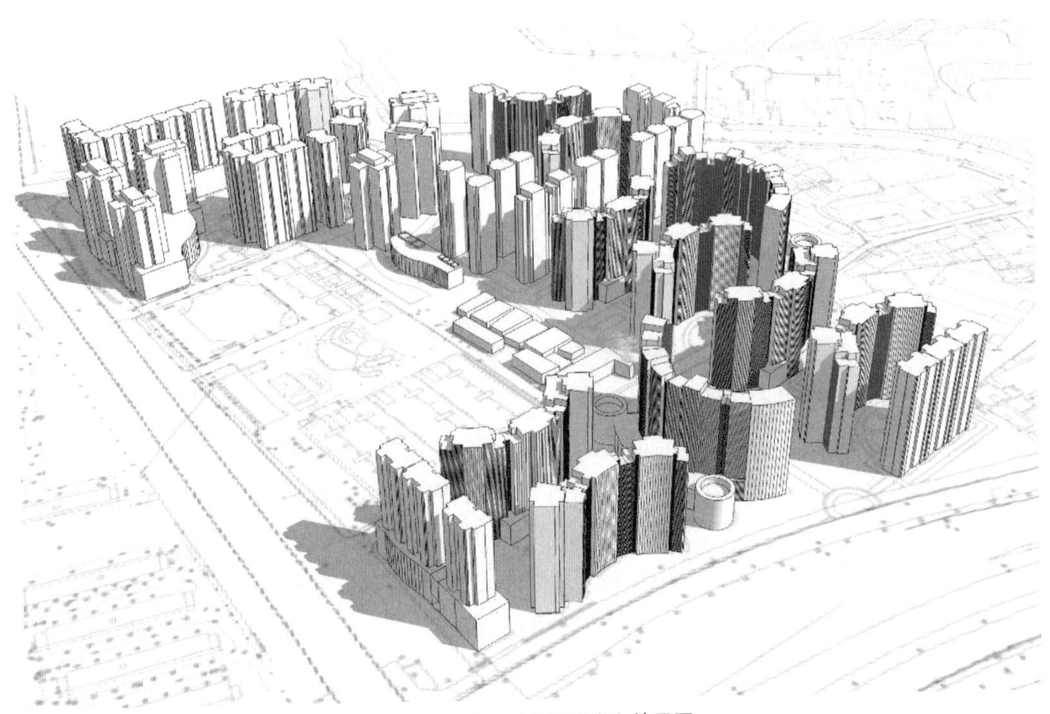

图 3-14　高层公寓开发意向效果图

规划用地平衡表　　表 3-6

用地代码			用地名称	用地面积（m^2）	占总用地比例（%）
大类	中类	小类			
R	R2	R21	单元式住宅用地	25987	27.30
		R22	二类社区托幼用地	1066	1.12
		R23	二类社区体育用地	7421	8.05
		R25	二类住宅区道路用地	14419	15.64
		R26	二类住宅区绿地	29004	31.46
		合计	二类居住用地	79552	83.57
C	C2	—	商业服务业设施用地	9986	10.49
	C9	—	文物保护用地	5654	5.94
合计			规划区总用地	95192	100.00

经济技术指标一览表　　表 3-7

项目	一期开发	二期开发	三期开发	文物保护区	合计
总用地（m^2）	17935	43004	26855	7398	95192
容积率	2.8	2.8	2.8	—	2.8
建筑密度（%）	25	18	20	—	22
总建筑面积（m^2）	50200	120400	75200	900	245800
建筑高度（m）	50	50	50	8	50
绿地率（%）	25	35	30	20	30
配建停车位（个）	180	420	260	—	720
拆建比	0.00	1.14	1.69	0.94	1.07

3）菱形思维模式的一般步骤

菱形思维模式是更加高级的思维模式，它融合了传导思维模式的特点，以复杂的网络化关系来表达因子之间相关影响与关系，每经过一次菱形思维过程，就对研究对象的相关因子进行一次筛选，使得研究范围进一步缩小，因而得出的最终实施方案更加便于实际操作。菱形思维模式一般步骤如下。

（1）确定研究对象，根据其复杂程度选择不同菱形思维方法。简单研究对象采用一级菱形思维模式，复杂研究对象则采用多级菱形思维模式。

（2）对研究对象各个方面的因子进行一级或多级菱形思维模式的分析过程中，运用可拓优度评价方法来对各个发散的因子进行筛选，根据现实可行性或创新程度等指标体系来产生出收敛的结果。

（3）汇总各个筛选后因子，对其进行合理组合，产生整体实施方案。

基于以上步骤可以看出菱形思维模式是多角度思考问题的方法，其发散与收敛过程可减少对设计元素疏漏的几率，可以全面地制定规划设计方案。

3.2 城市用地的问题蕴含系统

用地规划行为是由一系列选择所决定的，一个人越能了解和解释对实现所要达到的目标起限定作用和决定作用的因素，他就能既清楚又准确地选出最有利的方案[86]。只有高效的规划行为能够避免这种浪费土地的结果[87]。此章将会运用问题蕴含系统对城市用地布局各部分进行系统描述与分析。

3.2.1 城市用地的双向问题相关树

用地布局的初始问题是建立合理的空间设计方案，其归属于可拓学中的核问题，因此可以表达为 $P_0=g_0*l_0=(Z_0, c_{0s}, X_0)*(Z_0, c_{0t}, c_{0t}(Z_0))$，其中 g_0 代表问题，l_0 代表现状条件。

城市规划的复杂性决定了城市用地布局问题不仅仅是单一的问题，而是具有体系关系以及方向性的一组问题集合，为了更好地探讨与研究核问题中问题与条件的细节，需要根据核问题的问题与条件分别来进行发散思维，运用可拓学中针对矛盾问题所建立的问题相关树来进行剖析与阐释。

1）城市用地布局基本框架

城市用地布局是一个复杂的思考过程，包含多层次的元素，其过程包含正向思维与逆向推理的双重特性，需要根据具体层面的构成要素运用可拓学的双向问题相关树进行进一步的剖析与阐释（图 3-15）。

所包含的各种要素分别运用了正向问题相关树与负向问题相关树两种思维方法，共同构成了双向问题相关树。其中，在复合条件中的自然条件、用地条件以及复合目标中的用地比例控制、城市交通设计等因素都是城市用地布局的基本要素，运用正向问题相关树方法更加适合；而复合目标中所包含的改善城市环境、可持续发展等因素的派生因素会对整个规划设计过程产生反馈作用，比较适合运用负向问题相关树的分析方法。当然，以上所归纳的正负向问题相关树方法的应用环境不是绝对的，经常出现在某一环节正负向问题相关树方法同时作用的情况，这就需要应用者在规划设计的过程中加以灵活运用。

2）城市用地布局实例分析

下面就以大庆绿岛雅苑居住区规划设计为案例，运用双向问题相关树的方法来进行分析说明（图 3-16）。

图 3-16 中的分析表达式反映了在规划设计过程中的诸多因素以及应对的策略。

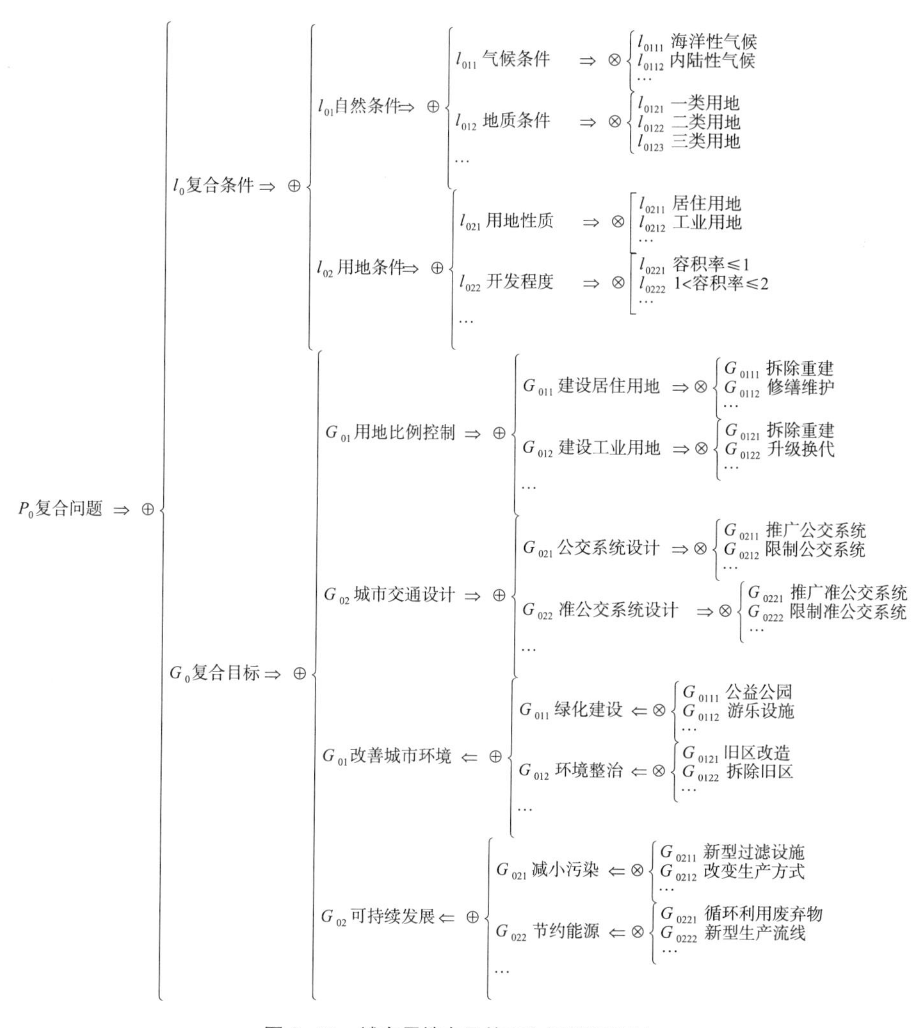

图 3-15 城市用地布局的双向问题相关树

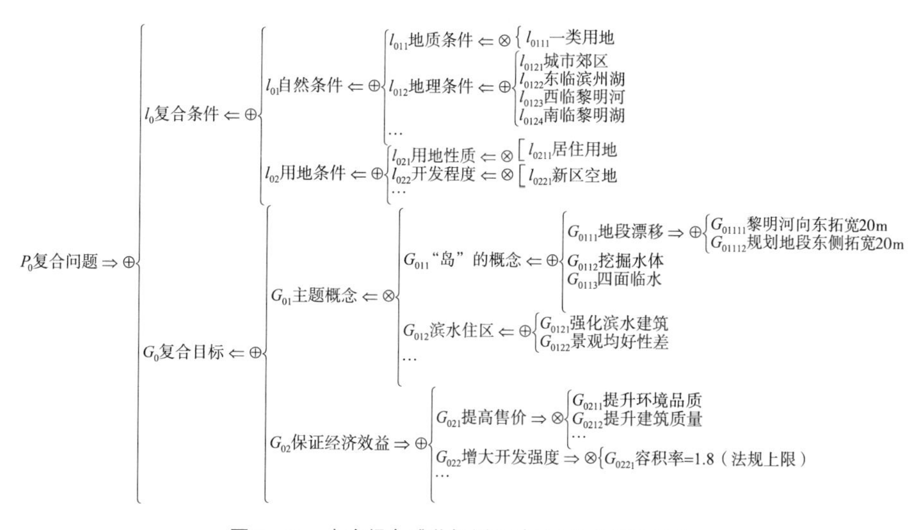

图 3-16 大庆绿岛雅苑规划设计的双向问题相关树

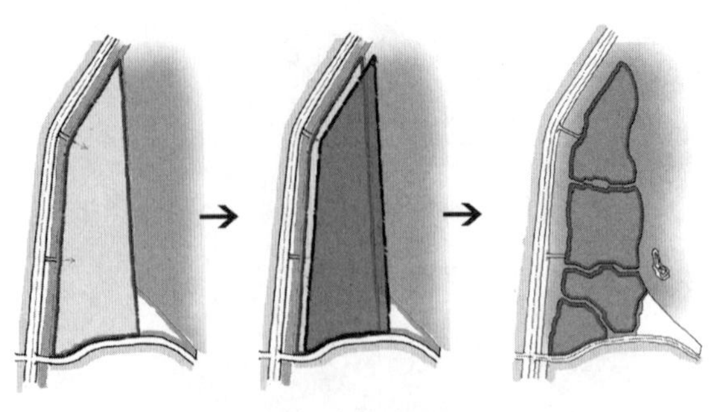
图 3-17　规划地段改造示意图

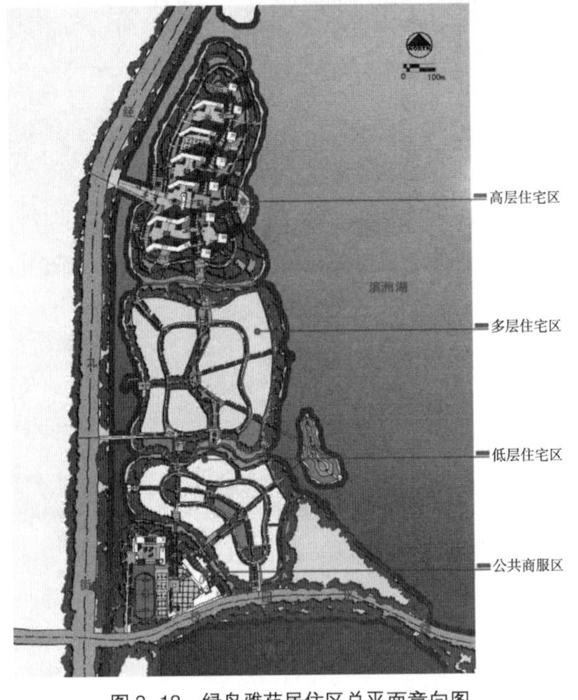

图 3-18　绿岛雅苑居住区总平面意向图

规划设计地段位于大庆市郊区，西临黎明河，东临滨州湖，南临黎明湖，重塑之前的黎明河宽为 20m，仅可作为污水与雨水的排放渠，周边环境质量差，并不能形成真正意义上的水景。在改善黎明河环境品质的目的驱使下对地段进行改造，西侧将黎明河扩宽 20m，形成宽 40m 居民可以利用的水体；内部开挖三条水体，并将黎明河与滨州湖连通，形成三个相互独立的岛屿与一个半岛；所挖土方则回填到东侧滨州湖畔，向东填 20m。实质上，地形重塑相当于整个地块向东漂移 20m，最终在此举措下把原有地段改变成四面环水、真正意义上“岛”的概念，见图 3-17。

根据相关的法规，地形重塑前地段西侧、东侧建筑需退后红线 25m。地形重塑后地段西侧建筑退后红线 5m 即可满足要求，地段东侧建筑在退后 25m 的前提下，建设基地仍在填土范围之外，与重塑之前的建设条件相同。地形重塑的成本包括黎明河扩宽的成本及内部新开水系的成本。扩宽之后特别是与滨州湖连通之后，可以吸引人的活动，使其融入整个住区，从而一方面改善了住区的居住环境，同时也提升了黎明河沿河地段的土地价值。地形重塑的成本是单层面的，而重塑后不仅区域内土地的价值得到提升，而且创造了五湖地区内独一无二的可以建造高档住区的环境条件，其地形重塑后的价值是双赢的、甚至是多赢的。居住区总平面图参见图 3-18。

在此规划设计方案的构思过程中，无形中运用了可拓学的双向问题相关树方法，本书将此设计思维的过程逻辑化，用可拓学的公式化语言进行表述，可以有效地总结以往设计项目的思维规律，进而指导今后的城市规划设计，改善由于黑箱思维所造成的效率低下与资源浪费的状况。

综上所述，以上主要观点可以概括为以下几点。

第一，城市规划各种规划类型的设计问题可以划分为多个具有现实指导意义的子问题，运用可拓学的问题蕴含系统与问题相关树分析方法可以更明确地制定规划措施。

第二，问题相关树分析方法具有方向性，单向问题相关树划分为正向、负向两种类型；双向问题相关树则是综合运用正负向两种思维的方法。

第三，不同的城市规划类型在应用双向问题相关树方法时正负向思维的应用程度有所不同，由宏观的总体规划到微观的修建性详细规划，正向推导应用逐渐递减，负向反馈逐渐增强。

3.2.2　问题相关网的建立

可拓学中问题相关网是在问题相关树基础上形成的更加复杂情况下的问题蕴含系统分析方法，为了在众多问题发散与收敛、各因素网络关联分析的过程中达到更加客观与全面分析的目的，需要借助于计算机的高速计算能力来弥补人脑思维的局限性。在这里我们通过星形模式与雪片模式来对问题相关树进行概括与完善，进而形成问题相关网的两种基本模式。

1）星形模式与雪片模式的适用范围

问题相关网的计算机辅助工具是数据仓库中的多维数据模型，而星形模式与雪片模式则是多维数据模型的两种基本方式。它们的共同特点都是把多维结构划分为两类表，一类是事实表，用来存储事实的度量值及各个维的码值；另一类是维表，对每一个维来说，至少有一个表用来存放该维的元数据，即维的描述信息、维的层次及成员类别等。

事实表是通过每一个维的代码值和维表联系在一起的结构称之为星形模式，这种模式的相关树节点级最大值是 1，如果相关树节点级大于 1，则用雪片模式来表示。由此可见，星形模式概括了一般类型的问题相关树的分析过程，而雪片模式则概括了一般类型的问题相关网的分析过程，两者是不同层次与复杂程度的分析过程——星形模式适用于相对简单、关系较少的情况，而雪片模式适用于比较复杂、关系网络化的情况。

下面就列举实例来说明两种模式的应用方法。首先，以控制性详细规划为例建构星形模式分析模型，参见图 3–19。

由图 3–19 可以看出，在控制性详细规划的目标蕴含体系中应用星形模式，是在各个子元素基础上发散出一系列独立的子元素，进而完成目标具体化的推导过程。

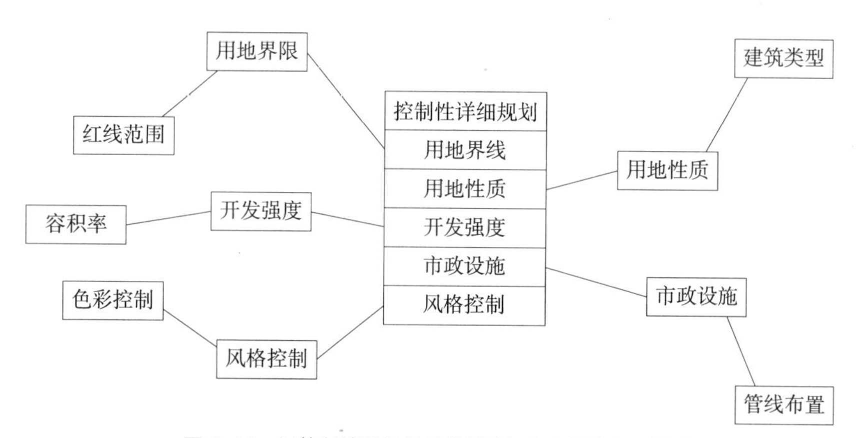

图 3–19　以控制性详细规划编制目标为主题的星形模式

在这个过程中，推导都是在一对一的规则下进行的，这就决定了为计算机服务的数据库内必须存储与任意一个元素相关的子元素集合，这必然导致数据库内重复数据的增多，导致容量不必要地浪费。针对星形模式造成存储空间浪费的劣势，雪片模式利用元素、子元素之间相互关联建立网络化模型，从一定程度上减少了重复信息的可能性，大大节约了存储空间。接下来以分区规划为例，建构雪片模式分析模型，参见图 3-20。

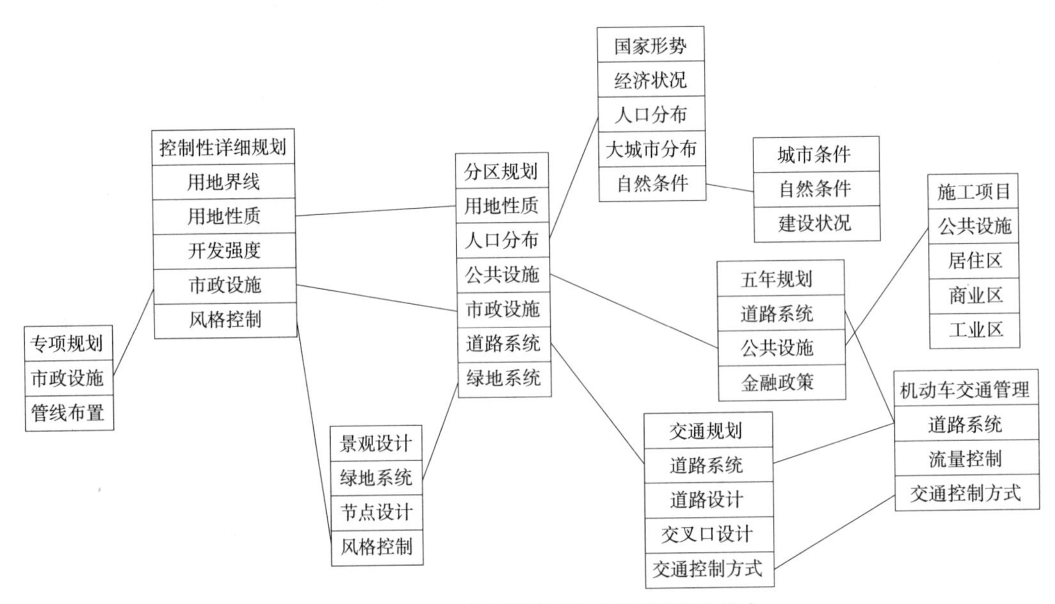

图 3-20　以分区规划编制目标为主题的雪片模式

以上的星形模式与雪片模式分析模型对于规划类型的分析，是从最基本的程度进行关联与发散，如果要进一步地建立更加复杂的规划分析模型，对规划设计做出具有现实意义的指导，就必须充分考虑到规划问题相关网模型建立的方法与效率问题。

2）问题相关网模型建立的效率问题

根据城市规划的专业特点以及计算机软硬件开发的现状，可以总结出对于城市规划编制具有现实指导意义及较高效率的计算机辅助分析模型，必须具备以下几个特点。

（1）数据与逻辑关系易于被计算机识别与输入，输出时逻辑化语言能够快捷地通过转换方法还原为人类语言。

（2）操作过程中尽量避免人为主观干预，通过逻辑运算规则来对研究目标进行系统分析。

（3）具备相当数量的案例库，建立的分析模型能够方便快捷地查找、调用相类似的历史数据，便于综合比较与评价分析。

目前，针对城市规划编制目标蕴含系统所建立的问题相关网还不完全具备以上几个特点。由于可拓学领域关于规划行业的辅助分析软件开发滞后，导致在模型建立的环节上仍然依赖于人工操作，这大大降低了模型运作的效率；同时国内大量规划案例数据库的建立道路还很漫长，导致目前模型分析结果在优度评价的环节上主观性过大，这些不利的现状使得目前可拓学方法尚未在城市规划领域得以高效率、大范围地应用。在可拓学与城市规划交叉研究的道路上，不断投入研究精力以及更多同行学者的支持，克服目前种种困难，会使得这一领域不断成熟与完善，对城市规划领域做出更大贡献。

3.3　用地规划的可拓变换

城市规划方案制定过程中，重要指标的确定需要根据经济、人口、环境因素等多种因素慎重考虑，同时又具有多种可选择性，在这些选择中进行比较与权衡，进而运用可拓变换来对现状条件进行改变与转换，达到解决问题的目的。本节将针对城市规划用地布局中最为重要的城市规模测算、用地构成比例、用地性质来进行系统描述与分析。

3.3.1　城市相关指标测算方法

1）城市性质与用地构成比例

在城市规划研究领域中城市是能够辐射一定地区的政治、经济、文化中心，大多数是镇、市、地区、省以至中央政府所在地。这些城市往往是自然条件较好、交通联系方便之处，或依山傍水，或靠近港口、铁路、公路的枢纽地带。对于城市的一般属性比较容易认识，但是确定城市性质只认识其一般属性是不够的，还必须认识其特殊属性，建立量化指标，形成区别于其他城市的主要特征。综合考虑各种因素，可以将城市划分为行政中心、金融中心、制造业中心、国际交通枢纽、国内交通枢纽、信息中心、重要国际组织集中设置的城市、科技教育中心、文化艺术中心、旅游城市十个类型[24]。

城市性质直接决定着该城市用地规模以及局部城市用地的构成比例，例如作为金融中心的城市内商业用地的比例就会比较高，而作为制造业中心的城市则工业用地比例比较高。也就是说，在一个真实规划案例的前提下，要对一个城市进行用地规划，首先要遵循该城市的性质来进行布置与安排。

而用地性质则是在城市规模、用地构成比例的宏观、中观布局下的进一步规划与安排，需要根据规划地块在城市的具体位置来确定。例如，一个行政中心城市的集中居住区内就不再适合设置行政用地，而应当根据更加微观、具体的周边城市用地的性质来进行确定。

综上所述，城市性质是直接或间接影响城市用地规模、用地构成比例、用地性质的原发性因素，其对城市规划方案制定具有不可忽视的作用。

2）城市用地规模测算

关于城市用地规模的测算有非常详尽的计算方法与研究模型，在城市总体规划布局中已得到很广泛的应用，在第二版《城市总体规划》中有详细的计算方法。

局部城市用地性质的确定由于涉及更多的现实条件与限制因素，因此需要在城市规模确定的宏观基础上综合多方面因素来进行更详细的分析过程，下面将运用可拓变换来针对各种现实规划问题进行描述与分析，进而采取相应的变换措施来构建解决方案。

3.3.2 用地规划可拓变换的运用

可拓集合是可拓学中重要的定义，它描述了基元之间聚合的条件与变化情况，是可拓学中用于对事物进行动态分类的重要方法，是形式化描述量变和质变的手段，是解决矛盾问题的定量化工具。在对事物进行可拓变换研究之前，运用可拓集合方法对于研究范围内元素进行分类定位是十分必要的。

可拓变换是可拓学解决矛盾问题的重要工具，可拓变换是把一个对象变为另一个对象或者分解为若干对象的过程。可拓变换的目的是通过剖析现存事物的各个环节和方面挖掘其自身具有的潜在因素，来生成和选择恰当的对象来解决矛盾问题。可拓变换基于现有事物的基础上，对传统的思维方式、构成体系、操作顺序等方面进行重新组合和变换，进而使求知问题中的不可知问题变为可知问题，使求行问题中的不可行问题转化为可行问题，使不适当条件下的假命题变为适当条件下的真命题，使不适当条件下错误的推理转化为适当条件下正确的推理。

综合运用可拓集合与可拓变换才能够系统地、完整地、有针对性地对城市用地规划中的众多元素进行可拓变换分析。下面首先介绍可拓变换及可拓集合的概念、表达方式与基本类型。城市用地规划中用地面积、用地性质、容积率等各种指标的确定是与规划方案实施关系最为密切的环节，性质确定恰当与否直接影响到城市用地是否具有实施可行性，运用可拓变换可以从多方面来对各种用地指标可能性的利弊进行分析，进而选择出更加适合具体地块的用地指标。

运用可拓变换来对用地指标进行分析，首先需要建立关于用地指标的可拓集合，确定各种用地指标所反应的条件各自属于何种域——可拓域或稳定域，进而在可以施展可拓变换的领域内选择合适的可拓变换类型，对研究对象进行可拓变换分析。

1）用地规划可拓集合的建立

城市用地规划中各种用地指标彼此相互联系，形成一个有机的整体；同时各种指标又分别具有不同的限制条件，具有不同程度的可变换性，因此在确定可拓集合时需要针对各种不同用地指标来进行分类，划分出隶属于不同集合的指标体系。

将可拓集合中的正可拓域、负可拓域、正稳定域、负稳定域、拓界五个部分具体落实到城市用地规划中来，就可以将可拓集合的正可拓域具体为可拓合理指标域，负可拓域具体为可拓不合理指标域，正稳定域具体为合理指标域，负稳定域具体为不合理指标域，而拓界则是划分可拓合理、不合理指标域与合理、不合理指标域的限界。合理指标域与不合理指标域分别包含了用地指标中合理与否的两个领域，而可拓合理指标域表示了那些经过变换可以转化为合理指标域的部分，可拓不合理指标域则表示了经过变换可以转化为不合理指标域的部分（图 3–21）。

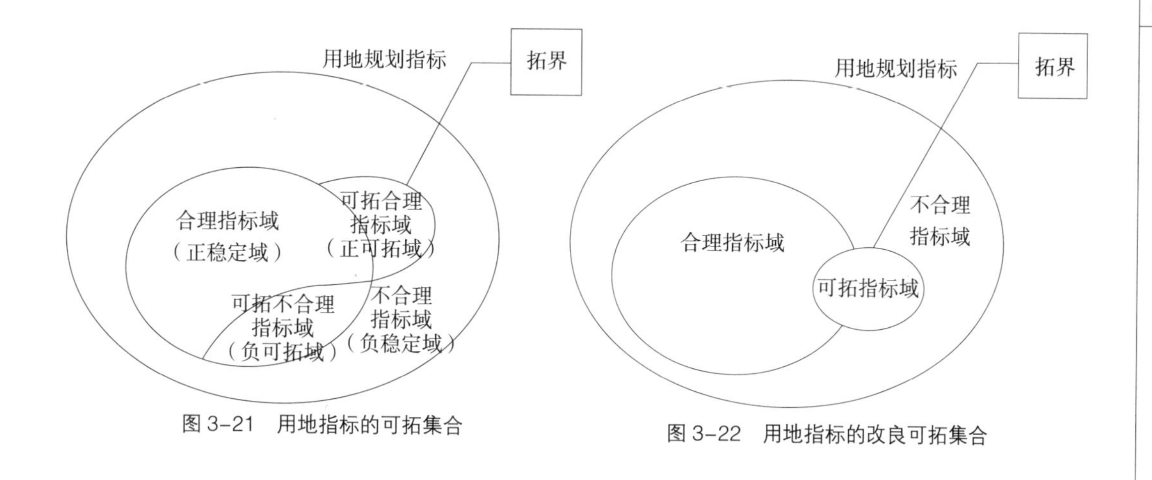

图 3-21　用地指标的可拓集合

图 3-22　用地指标的改良可拓集合

在设计过程中经常会发现可拓合理指标域与可拓不合理指标域是重叠的，两者并没有明确的界限划分。也就是说，通常会出现这样一个领域，对其施以正面影响，它就会向正面方向发展，对其施以负面影响，它就会向负面方向发展。这样的领域是可拓合理指标域与可拓不合理指标域的综合体，因此为了便于城市规划设计中多种因素的综合分析，对可拓集合各个部分进行适应性改良，把可拓合理指标域与可拓不合理指标域合并为可拓指标域，进而产生了用地指标的改良可拓集合（图 3-22）。

图 3-22 中可拓指标域具有可拓合理指标域与可拓不合理指标域的双重特征，对其施以正面或负面的影响力会产生不同的效果。因此，在规划设计过程中要尽量避免负面影响力，同时促进正面影响力，最大限度地使规划方面向理想的方向发展。

在改良可拓集合的基础上，用地规划各项指标都可以被划分到集合的各个部分中。例如，在建筑场地设计中，自然地形坡度小于 3% 应采用平坡式，自然地形坡度大于 8% 时采用台阶式，而对于 3% 到 8% 之间却没有给予明确的规定。针对这一事实，就可以将自然地形坡度的数值划分为三类，归纳到可拓集合的类别中去。如果该场地设计的初衷是尽量使场地坡度平缓，那么坡度≤ 3% 属于合理指标域，坡度≥ 8% 属于不合理指标域，而坡度在 3%~8% 的范围属于可拓指标域，拥有向两个其他集合转化的可能性。

因此，在城市规划领域内应用可拓变换，首先要把现状的条件进行分类，对设计过程中涉及的众多对象以及数值进行定性，进而确定下一步需要进行可拓变换的对象（图 3-23）。

2）选择适当的可拓变换类型

根据前面章节论述的可拓变换类型，针对城市规划设计过程中不同问题所运用的可拓变换类型也有不同的选择。基于可拓集合的建立基础上，可以将运用可拓变换的步骤归纳如下。

（1）确定研究对象，明确可拓指标域。

（2）选择变换类型，即从基元基本变换、关联准则的基本变换、论域的基本变换中选择合适的变换方法来进行下一步的运算。

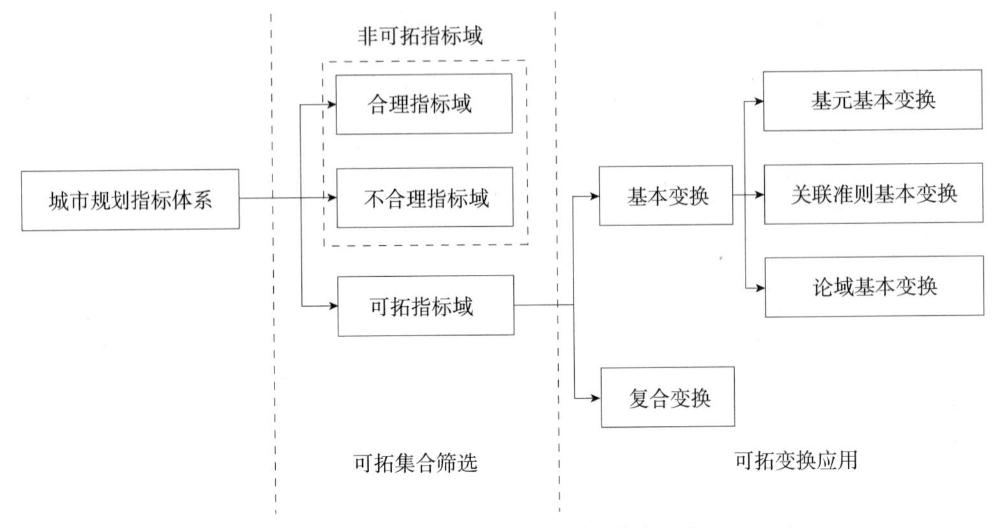

图 3–23　可拓集合与可拓变换的综合运用

（3）根据上一步骤确定的类型进一步选择变换方法，即置换、增删、扩缩、分解、复制等变换形式，建立针对具体研究对象的可拓变换模型。

（4）确定研究对象在变换之后是否需要再次进行变换，如果需要进行多次变换就需要运用变换的运算方法——积、与、或、逆、中介、补亏、传导，进而在各个可拓变换之间建立逻辑关系。

具体将可拓变换运用到城市用地规划中，需要根据城市用地的各种指标进行分析。城市用地的现状图与各种现状指标表参见表 3–8 与图 3–24。

城市用地现状指标表　　　　**表 3–8**

用地编号	用地面积（公顷）	用地性质	容积率	总建筑面积（m^2）	建筑密度（%）
02–10	6.9434	R3	2.20	152750	36.3
02–11	1.9768	U1	0.50	9880	16.7
合计	8.9202	—	1.82	162630	32.0

图 3–24　城市用地现状图

针对表 3–8 中所列举的各种用地指标，可以运用可拓变换的各种方法对其进行变换。下面就以表格中的地块 02–10 为例，说明选择各种可拓变换方法的环节。

地块 02–10 现状用地性质为 R3 三类居住用地，其居住品质偏低，并且容积率与建筑密度均过高，不符合目前的居住区应满足的水准，如果对其用地性质进行变换，如改变为 C2 商业用地，实际上就是运用了可拓变换中的置换变换，最终优化该区域用地布局，在基本不改变该地块开发强度的基础上，实现优化城市规划方案的目的。用逻辑化的公式语言来表达以上的变换过程，变换可以表达为

$$T=\begin{bmatrix} O_a, & c_{a1}, & v_{a1}, \\ & c_{a2}, & v_{a2}, \\ & c_{a3}, & v_{a3}, \\ & c_{a4}, & v_{a4}, \\ & c_{a5}, & v_{a5}, \\ & c_{a6}, & v_{a6}, \\ & c_{a7}, & v_{a7}, \\ & \vdots & \end{bmatrix}=\begin{bmatrix} \text{置换}, & \text{支配对象}, & M_1 \\ & \text{接受对象}, & M_2 \\ & \text{施动对象}, & \text{城市规划部门} \\ & \text{方法}, & c_{m1}\ \text{换为} c_{m0} \\ & \text{工具}, & \text{编制城市规划} M \\ & \text{时间}, & \text{2003年} \\ & \text{地点}, & \text{富锦} \\ & \vdots & \vdots \end{bmatrix}$$

$$M_1=\begin{bmatrix} \text{改造前地块02－10}, & c_{m1}, & x \\ & c_{m2}, & 0 \end{bmatrix}=\begin{bmatrix} M_{21} \\ M_{22} \end{bmatrix}$$

$$M_2=\begin{bmatrix} \text{改造后地块02－10}, & c_{m1}, & x' \\ & c_{m2}, & 1 \end{bmatrix}=\begin{bmatrix} M_{21} \\ M_{22} \end{bmatrix}$$

其中 c_{m1} 表示居住质量，c_{m2} 表示用地合理性，c_{m0} 表示用地性质。则 T 表示 2003 年富锦的城市规划部门以编制城市规划 M 为工具，利用把特征（c_{m1}，x）变换为（c_{m0}，a）的方法，将地块 02–10 的居住用地问题转化为商业用地问题，简记为 $TM_1=M_2$，其中物 O_m 关于用地合理性 c_{m2} 的量值规定为

$$c_{m2}(O_m)=\begin{cases} 1, & O_m \text{为该用地使用合理} \\ 0, & O_m \text{为该用地使用不合理} \end{cases}$$

取 c_{m0}（用地性质）为 M 的评价特征，若 $c_{m0}(M_2) > c_{m0}(M_1)$，表示改造后的地块 02–10 综合效益要优于改造前。这样，对地块 02–10 实行变换 T，可通过改变用地性质的方法，使该地块的用地合理性大幅度上升，同时又使得开发商获得了利润，城市整体布局得到优化。

改变另一种思路，将 02–10 地块居住区进行翻修，拆除部分建筑，进而降低容积率与建筑密度，提升居住品质，这是运用了可拓变换中积变换（连续实施两次变换）、与变换（同时实施两种变换）的方法，首先对于现状建筑群进行分类（分解变换），然后对于品质较好的建筑予以保留改良（扩缩变换），同时拆除重建品质较差的建筑（置换变换），达到优化该区域的城市用地布局的目的。此种方案的操作流程图参见图 3-25，在现实中城中村的改造有时会采用这种方法。

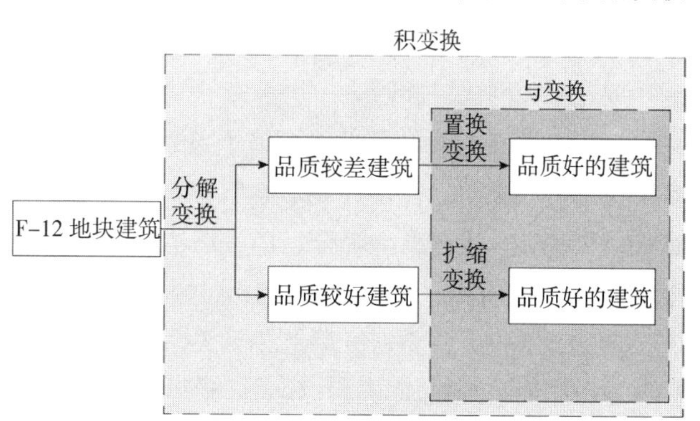

图 3–25 用地 02–10 的可拓变换流程

旧区改造过程中如果涉及巨大经济利益的拆迁补偿问题，通

常政府会专门针对这些旧区改造制定一些政策来保证改造过程的进行。而这些政策通常会对该区域的规划控制指标进行调整，以有别于规划规范所制定的指标，这就是运用了可拓变换中关联准则的变换方法，通过新的指标评价体系来对原有城市用地各项指标进行评估，原有一些相对规划规范指标偏低的区域可能会符合特殊制定的政府政策，因而可以避免一些不必要的拆迁与重复建设，节约建设资金。

运用可拓变换来对用地规划进行分析，需要紧密结合可拓集合方法来综合展开进行。在这个分析的过程中，可拓集合与可拓变换二者即有密切的关联，又有明显的区别。

二者的联系在于可拓集合能够分析权衡研究对象的利弊因素，确定所要研究的目标，为可拓变换确定更明确的研究范围，减少不必要的可拓变换分析量。也就是说，可拓集合是可拓变换实施的研究基础与铺垫，是变换实施必不可少的准备阶段。

二者的区别在于可拓集合是侧重于定性分析研究对象的方法，是划分类型的宏观角度方法；而可拓变换是侧重于定量分析研究对象的方法，是用数字与公式模型来详细描述研究对象特性的微观角度方法。

综合运用定性分析的可拓集合方法与定量描述的可拓变换方法，就能够比较准确详实地对城市规划中用地规划现状条件进行描述剖析，进而为现实可行的规划方案提供有益的分析结果与指导性指标。

3.4 本章小结

本章节运用可拓思维来对城市用地规划进行多方面的分析，进而运用城市用地的形式化模型来对用地规划中各种现象进行系统的描述，最终运用可拓集合与可拓变换方法来对用地规划中不合理的指标体系进行优化，进而提升城市用地规划的现实可行性。

（1）城市用地的特征可以划分为物理特征、区位特征、法律特征三种，可以运用可拓共轭思维模式的正负、虚实、潜显、软硬四个共轭对分别对三种类型的用地特征进行分析，寻找解决问题合适的契机。

（2）问题蕴含系统是解决矛盾问题的重要工具，系统内包括问题相关树与问题相关网等工具。针对单一问题研究，适宜运用问题相关树方法；而研究多个问题之间的体系关系时，运用问题相关网比较合适。

问题相关树包含与子关系、或子关系两种基本的构成关系，在此基础上构建了正向、负向的问题相关树。在各种规划类型中，总体规划、分区规划、控制性详细规划、修建性详细规划均在一定程度上综合运用了正、负向问题相关树方法，只是按照规划类型宏观程度从大到小的顺序，运用正向问题相关树方法的比重依次递减。

问题相关网是注重研究问题相互关系的方法。在构建问题群体关系模型时，可以将这些关系归结为星形模式与雪片模式。星形模式主要应用于解决问题之间关系为单层时的情况，雪片模式则主要应用于解决问题之间关系为多层交叉时的情况。

（3）城市用地规划的指标测算已经拥有一套成熟的体系，在此基础上可以通过可拓变换方法来对现有不合理指标体系进行调整与改良。运用可拓变换方法优化用地指标，首先要根据指标体系的特点，进行可拓集合的归类与定形，进而根据用地指标在可拓集合里的类别有选择性地确定研究对象，再针对具体用地指标的特点选择具体的可拓变换方法进行可拓变换，达到优化用地规划指标的目的。

第 4 章

基于可拓学的城市空间设计

城市空间设计是城市规划领域中偏重于微观层面的设计领域，相对于总体规划与分区规划来说详细规划中运用城市空间设计的比例要大得多。在城市空间设计中，需要综合考虑建筑实体、空间设置、环境塑造等各种要素相互之间的结合关系与整体布局，而这些要素在组成一个有机的整体之前，同样需要作出周密而系统的分析与权衡过程。美国学者纽曼认为空间的营造是城市再生的重要前提[88]，由此可见空间设计的重要性。

本章将运用可拓学的思维模式与逻辑化模型来对城市空间设计过程中涉及的各种因素进行描述与分析，得到微观层次的分析结果，进而建立各种微观分析结果之间关系网络形成的宏观分析模型，以适应各种不同情况的规划设计方案。在运用可拓学分析的过程中，本章将根据不同类型的规划实例来论述可拓学理论实际应用的过程。

任何城市空间环境都是由“实”的形体与“虚”的空间所共同塑造构成的，因此对城市空间设计进行分析，必须对于这两种最基本的构成要素进行系统的剖析与论述。下面首先运用可拓思维模式来对空间形体进行各个层面的分析。

4.1　城市空间环境与可拓思维模式

城市空间环境是一个较为广泛的概念，它是相对于城市用地布局而言来定义的。城市用地布局是研究城市规划中与平面有关的用地布局等综合设计，而城市空间环境则是研究与三维空间有关的空间环境综合设计部分。因此，城市空间设计还可以根据各种研究角度进行分类，进行更加细致的体系研究。下面首先从城市空间设计的构成元素来入手，进行共轭思维分析。

4.1.1　构成元素与共轭思维模式

纵观以城市空间为研究对象的各种理论，根据不同的分类方法，可以划分为不同的类型。从构成角度来对城市空间涉及的物质元素进行划分，可以归结为“实”、“虚”之别，也就是构成城市空间环境的实体与空间。从实施措施角度可以划分为“软”、“硬”之别，也就是城市空间管理政策与城市建设、城市更新。从外部效应角度可以划分为“潜”、“显”之别，也就是直接的影响与间接的影响。从运营效果的角度可以划分为“正”、“负”之别，也就是城市建设带来的正面效应与城市建设带来的负面效应（表 4–1）。

城市空间设计构成元素共轭分析　　**表 4–1**

研究对象	研究元素	共轭对选择	共轭部含义
城市空间环境	构成元素	虚实	虚部：区域、空间、场所
			实部：建筑、道路、广场、地标
	实施措施	软硬	软部：城市空间管理政策
			硬部：城市建设、工程施工
	发展方向	潜显	潜部：潜在的发展方向
			显部：表观的发展方向
	运营效果	正负	正部：城市建设带来的正面效应
			负部：城市建设带来的负面效应

1）城市空间环境的共轭分析层次

由于城市空间的类型及其功能是多种多样的，就有必要从相对比较普遍化的空间特征出发来进行分析[89]。运用可拓学的共轭模式分析，可以根据四种不同的分类方法将城市空间环境划分为两种相对应的类型。

（1）**虚部与实部。**根据构成元素进行划分，实部与虚部相对应的可以概括为“实体”与“空间”。“实体”与“空间”是两个宏观性的概念，它们涵盖着各种城市空间环境的要素。城市空间环境中的“实体”可以包含建筑、地标、节点、道路、绿地等实际存在的物质环境要素，换言之是城市内一切人工或自然的有形的环境因素；而“空间”则是人类在主观上对其进行定义的一种范畴，它可以是一个由一组实体所形成的区域，或者一组实体构成的公共空间或场所，也可以是由两组带状实体组所形成的狭长形空间——通道，因此这里的“空间”指的是人类主观定义的由城市内一切人工或自然的有形的环境因素所围合或形成的具有体积的范围。

（2）**软部与硬部。**根据实施措施进行划分，软部相对应的是城市空间管理政策，而硬部是城市建设与城市更新。软部与硬部代表的是不同的方法，软部是运用法律、规章等政策以及制定规划方案来对城市建设与城市更新进行约束与规范，而硬部则是具体实施的过程与环节，具体体现为城市建设、工程的施工、道路的铺设等实际行为。城市空间设计中软部与硬部之间的关系是互相影响并且密不可分的，软部对硬部具有规范与指导性，而硬部在实施中遇到的各种问题也会反馈给软部，使软部能够及时进行调整，进而更好地适应城市规划整体过程。

（3）**潜部与显部。**根据研究对象的发展方向进行划分，潜部所对应的是周边环境对研究对象造成的间接影响所形成的潜在发展方向，而显部则是周边环境对研究对象所造成的直接影响所形成的表观发展方向。通常，潜在发展方向是隐藏在诸多繁杂的因素之下，需要发展主观能动性才能够挖掘出其内在的发展可能性。

（4）**正部与负部。**根据研究对象的运营效果进行划分，正部所对应的是城市建设带来的正面效应，负部所对应的是城市建设带来的负面效应。例如，在大城市郊区建设大量居住区所带来的正面效应之一就是可以大大降低用地开发成本，而相应带来的负面效应就是为城市中心区带来了新增的大量通勤交通压力。因此，在实施一项城市规划项目之前，必须对该项目所带来的正、负部综合进行考察分析，进而保证投资与建设的可持续发展性。

上述四种划分方法可以分别在景观设计、实施策略、经济分析、环境分析这些不同领域对于城市空间设计进行控制，因此，在对城市空间设计进行可拓分析时，需要对研究对象定性，然后根据不同领域的特性运用不同的共轭分析对分别进行详细分析。

2）实例共轭分析

不同的共轭对方法代表着不同的研究角度，下面就根据深圳城中村改造问题的研究实例来综合运用四对共轭对分析方法，进而得出相对理性与全面的分析结果。

深圳市城中村的发展历史相对于其他城市来说比较特殊，城中村其中之一的平山村空间发展模式可以概括为图4–1的几个基本步骤。

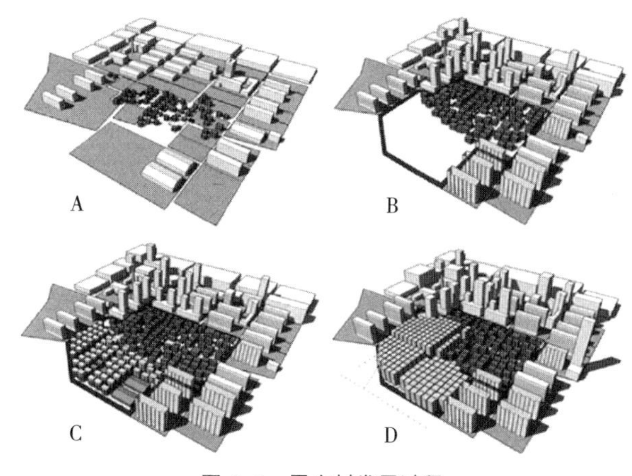

图4–1 平山村发展过程

1979年实行改革开放以前的阶段，深圳是数个村落聚居地，以渔业和农业种植业为主要经济收入方式，处于原始状态，村落发展进程缓慢。1979年后，深圳政府急需扩展土地进行城市化进程，而当时没有雄厚资金来对农村用地进行补偿，因此采取回避的方法饶开农村进行城市化进程，形成了周边是国有土地，中间仍然是村属集体所有制的土地所有制形式。村落中富裕住户在此阶段纷纷出资建设房屋，村落土地不断扩张。图4–1中A与B分别代表1979年前后的不同状况。

图4–1中C代表的是发展的增长阶段。1982年颁布的《关于严禁在特区内乱建和私建房屋的规定》、《深圳市经济特区农村社员建房用地的暂行规定》、1986年颁布的《关于进一步加强深圳特区农村规划工作的通知》等一系列政策规定了旧村内居民住宅的开发建设范围，同时建设新村。新村建成后，原旧村由政府接管并进行改造，土地收归国有，同时在各区设立旧村改造办公室。然而在操作过程中，因资金、政策等方面不到位，同时原住民得到新村后不愿意放弃旧村，旧村改造并未按计划进行，改造办公室也于90年代撤销。1987年颁布的《关于特区内违章用地及违章建筑处理暂行办法》以及1988年颁布的《深圳市人民政府关于处理违法违章占用土地及土地登记有关问题解决》中并没有收回农民非法占用土地的所有权，而是采取了罚款处理的形式。其结果是，象征性的少量罚款实际上承认了村民非法占用土地的归属权，加速了违章建设的进度。

图4–1中的D代表的是发展的高峰阶段。1992~1993年大量打工人员涌入深圳，促使深圳农村更加猛烈地私建滥建房屋，出租廉价房屋给外来打工人员。由于利益的驱动，村民在兴建建筑时，只考虑建筑面积，忽视居住环境和安全，造成了后来混乱、无序的空间格局。这个阶段，村民纷纷将原本三四层的农民房改建成了五六层，形成第一次建设高潮。2001年的《深圳经济特区处理历史遗留生产经营性违法建筑若干规定》和《深圳经济特区处理历史遗留违法私房若干规定》规定1999年3月5日以后新建、改建、扩建私房的违法行为按照《深圳市人民代表大会常务委员会关于坚决查处违法建筑的决定》和其他有关法律、法规的规定从严查处。实际上“两规”承认了1999年3月5日以前违章建筑的合法性，这项举措不但没有遏止村民的建设行为，反而加剧了村民的建设程度，造成深圳历史上第二次建设高潮。2004年初深圳市政府提出关外城市化（把宝安、龙岗两个区纳入城市用地）部署之后，出现了城中村的第三次建设高潮。深圳市市政府在决策上的失败与村民三次建设热潮最终形成了今天城中村的状况。

以上论述了深圳市城中村的空间格局的发展过程，下面就运用可拓学的四对共轭思维模式对其构成元素、改造措施、外部效应、影响作用各个层面进行分析。

运用虚实共轭对来进行分析，平山村的构成元素可以划分为虚部与实部。实部是指包括平山村内居住建筑、商业建筑、特殊建筑（观音庙）、道路体系；虚部是指由实部形成的场所和氛围，在现状的基础上，平山村形成了高密度的居住区与小规模的商业零售点。从合理的城市区域构成来讲，此村落仅仅拥有生活必备的实部元素——建筑与道路，严重缺乏应有广场、节点等构成元素；虚部则仅仅拥有居住区、商业零售点，缺乏公共空间、节点、景观体系。

运用软硬共轭对，则可以对平山村的现状改造措施进行分类与定性。对于平山村的环境改造工程措施都属于硬部，而规划方案、管理措施、正负政策等都属于软部。多年以来，正是由于针对平山村的软部一直不具有政府、村民的双赢效果，因此经济利益问题一直没有得到妥善的解决，导致因此硬部等表观元素才迟迟得不到应有的改造与整治。

运用潜显共轭对来进行分析，可以剖析平山村的各种发展方向，其中包括直观的发展方向，也包括需要挖掘的潜在发展方向。直观的发展方向有以下几种：由政府征收土地全局改造，由开发商承包工程开发新的价值，任由村民建设。而在对平山村周边因素进行分析时，发现紧邻的深圳大学城具有不可忽视的居住需求力——大学城内的教师、学生居住条件紧张，急需扩大住宿范围。在这种情况下，可以由村民出资（多年的房屋租赁纯利润收入使得他们完全具备经济实力来单独承担开发地产的资金）建设学生公寓，出租给大学城内的教师与学生；由于教师与学生的居住要求比以前村落内居住的打工者要高得多，因此村民会自主地提高居住品质以适应新的居住需求；这样一来，通过村民与大学城的直接对话就完成了局部改造与环境整治的目的，这种改造方法就是充分利用了平山村的潜部，在最节约资金的情况下达到了双赢的效果。

运用正负共轭对可以分析平山村对周边环境的影响作用。正部表示平山村对周边环境的正面影响，主要是为周边工厂职工提供了大量廉价住房；负部表示平山村对周边环境的负面影响，包括有诸多治安问题、脏乱差的居住环境、贫乏的社区生活等。客观地评价平山村，在经济学角度来说，类似平山村的这些城中村的存在是深圳经济飞速发展的必要基础，这是其存在的经济价值；而从社会学角度来说，平山村并不是一个适合人居住的人文社区，可以说是一个环境低劣的工人居住区，这给社会稳定、城市面貌都带来了巨大的负面影响。因此，平山村这种城中村模式代表了深圳的特殊状况，其中涉及经济、社会、人文多种因素，对其进行改造必须充分考虑这些因素。

以上的共轭分析可以为设计前期准备阶段准备翔实系统的分析结果，进而为规划设计方案的生成做出各种有益的铺垫。综上所述，共轭思维模式是一种以研究对象为主体的研究方式，如果需要综合考虑研究对象对周边环境的影响力，就必须运用传导思维模式来进行更为全面的分析。

4.1.2 外部效应与传导思维模式

在研究城市空间时，对于研究对象所在区域周边因素的充分考虑也是十分必要的，这就涉及外部效应的研究问题。外部效应这一概念源自经济学，它是描述研究对象对周边环境所带来的效果，其中包括正面的外部效应与负面的外部效应两种。经济学主要从住房成本、通勤费用与污染成本等几个方面来衡量外部效应的效果[90]。而城市规划则在借鉴了经济学的研究方法基础上，综合考虑各种影响因素，为制定更加合理的规划手段提供更加科学的理论准备。

外部效应说明了研究对象对周边环境的影响力，这与可拓学中的传导思维模式所研究的现象极为相似。因此，下面就根据地块的理论研究模型来论述与剖析研究对象与周边环境之间的相互影响关系。

1）传导思维模式的研究内容

城市空间环境是一个复杂的构成系统，具体到研究对象的城市地块或区域时，其外部效应可以划分为形态维度与认知维度两大类别。形态维度的效应指的是研究对象范围内的物质实体所构成的具体形态，从抽象意义上说是物质层面的外部效应；而认知维度则是城市人群对研究对象范围内的物质实体具体形态所产生的主观感受，从抽象意义上说是精神层面的外部效应；这种人群主观意识有时候所产生的影响甚至要比形态维度的影响还要大。

（1）**形态维度。**在城市空间环境被划分为形态维度与认知维度两种类型的基础上，形态维度可以再细化分为土地使用、建筑形式、地籍（街道）模式[91]。

土地使用体现了城市用地的功能布局，土地使用能够对周边环境产生多种影响，这在第三章里有详细的论述，在此不再赘述。

建筑形式是指基于固定地块上所进行的单体建筑设计所采取的风格、构造、形式等因素，这些因素可以对周边环境造成巨大的影响。例如，建筑的高度可以对周边区域造成视线影响，或是形成良好的天际线，也可能对周边文物造成视线干扰；而建筑风格既可能是符合周边文化特质的个体，也可以是破坏周围文化氛围的个体。建筑是占有空间而形成的个体，它们是构成城市空间环境非常重要的构成元素，必须予以充分重视并详细加以研究。

地籍模式是城市街区以及它们之间的公共空间或活动通道，街区限定了空间，或者是空间限定了街区。也就是说，地籍模式与建筑形式二者之间是“虚”与“实”的关系，相互之间彼此限定，进而形成了完整的城市地块。只有建立在区域基础上的地籍模式研究才有真正意义，这种研究模式通常被运用到城市分区研究中。

（2）**认知维度。**与形态维度一样，认知维度同样可以被细化分为服务水平、环境品质、地域特质几个层次。

服务水平表示的是区域内维持居民生活所必需的一切服务设施，如给水排水、供电、环卫、邮政、电信等设施。这些设施的完备程度决定了该区域居民最基本的生活质量，等同于是从物质层面来满足居民生活需求的一切设施总和。局部供应设施的欠缺势必会导致周边地区设施使用频率增加，因此会间接影响周边地区的正常生活。

而环境品质则是区域内居民精神生活所需要的设施总和，具体体现的形式很多样化，可以体现为公共场所、休闲空间、娱乐空间等。环境品质是一个相对而言的状态，它必须结合周边地区或整个城市的环境品质来综合加以定性。试想一下，在邻近低收入人群居住区的地块建设高档居住区势必会相互影响，带来诸多社会问题，这种做法是极不明智的一种选择。

地域特质是一定区域所形成的文化氛围，它是由区域内文物古迹、建筑特色、民俗文化、历史传统等多种因素所共同形成的一种地域化性格，也是最应该加以保护和继承的特征。地域特质可以体现区域居民的生活习惯、思维方式、处事态度等一系列特征，是物质环境与精神体验双重因素相融合的产物。

以城市内固定地块或区域为研究对象，可以归纳出以下外部效应的研究框架（表 4–2）。

城市空间环境外部效应因素 **表 4–2**

研究对象	研究角度		研究内容
城市地块或城市区域	形态维度	土地使用	城市用地的功能布局对周边环境的影响
		建筑形式	建筑风格、群体特色、天际轮廓线对周边环境的影响
		地籍模式	街道空间、公共空间、景观体系对周边环境的影响
	认知维度	服务水平	给水排水、供电、电信、环卫等设施对周边环境的影响
		环境品质	区位优劣势以及与周边地区物质环境的相对状况
		地域特质	民俗文化、历史特色、文物古迹对周边环境的影响

2）传导思维模式的应用

下面就根据哈尔滨中央大街交通方式改变过程的实例来运用传导思维模式，进行公式化模拟其相关影响的过程。

哈尔滨中央大街步行街是目前亚洲最长的步行街，北起松花江防洪纪念塔，南至经纬街，全长 1450m，宽 21.34m，其中车行方石路 10.8m 宽。被誉称“哈尔滨第一街”的中央大街，以其独特的欧式建筑，鳞次栉比的精品商厦，花团锦簇的休闲小区以及异彩纷呈的文化生活成为哈尔滨市一道亮丽的风景线。步行街自开通以来日接待游人 20 余万人次，充分体现出旅游、购物、娱乐、休闲的功能。中央大街涵括了西方建筑史上最有影响的四大建筑流派，有文艺复兴、巴洛克、折衷主义以及新艺术运动风格的建筑。全街建有欧式及仿欧式建筑 71 栋，市级保护建筑 13 栋，欧洲近 300 年的文化发展史在中央大街上体现得淋漓尽致。1997 年，哈尔滨市政府把中央大街定为步行街（图 4–2）。

图 4–2 哈尔滨中央大街

设作为研究对象的哈尔滨中央大街为 M_1，由于近年来整体面貌一直随时间而变化，因此用以时间 t 为参变量的物元模型来进行表述。街道的交通管制方式是此物元模型中非常重要的子因素，由此因素改变所引发的一系列变化可以由以下表达式来进行描述。

$$M_1 = \begin{bmatrix} 中央大街_1(t), & 交通管制, & 步行街(t) \\ & 建筑风格, & 欧式(t) \\ & 地点, & 哈尔滨市(t) \\ & 长度, & 1450m\,(t) \\ & \vdots & \vdots \\ & 游人日流量, & 20万(t) \end{bmatrix} = \begin{bmatrix} O_1(t), & c_{11}, & O_2(t) \\ & c_{12}, & v_{12}(t) \\ & c_{13}, & v_{13}(t) \\ & c_{14}, & v_{14}(t) \\ & \vdots & \vdots \\ & c_{1n}, & v_{1n}(t) \end{bmatrix} = \begin{bmatrix} M_{11} \\ M_{12} \\ M_{13} \\ M_{14} \\ \vdots \\ M_{1n} \end{bmatrix}$$

$$M_2 = \begin{bmatrix} O_2(t), & 交通状况, & v_{21}(t) \\ & 人车分行, & v_{22}(t) \\ & 休闲系统, & v_{23}(t) \end{bmatrix} = \begin{bmatrix} O_2, & c_{21}, & v_{21}(t) \\ & c_{22}, & v_{22}(t) \\ & c_{23}, & v_{23}(t) \end{bmatrix} = \begin{bmatrix} M_{21} \\ M_{22} \\ M_{23} \end{bmatrix}$$

$$M_3 = \begin{bmatrix} O_3(t), & 商业状况, & v_{31}(t) \\ & 集聚效应, & v_{32}(t) \\ & 品牌效应, & v_{33}(t) \end{bmatrix} = \begin{bmatrix} O_3, & c_{31}, & v_{31}(t) \\ & c_{32}, & v_{32}(t) \\ & c_{33}, & v_{33}(t) \end{bmatrix} = \begin{bmatrix} M_{31} \\ M_{32} \\ M_{33} \end{bmatrix}$$

根据发散分析原理，相对于物 O_1、O_2 来说，如果其分物元 M_{11}、M_{12}、M_{22}、M_{23}、M_{32}、M_{33} 都是相关的，就可以有如下相关网：

$$M_{11} \sim M_{12} \begin{cases} M_{22} \sim M_{23} \\ M_{32} \sim M_{33} \end{cases}$$

上面的理论模型描述了哈尔滨中央大街交通管制措施所带来的一系列影响，也揭示了任何建设行为都会间接、潜在地影响诸多相关因素的规律。在以上问题分析的相互关系中，当某交通管制的分物元量值发生变化时，会引起复杂关系网络中诸多物元发生相应的变化。传导思维模式是建立在问题相互关系的基础之上的，突出强调剖析事物之间的彼此联系，是一种全局性思考问题的思维方式。

4.1.3　综合分析与菱形思维模式

与共轭思维模式针对单体进行发散性思维分析所不同，菱形思维模式是先发散后收敛的思考模式，可以用于综合分析较为复杂的状况。下面就列举实体与空间相互结合，运用菱形思维模式到城市规划领域的实例。

哈尔滨阿城区龙门广场设计是哈尔滨工业大学建筑设计研究院工作人员应用可拓学菱形思维模式产生创意作品的一个典型案例，方案设计地段位于阿城区景观轴线的东端，地段东侧紧邻河流，自然条件较为优越。阿城区政府作为方案委托方提出了一系列限定要求——广场的名称确定为龙门广场，广场必须以一个门状的构筑物为景观核心，同时构筑物必须体现“龙门”的特征，同时该地段在城市整体设计中定位为现代风格的居民生活区，还需要同时考虑城市景观轴线对景的问题。

1）一级菱形思维推导

下面把设计者运用菱形思维模式方法进行设计的步骤详细加以说明。首先根据委托方提出的限制要求，把龙门广场需要进行设计的构筑物“龙门”这个研究对象确定为物元，根据委托方提出的一系列要求作为物元的表达特征，用物元表达式 $M=(O_m, c_m, v_m)$ 建立一级菱形思维模型，如下：

$$M=\begin{bmatrix}\text{龙门}A, & \text{形状}, & \text{门状} \\ & \text{含义}, & \text{龙} \\ & \text{风格}, & \text{待定}\end{bmatrix} \dashv \left\{\begin{array}{lll}\text{龙门}A_1, & \text{形状}, & \text{几何形状门} \\ \text{龙门}A_2, & \text{形状}, & \text{不规则形状门} \\ \text{龙门}A_3, & \text{含义}, & \text{具象龙} \\ \text{龙门}A_4, & \text{含义}, & \text{抽象龙} \\ \text{龙门}A_5, & \text{风格}, & \text{古典} \\ \text{龙门}A_6, & \text{风格}, & \text{现代} \\ \cdots & & \end{array}\right\}$$

$$\vdash \left\{\begin{array}{l}\text{龙门}A_1\text{，形状，几何形状门} \\ \text{龙门}A_3\text{，含义，抽象龙} \\ \text{龙门}A_6\text{，风格，现代}\end{array}\right\} \rightarrow \left\{\begin{array}{l}\text{具有几何形状的门状构筑物} \\ \text{抽象象征意义的构筑物} \\ \text{具有现代风格的构筑物}\end{array}\right.$$

在一级菱形思维模型的多种思路分析筛选过程中，针对多位参与设计与委托方人员共同探讨打分，通过建设造价、创新程度、设计地段与城市整体设计风格协调等指标的权重与积分进行了选择，进而确定了龙门的基本设计思路——现代风格、具有抽象象征意义的几何形状的门状构筑物。

一级菱形思维模式通常不能够直接指导现实设计，因此为了得到更加详细、更加具有现实指导意义的设计方法，可以分别根据这三条特征继续建立多级菱形思维模型，首先以龙门形状为研究对象建立的模型如下：

$$M=\left[\text{龙门}A\text{，} \quad \text{形状，} \quad \text{几何形状门}\right] \dashv \left\{\begin{array}{lll}\text{龙门}A_1, & \text{形状}, & \text{圆形} \\ \text{龙门}A_2, & \text{形状}, & \text{椭圆形} \\ \text{龙门}A_3\text{，} & \text{形状}, & \text{三角形门} \\ \text{龙门}A_4, & \text{形状}, & \text{四边形门} \\ \text{龙门}A_5, & \text{形状}, & \text{五边形门} \\ \cdots & & \end{array}\right\}$$

$$\vdash \left\{\text{龙门}A_4, \quad \text{形状}, \quad \text{四边形门}\right\} \dashv \left\{\begin{array}{lll}\text{龙门}A_1, & \text{形状}, & \text{正方形门} \\ \text{龙门}A_2, & \text{形状}, & \text{矩形门} \\ \text{龙门}A_3\text{，} & \text{形状}, & \text{平行四边形} \\ \text{龙门}A_4, & \text{形状}, & \text{梯形门} \\ \text{龙门}A_5, & \text{形状}, & \text{不规则四边形} \\ \cdots & & \end{array}\right\}$$

$$\vdash \left\{\text{龙门}A_2, \quad \text{形状}, \quad \text{矩形门}\right\} \rightarrow \left\{\text{具有矩形形状的构筑物}\right\}$$

2）多级菱形思维推导

由于龙门广场所在城市为小城市，因此在以上的优度评价中主要以建设造价与施工难度为主要评价指标，最终得出龙门适宜采取矩形形状。下面列举的是以龙门含义为研究对象建立的多级菱形思维模型：

$$M=\left[\text{龙门}A，\text{含义，抽象龙}\right]\dashv\left\{\begin{array}{l}\text{龙门}A_1，\text{含义，图形象征龙}\\\text{龙门}A_2，\text{含义，符号象征龙}\\\text{龙门}A_3，\text{含义，文字象征龙}\\\text{龙门}A_4，\text{含义，说明象征龙}\\\cdots\end{array}\right\}$$

$$\vdash\left\{\text{龙门}A_3，\text{含义，文字象征龙}\right\}\dashv\left\{\begin{array}{l}\text{龙门}A_1，\text{含义，规整粗体龙}\\\text{龙门}A_2，\text{含义，写意书法龙}\\\text{龙门}A_3，\text{含义，简体文字龙}\\\text{龙门}A_4，\text{含义，繁体文字龙}\\\cdots\end{array}\right\}$$

$$\vdash\left\{\begin{array}{l}\text{龙门}A_1，\text{含义，规整粗体龙}\\\text{龙门}A_4，\text{含义，繁体文字龙}\end{array}\right\}\rightarrow\left\{\begin{array}{l}\text{采用方块字体的龙字}\\\text{繁体的龙字}\end{array}\right.$$

在上述分析过程中，在图形、符号、文字以及说明的优度评价环节中，从创新的程度来看，利用文字作为象征设计主体构筑物的手法创新度最高，因此采用了繁体的龙字——“龍”作为主要构筑物特征含义的手法。确定了前两个主要设计思路后，对最后的设计风格控制也具有指导作用，下面是以龙门设计风格为研究对象建立的多级菱形思维模型：

$$M=\left[\text{龙门}A，\text{风格，现代}\right]\dashv\left\{\begin{array}{l}\text{龙门}A_1，\text{风格，浑厚凝重}\\\text{龙门}A_2，\text{风格，轻灵通透}\\\text{龙门}A_3，\text{风格，实体象征}\\\text{龙门}A_4，\text{风格，空间象征}\\\cdots\end{array}\right\}$$

$$\vdash\left\{\begin{array}{l}\text{龙门}A_2，\text{风格，轻灵通透}\\\text{龙门}A_4，\text{风格，空间象征}\end{array}\right\}\rightarrow\left\{\begin{array}{l}\text{结构轻巧、视线通透的构筑物}\\\text{用门实体围合空间表达“龍”}\end{array}\right\}$$

在上述运用菱形思维模式进行分析的过程中，得到了一系列结论——矩形门状、门状构筑物围合空间呈现出“龍”字、结构轻巧通透。根据这些具有创新特点的结论，运用城市规划领域的专业设计知识与技巧进行组织，最终得到了外观如图 4–3 所示的哈尔滨阿城区龙门广场设计方案。

龙门以玻璃幕墙为外部材质，从正立面看可以明确分别出方块加粗字体的“龍”字，而字体中间的分割笔画恰好可以设计成为临江观景平台，同时在龙门前后两层玻璃幕之间又巧妙地安置连接体块与楼梯，形成空间层次丰富、结构轻巧的中心景观构筑物。龙门结构图参见图 4–4。

图 4–3　阿城龙门广场设计夜景效果图

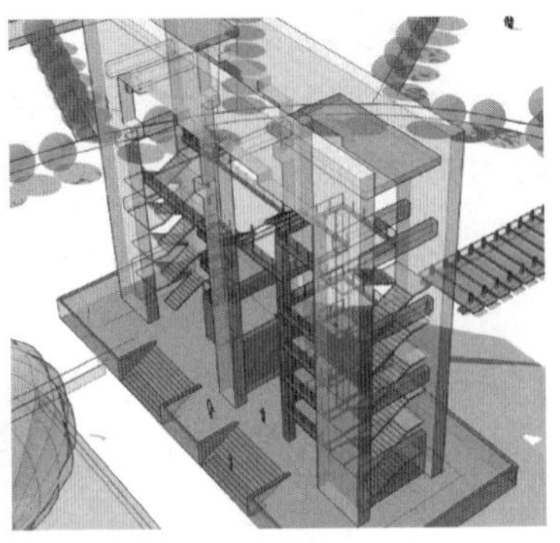

图 4–4　龙门结构图

4.2　城市空间的问题蕴含系统

问题蕴含系统是综合了可拓学多种方法于一身的方法体系，在第三章中将其运用对城市用地布局进行了描述与分析，在此章里将会运用问题蕴含系统对城市空间设计的各个部分进行系统的描述与分析。

4.2.1　城市空间的双向问题相关树

空间设计的初始问题是建立合理的空间设计方案，其归属于可拓学中的核问题，因此可以表达为 $P_0=g_0*l_0=(Z_0, c_{0s}, X_0)*(Z_0, c_{0t}, c_{0t}(Z_0))$，其中 g_0 代表问题，l_0 代表现状条件。城市规划的复杂性决定了城市空间设计问题不仅仅是单一的问题，而是具有体系关系以及方向性的一组问题集合，为了更好地探讨与研究核问题中问题与条件的细节，需要根据核问题的问题与条件分别来进行发散思维，运用可拓学中针对矛盾问题所建立的问题相关树来进行剖析与阐释。

1）城市空间设计基本框架

对于城市规划设计人员来说，城市空间设计是一个复杂的思考过程，包含多个层次的元素，其过程包含正向思维与逆向推理的双重特性，需要根据具体层面的构成要素运用可拓学的双向问题相关树进行进一步的剖析与阐释。城市空间设计整体研究的基本结构框架可以用图 4–5 的双向问题相关树来表达。

图 4–5 中所包含的各种要素分别运用了正向问题相关树与负向问题相关树两种思维方法，共同构成了双向问题相关树。其中，在复合条件中的虚部所包含的文化、空间、场所等元素会对整个设计过程产生反馈作用，属于负向问题相关树的分析方法；同样，外部效应的认知维度元素以及复合目标中规划控制里的理论研究都是负向问题相关树方法的应用环节。

2）城市空间设计实例分析

下面就根据大连市火炬路规划设计的实例来运用双向问题相关树方法，进而剖析设计

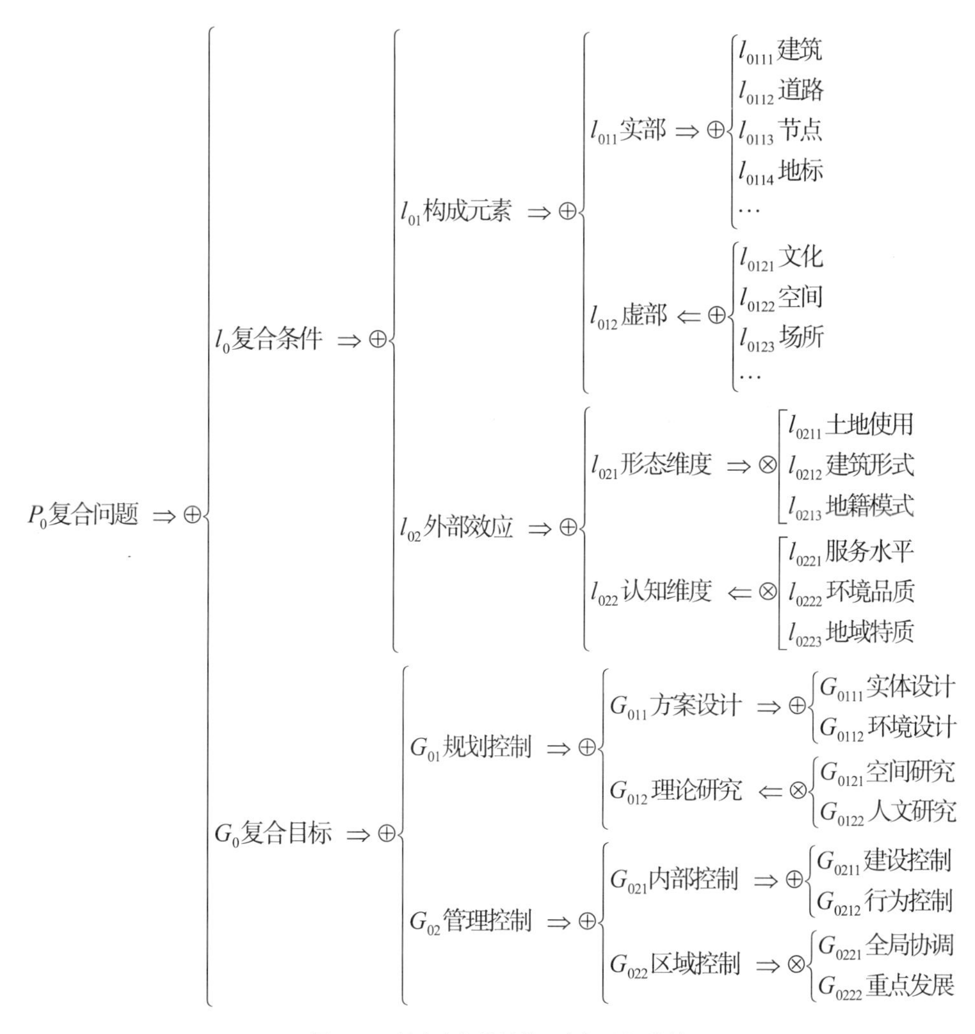

图 4-5　城市空间设计的双向问题相关树

与构思的过程。

大连火炬路是基于现状基础上所进行的改造建设工程，力图打造可以引领大连市区域经济发展的商业街区。规划拟分期分批拆除大部分现状建筑，保留部分已建成的大型建筑及公共配套设施，主要包括戴尔办公楼、海外学子创业园、大连第二呢绒服装厂、瓦轴THK、大邦膜工程大楼；另有施工中建筑用地，包括晟辉大厦、天河纳米科技园、大连海辉科技股份有限公司。设计地段的详细现状图参见图 4-6。

针对现状的各种企业用地状况，此次设计对于不同类型用地上的现状建筑采取了不同的应对措施，对于隶属于 A 类用地的建筑进行拆除并重新建设；对于隶属于 B 类用地的建筑予以保留；对于 C 类用地上的建筑进行立面改造翻新。总平面图参见图 4-7。

火炬路街区的规划设计上突出表现了火炬路的商业区氛围，在街区的西部入口、中部、东部入口分别进行了重点突出的节点设计，形成了“三点、一线、四区”的整体街区格局。街区整体视觉效果参见图 4-8。

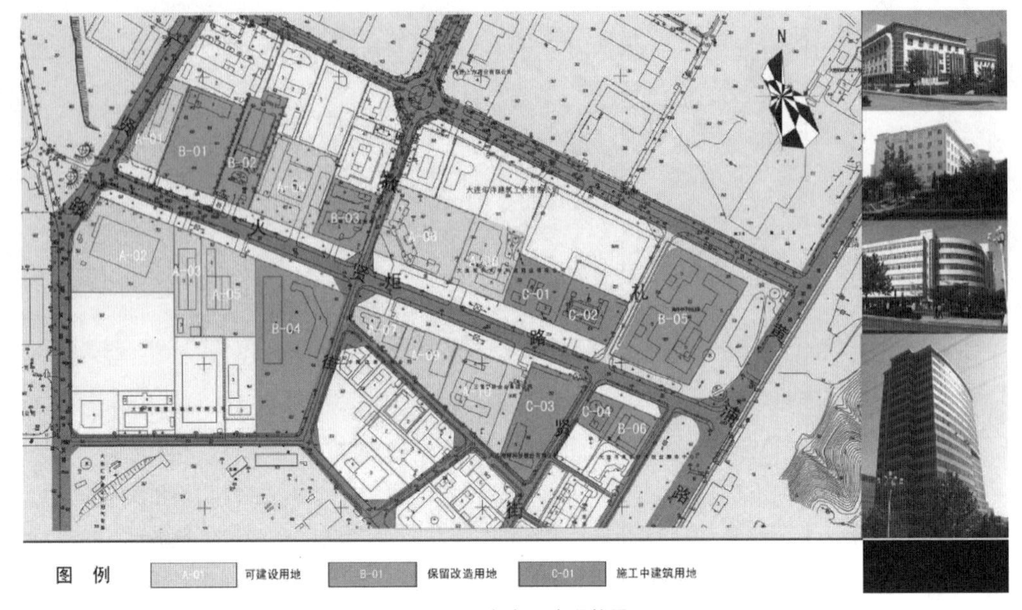

图 4-6　大连市火炬路现状平面图

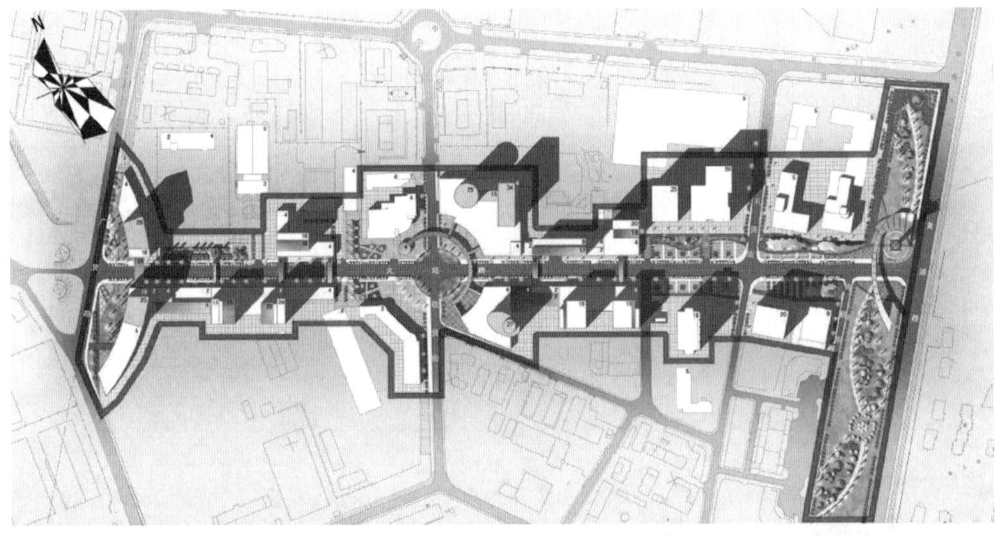

图 4-7　大连市火炬路规划设计总平面图

图 4-8　大连市火炬路规划设计鸟瞰图

在火炬路的西部入口处规划了两栋高层商业建筑，并设置了连接的天桥，形成入口处景观地标；中部则规划了地段内最高的高层建筑，底层用环形交通廊道加以连接，形成内聚式的建筑群体格局；东部靠近城市主干道处规划了火炬形雕塑，突出火炬路的主题，凸显时代特色。西、中、东部三处突出地标的设置使火炬路形成了主次分明、高低错落的城市天际线，街区内三处突出地标参见图 4-9。

以上的规划设计过程可以运用可拓学的双向问题相关树来进行描述与分析，具体表达公式如下（图 4-10）。

图 4-9　大连市火炬路规划设计效果图

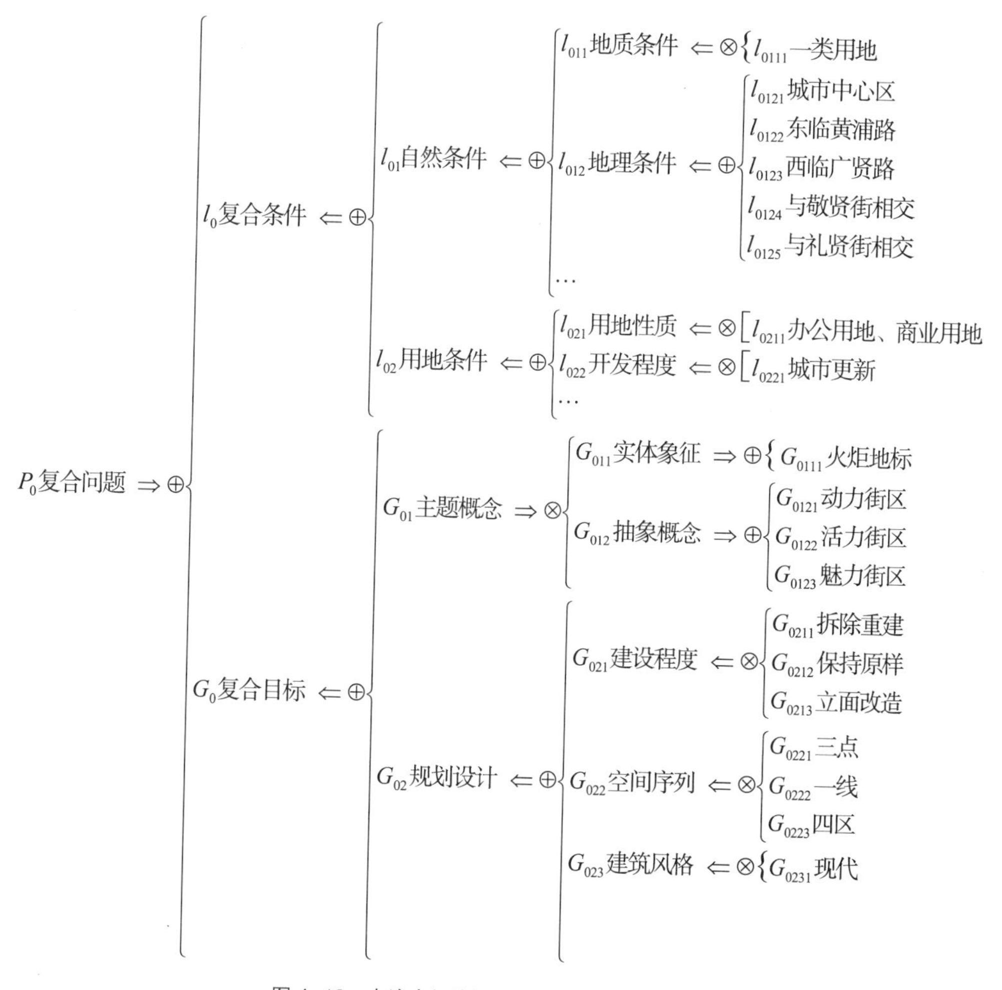

图 4-10　大连火炬路规划设计的双向问题相关树

上式中表述了设计过程中各种因素的考虑过程与方式，可以基本概括规划设计的过程，对于研究规划设计过程的构成方式有着极大推动作用，也是把计算机推理演算的优势能力运用到规划领域的催化剂。通过上述规划实例的论述，可以得出对于城市空间设计的双向问题相关树推理的一般方法与步骤，在此基础上更加复杂的规划案例可以通过分解——分析——综合的步骤来进行详尽的分析，也就是运用多级菱形思维模式来进行更加复杂的演算。

4.2.2 问题相关网的建立

在第 3 章中已经对于问题相关网有所论述，问题相关网是在问题相关树基础上更高层次的解决方法，将其应用到计算机领域时可以通过星形模式与雪片模式两种方式来进行表达与描述。

1）雪片模式构架体系

由于城市空间设计是一个包含各种因素的复杂系统，对其进行系统分析时必须建立在综合考虑各种因素之间相互关系的基础上。综合考虑多个分析角度，城市空间设计的基本框架可以概括为图 4–11 中的体系。

基于城市空间设计的雪片模式分析框架表达了城市空间设计与控制性详细规划、建筑设计、景观设计、历史文化研究、城市经济学之间错综复杂的关系网络，为城市空间设计的理论研究提供了最基本的关系框架，在落实到对具体对象的特性进行更详尽的描述与分析时，就需要运用各种维度表来进行描述。

2）维度表的综合应用

维度表是具体描述对象各种特性的工具，它是基于雪片模式关系网络中某一环节所展开研究的体系。例如把图 4–11 中的“点状景观”作为下一步具体研究的对象时，就可以根据“点状景观”的特性建立起维度表体系。

(1) **设计事实表**。首先，建立关于“点状景观”的设计事实表，参见表 4–3。事实表

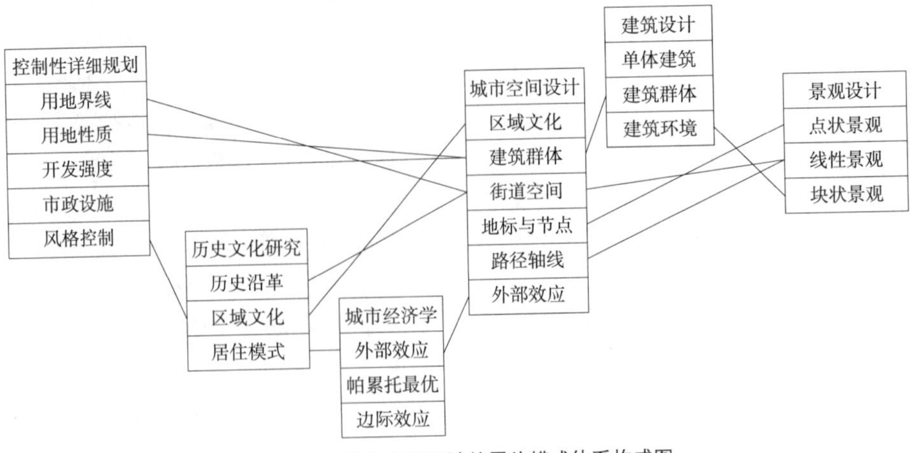

图 4–11 城市空间设计的雪片模式体系构成图

中的维度有两个，一是条件编号，它来自点状景观条件表；二是目标编号，它来自点状景观目标表；而事实数据为关联函数 k [37]。

上述建立的事实表相当于研究对象各种特性的目录，所有针对研究对象各种特征所进行的研究都可以概括为两类：目标问题以及条件问题，事实表对这些研究层次进行编号，以便于计算机进行检索与搜寻；关联函数表示了目标与条件之间的逻辑运算关系，这种运算关系根据具体研究对象有所区别，需要根据专业领域的计算方式所确定。

（2）**设计目标维度表**。在事实表的基础上，还需要进一步建立其他一系列维度表。在可拓问题相关树中，目标维度表对应的是叶节点（不需要继续划分为更详细类别的节点），其维度表如表 4–4 所示。

上表论述的是多个目标及其具体内容，可以达到对综合目标体系的分解作用，以便于用最简单直接的基元来组成复合的目标体系。

搜索的过程可以用下面语句生成：

Select 目标编号，目标价值

From 目标维度表

事实表　　**表 4–3**

事实表
问题编号 目标编号 条件编号 关联函数 k

目标维度表　　**表 4–4**

目标维度表
目标编号 目标价值

条件维度表　　**表 4–5**

条件维度表
条件编号 自然条件 规划条件 人文条件 “点状景观”设计地段现价值

自然条件维度表　　**表 4–6**

自然条件维度表
自然条件编号 地质条件编号 水文条件编号 气象条件编号 自然条件

（3）**设计条件维度表**。由于条件维度表所对应的是可拓问题相关树的中间节点（可以继续划分为更详细类别的节点），后面有多个子节点，它们所对应的是自然条件、规划条件、人文条件等表，故此有多个新增的维度，事实数据为“点状景观”设计地段现价值，如表 4–5 所示。

可以用下面语句生成：

Select C. 条件编号，N. 自然条件编号，P. 规划条件编号，A. 人文条件编号，V. “点状景观”设计地段现价值

From 条件表 C，自然条件表 N，规划条件表 P，人文条件表 H

（4）**设计自然条件表**。自然条件表为条件表的下一等级维度（其自身也包含地质条件、水文条件、气象条件等下一等级维度，故可以继续向下划分维度，在此不再赘述），故有一个新增加的维度，事实数据为自然条件，见表 4–6。

可以用下面语句生成：

规划条件维度表　　表 4-7

规划条件维度表
规划方案条件编号 政策管理条件编号 规划条件

人文条件维度表　　表 4-8

人文条件维度表
聚居人群条件编号 文化背景条件编号 人文条件

Select N. 自然条件编号，G. 地质条件编号，H. 水文条件编号，W. 气象条件编号，V. 自然条件价值

From 自然条件表 N，地质条件表 G，水文条件表 H，气象条件表 W

(5) **设计规划条件表。**规划条件表为条件表的下一等级维度，故有一个新增加的维度，事实数据为规划条件，见表 4-7。

可以用下面语句生成：

Select P. 规划条件编号，R. 规划方案条件编号，O. 政策管理条件编号，V. 规划条件价值

From 规划条件表 N，规划方案条件表 R，政策管理条件表 O

(6) **设计人文条件表。**人文条件表为条件表的下一等级维度，故有一个新增加的维度，事实数据为人文条件，见表 4-8。

可以用下面语句生成：

Select A. 人文条件编号，C. 聚居人群条件编号，U. 文化背景条件编号，V. 规划条件价值

From 人文条件表 A，聚居人群条件表 C，文化背景条件表 U

以上所论述的是基于事实表基础上所展开的各种维度表，很多维度表可以继续深化划分为更加具体的维度表，以便于更具体地研究对象特性，由于其原理与以上推理过程相似，在此不再赘述。旨在通过以上的推理论述过程来总结出设计雪片模式的一般步骤，以指导计算机逻辑分析在城市空间设计领域的应用。

4.3　城市空间的可拓变换

可拓变换是针对具体对象而确立的研究方法，在实施可拓变换之前需要做出一系列的准备工作。由第 3 章的推理结论得出，可拓变换需要与可拓集合配合应用，以达到解决问题的目的；对于城市空间来说，各种理论研究方向对于良好的城市空间具有不同的观点，因此确定最终目标时需要选择出适合具体城市分区的理论，这就决定了研究城市空间设计过程时，应当采取选择理论基础——建立可拓集合——实施可拓变换的步骤来进行操作。

理论基础所持有的观点相当于不同的论域划分方式，对于同样的因素集合具有不同的分类方式，对运用可拓集合与可拓变换方法具有直接的指导作用，是其实施的前提条件。

4.3.1　依据理论建立的可拓集合

城市空间设计是一个构成复杂、主客观交叉融合的范畴，涉及诸多方面的理论，很多学者针对城市空间进行了各种角度的理论研究。这些理论研究为可拓学的逻辑描述与分析

功能提供了最基本的模型建构基础，同时也为实施可拓变换指出明确的研究方向。下面就简要地将关于城市空间的几种主要理论研究加以论述，同时根据各个理论的观点分别建立不同的可拓集合，以此来论述理论基础作为可拓集合划分标准的重要性。

1）城市形态观念可拓集合

勒 · 柯布西耶的城市空间分析一部分是基于对建筑形态和形式的思考和感受，另一部分是基于一种“城市集中主义”和“反街道主义”的思想。

勒 · 柯布西耶认为城市分散发展绝对不是现代城市发展的出路，因为这种发展实际上是分解了城市生活的内涵。由他提出的“明日城市”和“光辉城市”通过高层建筑的运用来节约城市用地，进而增加单位用地内的公共绿地和公共空间。直线和直角是勒 · 柯布西耶城市空间架构的主旋律，此外他对城市交通和交通工具的重视也影响了他对城市空间的认识。勒 · 柯布西耶认为：“所有现代的交通工具都是为速度而建的……街道不再是牛车的路径，而是交通的机器，一个循环的器官。”在勒 · 柯布西耶的影响下，20 世纪 30 年代召开的现代建筑会议提出了“居住、工作、游憩与交通”的四大活动是研究及分析现代城市最基本的分类。

勒 · 柯布西耶在城市空间研究方面的主要贡献是通过高层建筑来解决城市因为人口的增长所出现的拥挤问题，同时通过人口集聚来保证和丰富城市生活的活力[92]。以可拓集合形式来表达这一理论趋向，参见表 4-9。

理论趋向的可拓集合　　**表 4-9**

理论构成元素		类型属性特点
建筑	正稳定域	建设高层建筑，增加城市用地整体开发强度，增加绿化面积
	负稳定域	建设多层、低层建筑，用地开发强度低，浪费城市用地
街道	正稳定域	多运用直线和直角，以最简便的方式实现城市快速交通
	负稳定域	轴线放射型的道路，装饰性较强的道路布局，交通能力差
风格	正稳定域	建设体现新时代特征的新建筑
	负稳定域	建设复古风格或古典风格的建筑

2）城市空间形态探讨可拓集合

TEAM10 是为召开 CIAM 第十次会议而成立的筹备小组，其成员都是当时活跃在世界建筑舞台上的中青年建筑师。他们认为城市建设不是从一张白纸开始的，而是一种不断进行的工作。所以任何一代人只能做有限的工作，每一代人必须选择对城市最有影响的方面进行规划和建设，而不是重新组织整个城市。

在 TEAM10 中，史密斯夫妇是相对比较活跃的建筑师，他们提出“簇状城市”、“改变的美学”等等都对城市空间形态的认识与组织产生了影响。“簇状城市”是城市空间组织的一种新的形态，这种形态产生于对人的日常生活范围的分析而形成的，并在对住宅、步行空间的再组织的基础上，形成以数幢建筑物围绕着“空中步道”的组群式空间。所谓“改变的美学”就是对城市中各种物体的时间性的安排要适应各物体本身的时间属性。

使建筑群与交通系统有机地结合是TEAM10的重要思想之一，用这样的思想去建设城市时，建筑本身将表现出“流动”、“速度”、“停止”、“出发”等特性。他们断言，以城市规划的方法研究建筑和以建筑的方法研究城市的时代已经到来。以可拓集合形式来表达这一理论趋向，参见表4–10。

理论趋向的可拓集合 **表4–10**

理论构成元素		类型属性特点
规划方式	正稳定域	城市规划是不断进行的动态工作，需不断进行调整与优化
	负稳定域	武断地制定“终极规划”，轻易地判断未来不可知的状况
城市空间	正稳定域	城市空间与建筑、人的活动均有关，需要综合地分析
	负稳定域	孤立地分析城市空间，忽视与城市空间有关的其他因素
交通系统	正稳定域	步行活动、汽车流动和自然景观是城市空间环境重要特征
	负稳定域	以静态的观点来分析城市空间环境，忽视交通系统、人的活动等与城市空间密切相关的因素

3）城市意象理论可拓集合

凯文·林奇对城市意象的研究改变了对城市空间分析的传统框架，城市的空间不再是反映在图纸上的物与物之间的关系，也不是现实当中的物质形态的关系，更不是建立在这些关系基础上的美学上的联系，而是人在其中的感受以及在对这些物质空间感知基础上的组合关系，即意象。

所有的意象均由三方面的要素构成，即同一性、结构和意义。同时，林奇还提出了构成城市意象的五项基本要素，它们分别是路径、边缘、地区、节点和地标。

这五项要素可以帮助我们建构起对城市空间整体的认知，当这些要素相互交织、重叠，它们就提供了对城市空间的认知地图，或称心理地图。认知地图是观察者在头脑中形成的城市意象的一种图面表现，并随人们对城市的认识的扩展、深化而扩大。行为者就是根据这样的认知地图而对城市空间进行定位，并依此而采取行动[25]。以可拓集合形式来表达这一理论趋向，参见表4–11。

理论趋向的可拓集合 **表4–11**

理论构成元素		类型属性特点
感知层面	正稳定域	强调人对城市的感受与记忆，突出设计能够给予人强烈感官记忆的城市空间环境，充分体现场所感
	负稳定域	从图纸入手，纸上谈兵地规划与设计城市空间环境，忽视人在城市环境中的切身感受

续表

理论构成元素		类型属性特点
识别性	正稳定域	综合分析构成城市意向的路径、边缘、地区、节点、地标五要素
	负稳定域	分裂、孤立地分析城市意象五要素
空间构成	正稳定域	人的感觉和物质空间结合在一起的场所感，是行为与背景的统一体
	负稳定域	具体与抽象的几何空间所构成的城市空间环境

4）城市空间论可拓集合

文丘里等人认为建筑的特征是符号而不是空间，空间关系是象征性的，而不是其所运用的外在形式。

他们赞美民间各种类型的酒吧和戏院、商业城市中的霓虹灯、广告牌等等，认为这些商业性的标志、象征、装饰有很高的价值。文丘里等人非常强调向大众文化和民间文化学习，同时也认为现状存在的很多看似“杂乱无章”的商业街其实是“丰富多姿的组合”，他们对自然形成的街区面貌情有独钟，认为这些才是真正城市所应当具有的形象。

文丘里等人以古罗马广场为例说明它们的观点，其实古罗马广场就像拉斯维加斯沿公路的商业区一样表面“一团糟”，但是它也象征着“丰富多姿的组合”。因此，拉斯维加斯都城实际上是真正继承了古代经典建筑的正统，它们不断地从过去的模式中获取灵感，得到启发、玩乐和消遣，从而形成了多姿多彩的城市空间的景象[93]。以可拓集合形式来表达这一理论趋向，参见表 4–12。

理论趋向的可拓集合　　**表 4–12**

理论构成元素		类型属性特点
建筑特征	正稳定域	建筑的特征是符号而不是空间，空间关系是象征性的，而不是其所运用的外在形式
	负稳定域	具体建筑形式的简单罗列，缺乏符号体系组织，不具备象征意义
规划形式	正稳定域	推崇自然形成的城市空间环境，标志、象征、装饰有很高的价值
	负稳定域	学院派从纸面入手的规划设计手段所形成的城市空间环境
空间组织	正稳定域	形式多样、丰富多彩的城市空间环境
	负稳定域	形式统一、单调乏味的城市空间环境

5）城市类型学空间形态理论可拓集合

意大利建筑师阿尔多 · 罗西以城市形态学为方法论基础，以集体记忆作为分析基础，阐述了新理性主义的城市空间理论。

罗西认为纪念物与记忆是组成城市的重要因素，许多人对场所的喜好与厌恶常常取决于该场所给人带来的美好或不愉快记忆。因此这些体验本身既与具体的事件有直接的关联，而且与人的感觉判断也同样是不可分的，这就决定了设计者在对空间质量进行判断时，必须融合这些不同的方面。

与主流的“形式追随功能”观点相反，罗西在分析城市建筑物之间结构关系时十分强调与人造物相关的基本问题——其中有个性、地点、记忆和设计本身，功能并未被提到。罗西非常注重城市空间类型的分析，认为应当对研究对象进行“结构”分析，追寻其所具有的文化精神，进而营造出适居性高的城市空间[94]。以可拓集合形式来表达这一理论趋向，参见表 4–13。

理论趋向的可拓集合 **表 4–13**

理论构成元素		类型属性特点
建筑理念	正稳定域	功能追随形式，强调人的感觉、判断与空间记忆
	负稳定域	形式追随功能，从建筑功能入手的设计手段
构成因素	正稳定域	纪念、记忆是构成城市空间环境的重要因素
	负稳定域	建筑、道路等具体形式构成城市空间环境的重要因素
城市结构	正稳定域	地点、建筑、永久性和历史共同构成了城市的记忆
	负稳定域	从当前阶段，割裂地分析城市结构

6）城市空间观可拓集合

罗布 · 克里尔和列昂 · 克里尔兄弟提出空间的观念要回归传统，从传统的街道空间吸取养分，应当摈弃现代建筑运动所形成的分离型的空间，用由建筑物来限定的街道和广场来组织城市空间，并以此作为基本手段进行欧洲城市的重建。

克里尔兄弟把建构城市空间的空间形态及其派生物根据其几何形式和平面划分为方形、圆形和三角形，同时确定城市空间的两个基本成分——广场和街道。他们对现代城市空间持严厉的批评态度，反对功能主义为先导的设计手法，主张进行城市空间研究时，不应局限在对功能演变的考虑，而更应关注空间的形态。

克里尔兄弟的城市空间观念对后来欧洲的“城市重建”运动、都市村庄以及美国的“新城市规划 / 设计”运动都产生了很大的影响。

以上是关于城市空间研究的几种主流理论派别，此外还存在其他很多种理论，在此不能一一列举。但是在运用可拓集合与可拓变换方法之前，必须选择一种适当的理论基础作为现实元素类型划分的依据，以便实施下一步骤的可拓学方法，下面就展开论述城市空间可拓变换方法应用的整个过程。以可拓集合形式来表达这一理论趋向，参见表 4–14。

理论趋向的可拓集合　　表 4-14

理论构成元素		类型属性特点
基本元素	正稳定域	方形、圆形和三角形是构成城市空间的最基本元素
	负稳定域	从其他渠道来对城市空间进行构成分析
建设理念	正稳定域	反对功能主义思想，功能和空间形态可以互相分离
	负稳定域	功能主义思想，功能和空间形态不可分割
城市要素	正稳定域	强调街道、广场、柱廊和庭院等与记忆相关联组织要素
	负稳定域	大型建筑项目、忽视公共空间的建筑群体

4.3.2　可拓集合与可拓变换的运用

与城市用地可拓变换方法有所不同，城市空间可拓变换增加了理论准备的这一步骤，以下是城市空间可拓变换方法实施的几个基本步骤。

（1）从各种城市空间设计的理论中选择与研究目的相符合的理论作为模型构建的基础。

（2）以选择所确定的理论为基础，制定不同分类集合的条件，将与研究对象有关的各种因素根据是否具有可拓性来划分为不同的可拓集合。

（3）在可拓集合中的可拓指标域范围内实施可拓变换，达到改善城市空间环境质量的目的。

下面就列举实例来论述以上几个步骤的推理过程。

1）城市空间可拓集合的建立

例如，以青岛中心商务区规划设计作为研究的对象，来具体论述城市空间设计的可拓分析体系。根据以上章节的论述，要对城市空间设计进行可拓分析，需要根据项目实际情况来确定所要采纳的城市规划相关理论基础。

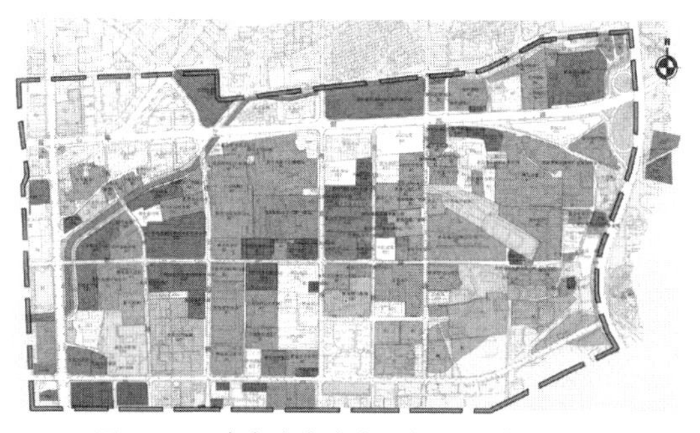

图 4-12　青岛中心商务区规划设计现状图

青岛中心商务区位于青岛市主城区的中心，市北区的东南部，城市南北发展轴线上。设计地段东起福州路，西至山东路、南起延吉路，北至辽阳路，规划面积约 2.1 平方公里，基地与其他地区有着便捷的联系，是城市发展空间要素的结合点。现状用地以工业、居住、商业、行政办公为主，属高现状混杂地区。现状图参见图 4-12，规划总平面图参见图 4-13。

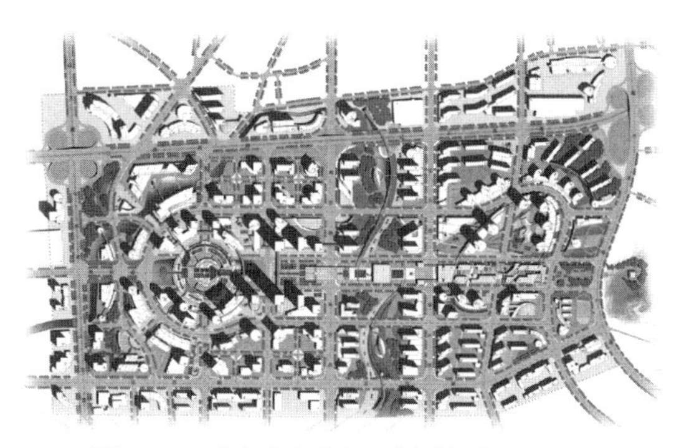

图 4-13　青岛中心商务区规划设计总平面图

在独特的历史背景下，青岛形成了由新、旧两大区域组成的城市特色格局，两个区域有着协调的整体规划，但又各具特色，代表着不同的发展时代。为了强调这一独一无二的特征，新 CBD 以现代化的格局与老城区（该地区景观特色为早期德国文化的延伸）“红瓦、绿树、碧海、蓝天”的传统城市风貌形成鲜明的对比。CBD 的规划方案以“双子”城市的主题概念为核心——历史与现代共存，传统与未来并重，进一步强化了城市的特色，丰富了内涵。

由第 3 章关于可拓变换的论述得知，可拓变换方法的应用领域主要是对于现状条件的改良，使其更加合理化。在运用可拓变换时需要根据现状条件的合理与否来进行判定，先确定可拓集合，进而为可拓变换的实施作出准备。因此，根据规划方案现状特征不同的判定理论基础，会有不同的可拓集合划分方法。在运用可拓学分析方法的过程中，可以采用不同的理论分析方法相汇总的综合性方法体系；也就是说运用较为主流的几种理论作为基础，分别进行可拓分析，得出几种结论。这几种结论完全可以是存在相互矛盾的，这些观点代表了不同研究角度的研究成果，每一种结论应当是在某个领域领先于其他理论派系的，反之一定也存在不如其他理论派系全面的环节。

以上述青岛中心商务区的规划方案为例，此方案中所应用的设计思想符合勒 · 柯布西耶的规划理念，是采用高层建筑群的设计手法来聚集人口，达到保持城市活力的目的。以此理论为基础，可以确定可拓集合的划分标准。建筑、道路、场地代表了城市空间的点、线、面元素，它们共同构成了城市空间环境，同时也是可拓集合进行划分的依据。以建筑、道路、场地为研究对象，可以把现状的各块城市用地归类为各种类别，作为可拓变换实施选择的集合，见表 4–15。

城市空间构成元素的可拓集合划分 **表 4–15**

城市空间环境构成元素		类型属性特点
建筑	合理城市建筑	美观、坚固、符合区域文化、合法
	可拓城市建筑	可拆除、可修缮、可加固、可改造、政策无明确限制
	不合理城市建筑	破旧、危险、不符合区域文化、不合法
道路	合理城市道路	满足交通要求、等级合适
	可拓城市道路	具有满足交通要求可能性、等级可改变
	不合理城市道路	不满足交通要求、等级不合适且不可改变
场地	合理城市场地	满足居民使用要求、规模适合
	可拓城市场地	具有满足居民使用要求可能性、规模不适合且可调整
	不合理城市场地	不满足居民使用要求、规模不适合且不调整

上表描述了城市空间环境的各个构成元素被划分为可拓集合的属性，论述了城市空间环境的各个层次下的可拓集合构成方式，下面对于规划方案的现状问题所采取的措施就是基于此表格所展开的。

2）选择适当的可拓变换类型

以青岛中心商务区规划设计为例，从建筑、道路、场地各个层次进行对比研究，并选择适当的可拓变换类型来进行描述与分析。

（1）**针对建筑的变换**。地块内建筑群体使用年限较长，不符合城市新区的面貌，同时达不到 CBD 应满足的建设水准，按照可拓集合来进行划分，属于不合理城市建筑。

在规划设计方案中对其建筑群体进行变换，如改变为城市新的商业商务中心，实际上就是运用了可拓变换中的置换变换，最终优化该区域用地布局，实现优化城市规划方案的目的，改造后的建筑群体参见图 4-14。

图 4-14　青岛商务中心区鸟瞰图

用逻辑化的公式语言来表达以上的变换过程，变换可以表达为

$$T=\begin{bmatrix} O_a, & c_{a1}, & v_{a1} \\ & c_{a2}, & v_{a2} \\ & c_{a3}, & v_{a3} \\ & c_{a4}, & v_{a4} \\ & c_{a5}, & v_{a5} \\ & c_{a6}, & v_{a6} \\ & c_{a7}, & v_{a7} \\ & \vdots & \end{bmatrix}=\begin{bmatrix} \text{置换}, & \text{支配对象}, & M_1 \\ & \text{接受对象}, & M_2 \\ & \text{施动对象}, & \text{城市规划部门} \\ & \text{方法}, & c_{m1}\text{换为}c_{m0} \\ & \text{工具}, & \text{编制城市规划}M \\ & \text{时间}, & 2004\text{年} \\ & \text{地点}, & \text{青岛} \\ & \vdots & \vdots \end{bmatrix}$$

$$M_1=\begin{bmatrix} \text{改造前地块建筑群体}, & c_{m1}, & x \\ & c_{m2}, & 0 \end{bmatrix}=\begin{bmatrix} M_{21} \\ M_{22} \end{bmatrix}$$

$$M_2=\begin{bmatrix} \text{改造后地块建筑群体}, & c_{m1}, & x' \\ & c_{m2}, & 1 \end{bmatrix}=\begin{bmatrix} M_{21} \\ M_{22} \end{bmatrix}$$

其中 c_{m1} 表示混合功能建筑群体，c_{m2} 表示用地合理性，c_{m0} 表示商业商务建筑群体。则 T 表示 2003 年青岛城市规划部门以编制城市规划 M 为工具，利用把特征（c_{m1},x）变换为（c_{m0},a）的方法，将混合建筑问题转化为商业商务建筑问题，简记为 $TM_1=M_2$，物 O_m 关于用地合理性 c_{m2} 的量值规定为：

$$c_{m2}（O_m）=\begin{cases} 1, & O_m\text{为该用地使用合理} \\ 0, & O_m\text{为该用地使用不合理} \end{cases}$$

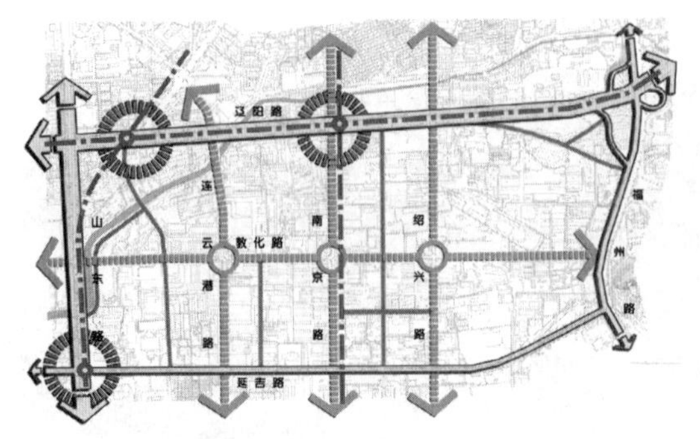

图 4-15　青岛商务中心区道路现状图

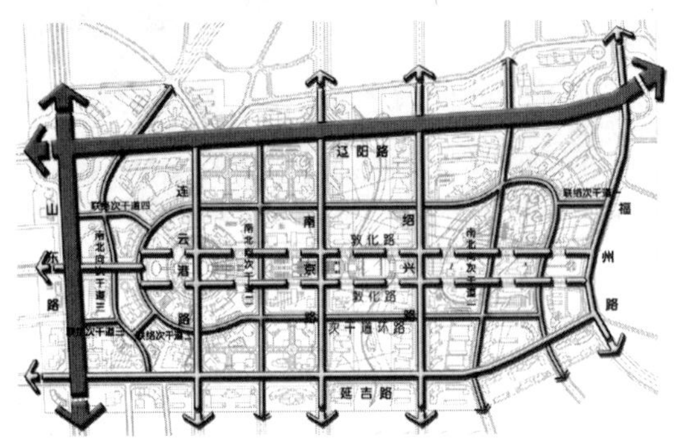

图 4-16　青岛商务中心区道路规划图

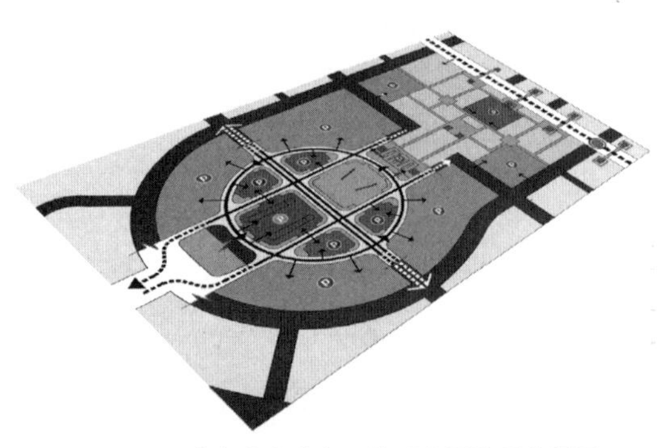

图 4-17　青岛商务中心区地下交通体系分析图

取 c_{m0} 为 M 的评价特征，若 $c_{m0}(M_2)>c_{m0}(M_1)$，表示改造后的建筑群体综合效益要优于改造前。这样，对建筑群体实行置换变换 T，使该地块建筑群体合理性大幅度上升，同时又使得开发商获得了利润，城市整体布局得到优化。

（2）**针对道路的变换**。目前，规划区内已经形成的城市主干道包括：山东路、辽阳路、延吉路、福州路、南京路及敦化路；城市次干道有连云港路及绍兴路；另有大量组团或街坊内支路分布。依据上层次的总体规划，山东路和辽阳路将被改造为城市快速路，地铁 3、4、5 号线经过规划区，在区内设有站点 3 处。规划区的现状道路规划参见图 4-15。

针对规划地块内现状建成道路及已规划道路不可更改的情况，此次规划方案中对这些道路予以保留，并在此基础上进行了道路的增设与补充设计。在这种情况下，可以运用可拓变换中的增删变换，在现状道路基础上深化道路体系，完善尚未形成足够通达性的城市道路。规划区的道路体系规划图见图 4-16。

同时，在建设地铁线路的施工基础上，在地铁线路所在的地下交通区设置商业街区，形成集交通与购物于一身的综合性地下商业街区，提高综合使用效率。地下商业街区平面图参见图 4-17。

运用逻辑化的公式语言来表达以上的增删变换过程，此变换过程可以表达为：

$$
T=\begin{bmatrix} O_a, & c_{a1}, & v_{a1} \\ & c_{a2}, & v_{a2} \\ & c_{a3}, & v_{a3} \\ & c_{a4}, & v_{a4} \\ & c_{a5}, & v_{a5} \\ & c_{a6}, & v_{a6} \\ & c_{a7}, & v_{a7} \\ & \vdots & \vdots \end{bmatrix}=\begin{bmatrix} \text{增删}, & \text{支配对象}, & M_1 \\ & \text{增加对象}, & M' \\ & \text{综合对象}, & M_2 \\ & \text{施动对象} & \text{城市规划部门} \\ & \text{工具}, & \text{编制城市规划}M \\ & \text{时间}, & \text{2004年} \\ & \text{地点}, & \text{青岛} \\ & \vdots & \vdots \end{bmatrix}
$$

其中 $M_1=\begin{bmatrix}\text{改造前道路体系，} & \text{形式1，} & \text{地面道路体系} \\ & \text{形式2，} & \text{地铁交通体系}\end{bmatrix}$，

$$M'=\begin{bmatrix}\text{新增道路体系，} & \text{形式1，} & \text{地面新增道路体系} \\ & \text{形式2，} & \text{地下商业街区}\end{bmatrix},$$

$$M_2=\begin{bmatrix}\text{改造后道路体系，} & \text{形式1，} & \text{地面综合道路体系} \\ & \text{形式2，} & \text{地下综合商业街区}\end{bmatrix}=M_1+M'$$

这样对现状道路体系实行增删变换 T，使该地块交通体系综合使用率大幅度上升，增加了商业区活力与便利性，使该区域交通整体布局得到优化。

（3）**针对场地的变换**。地段内原有建筑形体所组合形成的场地与空间体系并没有经过系统设计，彼此之间孤立而离散，并没有完全地满足市民休闲、集散需求。本次方案在建筑群体设计与增设道路的基础上对于城市空间进行塑造，形成了点、线、面式空间相互结合的景观空间体系（图 4–18）。

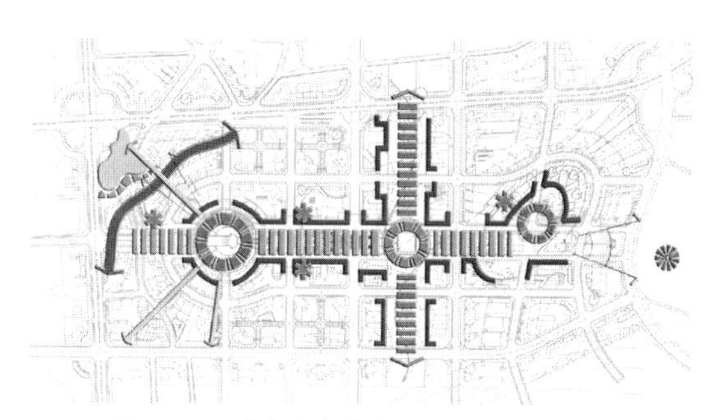

图 4–18　青岛商务中心区空间体系分析图

对于现状的空间体系形式进行改变的过程，实际上是应用了可拓学的复合变换，其中包括置换、增删、复制几种变换类型。以上的复合变换过程，可以表达为图 4–19 的结构模式。

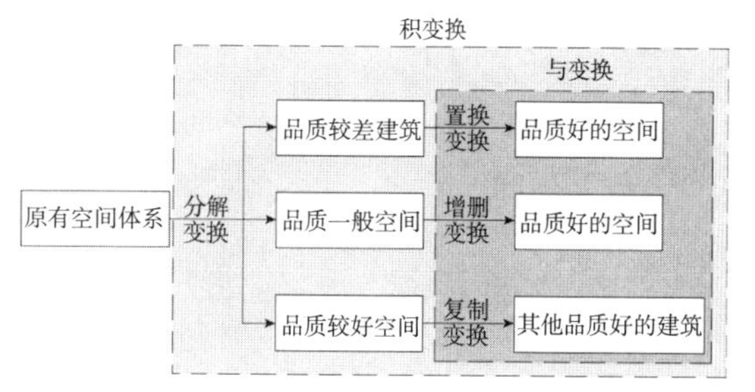

图 4–19　青岛商务中心区空间体系复合变换模式

以上通过从建筑、道路、场地三个角度对城市空间体系现状条件进行分析，进而实施可拓集合与可拓变换方法进行了一般模式的论述，这些描述与分析的过程可以帮助规划设计者寻求一般的方案设计规律，进而为更深入的规划设计研究扩展道路。

4.4　本章小结

本章节运用可拓思维来对城市空间设计进行多方面的分析，进而运用城市空间的形式化模型来对空间设计中各种现象进行系统的描述，最终运用可拓集合与可拓变换方法来对空间设计中不合理的个体及群体进行优化，进而提升城市空间环境的品质。

（1）首先运用共轭思维模式对城市空间的构成元素进行分析，进而运用传导思维模式对城市空间的外部效应进行分析，再运用菱形思维模式进行城市空间的综合分析。

（2）总结出城市空间设计应用双向问题相关树的结构框架，然后通过大连火炬路规划

设计的实例来论述在城市空间设计中如何运用双向问题相关树方法，在各种规划设计细节中综合运用了正、负向问题相关树方法。

问题相关网是注重研究问题相互关系的方法。星形模式与雪片模式相比较，雪片模式在实际应用中更加广泛。在雪片模式的基础上，可以建立关于城市空间的维度表，精确地以数据库的形式来描述城市空间的指标体系。

（3）城市空间设计运用可拓变换方法同样需要与可拓集合相结合，在具有可拓域的集合范围内进行变换，但首先需要选择适当的理论基础来作为可拓集合建立的依据。本章节列举了关于城市空间设计影响力较大的几种理论，在这些理论的基础上可以通过可拓变换方法来对现有不合理空间体系进行调整与改良。运用可拓变换方法优化城市空间体系，首先要根据城市空间的特点，进行可拓集合的归类与定形，进而根据城市空间在可拓集合里的类别有选择性地确定研究对象，再针对具体城市空间的特点选择具体的可拓变换方法进行可拓变换，达到优化城市空间环境质量的目的。

第5章

基于可拓学的管理控制规则

希利（P.Healay）等人通过对英国当代城市规划制度的考察，认为规划已经不再是提供确切的未来蓝图，而是成为规划政策原则的集成，并依此而使规划内在地联系成为一个基本的框架[95]。从现在城市规划的发展历程来看，规划过程的核心在于实施，而实施的依据则是管理控制规则[96]。管理控制规则是城市规划研究中最复杂与最多元化的研究层面，其涵盖的范畴是指城市规划中非图纸表达成果的部分，在各种规划方案中表现为规划文本、控制导则等形式。正是由于管理控制规则的多元性，导致要对它进行系统的研究就需要涉及各个子系统的相关知识，因此是城市规划中最难研究的部分。

本章节将从可拓学的角度来对城市规划管理控制规则进行系统分析，运用可拓思维模式、问题蕴含系统来从微观角度对独立的控制规则进行剖析，进而建立问题相关网来进行宏观角度的城市规划管理控制规则分析，利用转折部与转换通道、可拓集合、可拓变换的方法来描述以及解决管理控制规则制定中所面临的各种矛盾问题。

管理控制规则不是一个单一领域的研究体系，而是由一个包含诸多层面的综合体系，例如总体规划的管理控制规则就是一个包含交通、景观、生态、防灾、地质等多个层次的综合管制体系，因此运用可拓学研究方法时，必须先运用可拓思维模式来对城市用地中相对独立的研究单元进行微观角度的分析，进而综合形成宏观体系的研究结果。

5.1　管理控制规则与可拓思维模式

可拓思维模式可以将复杂的系统进行分解，对个体元素进行细致的剖析；因此在对管理控制规则进行分析之前，需要将这个宏观的体系进行分类，并列举出其构成元素。在城市规划领域中，最基本的分类就是规划类型，因此首先从规划类型入手进行研究。

5.1.1　规划类型与共轭思维模式

管理控制规则体现在城市规划领域中不同规划类型，会有不同的研究内容与范围，各个规划类型的构成因素也大不相同，下面就首先对于各种规划类型关于管理控制规则的构成子因素进行分类与比较，建立一个横向比较的体系。

1）不同规划类型的管理控制程度

目前，城市规划可以划分为总体规划、分区规划、控制性详细规划、修建性详细规划几个基本的类型，这几种规划类型无论是在构成的子因素层面，还是在管理控制规则的制定程度上都差别很大，从最宏观的总体规划到最微观的修建性详细规划，其构成子因素体系的复杂程度与管理控制规则的制定详细程度逐渐递减，也就是说宏观的规划类型对管理控制规则的制定要求更高。下面的表 5–1 中列举了各种规划类型所需要制定管理控制规则的层次与研究范围。

不同城市规划类型的管理控制规则比较 **表 5-1**

规划类型	管理控制规则子因素层	管理控制规则派生因素层	
		初级派生因素	次级派生因素
总体规划	市域城乡统筹发展战略	城镇职能分工	…
		城镇等级体系	…
		整体发展格局	…
	市域空间管制原则和措施	空间保护措施	…
		空间建设措施	…
	市域交通发展策略	铁路交通发展战略	…
		公路交通发展战略	…
		水运交通发展战略	…
	城市发展目标	社会发展目标	…
		经济发展目标	…
		城市建设目标	…
		环境保护目标	…
	城市性质与规模	城市职能	…
		城市性质	…
		城市人口规模	…
	中心城区空间管制措施	空间保护措施	…
		空间建设措施	…
	城市发展方向	…	…
	建设用地土地使用强度管制	…	…
	综合交通规划	铁路交通发展战略	…
		公路交通发展战略	…
		水运交通发展战略	…
	绿地系统规划	公共绿地规划	…
		防护绿地规划	…
		生产绿地规划	…
	市政工程规划	给水工程规划	…
		排水工程规划	…
		电力工程规划	…
		电信工程规划	…
		燃气工程规划	…
		供热工程规划	…
		环境卫生工程规划	…
		环境保护规划	…
		综合防灾规划	…
	环境保护规划	节能减排规划	…
		环境治理规划	…
	综合防灾规划	消防体系规划	…
		防洪体系规划	…
		抗震体系规划	…
		人防体系规划	…
	地下空间开发建设方针	…	…
	近期建设规划	…	…
	规划实施步骤、措施和政策建议	…	…

续表

规划类型	管理控制规则子因素层	管理控制规则派生因素层	
		初级派生因素	次级派生因素
分区规划	建设用地土地使用强度管制	…	…
	综合交通规划	铁路交通发展战略	…
		公路交通发展战略	…
		水运交通发展战略	…
	绿地系统规划	公共绿地规划	…
		防护绿地规划	…
		生产绿地规划	…
	市政工程规划	给水工程规划	…
		排水工程规划	…
		电力工程规划	…
		电信工程规划	…
		燃气工程规划	…
		供热工程规划	…
		环境卫生工程规划	…
		环境保护规划	…
		综合防灾规划	…
	环境保护规划	节能减排规划	…
		环境治理规划	…
	综合防灾规划	消防体系规划	…
		防洪体系规划	…
		抗震体系规划	…
		人防体系规划	…
	地下空间开发建设方针	…	…
	近期建设规划	…	…
	规划实施步骤、措施和政策建议	…	…
控制性详细规划	土地使用	土地使用控制	…
		使用强度控制	…
	建筑建造	建筑建造控制	…
		城市设计引导	…
	设施配套	市政设施配套	…
		公共设施配套	…
	行为活动	交通活动控制	…
		环境保护规定	…
修建性详细规划	投资效益分析	…	…
	综合技术经济论证	…	…

以上的表格论述了各种规划类型的构成子因素，这些子因素及其派生因素就是各种管理控制规则的应用范围，也就是可拓学需要展开研究的领域。下面就以各种规划中的问题

为例，来展开论述可拓学方法在管理控制规则制定中的应用过程。

2）管理控制规则的综合属性

城市规划几种类型关于管理控制规则的详细程度有很大差别，总体规划管理控制规则包含了最多的构成子因素与派生因素，这就决定了其管理控制规则的制定是最复杂的一个过程。

管理控制规则是结合城市用地布局与空间环境设计而存在的，它不可能单独产生作用，因此对管理控制规则的构成因素进行分析，必须结合用地布局与空间设计一起来进行共轭分析。对管理控制规则进行共轭分析，可以按照以下的步骤进行。

第一，根据所属的城市规划类型，确定所要研究的管理控制规则构成子因素或派生因素。

第二，根据管理控制规则构成因素的属性，来确定该因素是与用地布局相关还是与空间设计相关。

第三，根据管理控制规则与用地布局或空间设计相关的情况，针对用地布局或空间设计进行共轭分析。

由前面章节的论述得知总体规划管理控制规则的一系列构成子因素，而这些子因素又可以划分为更为具体的派生因素，可拓学的直接研究对象就是这些派生因素。由于篇幅所限，现以总体规划管理控制规则的一部分派生因素作为研究对象，举例说明可拓学方法的应用过程。

总体规划管理控制规则的派生因素之一是城市建设目标，对其属性进行分析，可以确定该因素与用地布局的关联较大，这样就需要针对用地布局运用虚实、软硬、潜显、正负各种共轭对来进行分析。

（1）**虚部与实部**。根据用地布局的特性进行划分，虚部与实部相对应的可以概括为城市用地属性特征与城市用地固有特征。城市用地属性特征与城市用地固有特征是两个宏观性的概念，它们涵盖着各种相关要素。城市用地固有特征是指城市用地的形状、面积、地质条件、适建性等自然形成的数据情况，是不以人类主观意向为转移的一切指标体系。城市用地属性特征则是根据人类的意愿而对用地建设行为加以限制的各种指标体系，具体可以落实为容积率、绿化率、红线、建设控制线等指标。实部是虚部的基础，使得虚部的指标体系不能够任意确定，虚部必须在实部的合理范围内加以确定；同时虚部也是对实部的限制与管制，使有限的实部得以有效率的开发利用。

（2）**软部与硬部**。根据实施措施进行划分，软部相对应的是城市用地布局的管理政策，而硬部则是城市用地布局的实施。软部与硬部代表的是不同的方法，软部是运用法律、规章等政策以及制定规划方案来对城市用地布局进行约束与规范，而硬部则是具体实施的过程与环节，具体体现为城市用地的性质管理、产权管理、出售买卖等实际行为。城市用地布局中软部与硬部之间的关系是互相影响并且密不可分的，软部对硬部具有规范与指导性，而硬部在实施中遇到的各种问题也会反馈给软部，使软部能够及时进行调整，进而更好地适应城市用地总体布局的调整与改良。

（3）**潜部与显部**。根据研究对象的发展能力进行划分，潜部所对应的是城市用地布局对其他相关因素所形成的间接影响，而显部则是城市用地布局带来的直接效应。例如，城市沿郊区道路两侧进行发展的方式带来的直接影响之一是形成指状的城市布局形式，而间接影响之一就是势必会使这些区域的地价上涨。这些潜在因素通常隐藏在诸多繁杂的因素之下，需要发展主观能动性才能够挖掘出其内在的发展可能性；而这些潜部又常常决定着事物的长期发展动向，很多时候比显部的影响力更大、更持久。

（4）**正部与负部**。根据研究对象的运营效果进行划分，正部所对应的是城市用地布局形式带来的正面效应，负部所对应的是城市用地不拘形式带来的负面效应。例如，在大城市郊区规划一片高新科技开发区所带来的正面效应之一就是可以大大降低用地开发成本，而相应带来的负面效应就是为城市中心区带来了新增的大量通勤交通压力。因此，在实施一项城市规划项目之前，必须对该项目所带来的正、负部综合进行考察分析，进而保证投资与建设的可持续发展性。

以上是针对总体规划类型下的派生因素——城市建设目标所展开的共轭分析，下面再选择控制性详细规划类型下的派生因素——城市设计引导来进行共轭分析。城市设计引导与空间设计密切相关，因此下面针对空间设计来进行管理控制规则方面的共轭分析。

（1）**虚部与实部**。根据控制性详细规划的指标体系以及城市设计的各种设计手法，可以把虚部归结为控制性详细规划所规定的空间数据，例如建筑限高、建筑色彩、建筑风格等指标；实部则是最终城市建设所形成的结果，应当是在虚部规定范围内的主观发挥。虚部是对实部的指导与限制，实部是虚部落实的结果。

（2）**软部与硬部**。根据实施措施的特性进行划分，软部可以概括为城市设计控制导则，硬部则可以概括为城市设计方案。软部是运用引导性指标与弹性政策来对城市用地进行进一步的指导，硬部是运用图纸、模型、动画等形式来对城市空间格局进行直观性的建设指导。软部与硬部相得益彰，任何一个部分失去另一个部分的支持就会变得没有意义。

（3）**潜部与显部**。根据城市设计所造成的影响性质来划分，可以将潜部对应为城市设计所带来的间接影响，显部对应的是城市设计带来的直接影响。例如，在城市设计中构造一个城市中心 CBD，其直接影响之一就是会美化城市景观，而间接影响之一就是会使城市中心区地价上涨。因此，在城市设计过程中，需要权衡潜部与显部的利弊，再做出最终的决定。

（4）**正部与负部**。根据城市设计所造成的影响力来划分，可以将正部归结为城市设计实施成果所带来的正面效应，负部可以归结为城市设计实施成果所带来的负面效应。例如，城市某区域集中建设高层住宅区所带来的一些正面效应就是节约城市用地，安置更多的居民；而负面效应就是高层住宅区对能源的消耗更大，会给居民带来心理上影响，造成地面阴影区过多等。

综合以上关于用地布局与空间设计的城市建设目标的共轭分析，可以总结出管理控制规则的一般属性。在为城市用地布局与空间设计服务的基础上，管理控制规则是侧重于虚部、软部、潜部的方法与措施，主旨在于通过政策的引导与控制作用来尽量扩大城市规划编制过程的正部影响，减小负部影响。

而管理控制规则在制定的过程中，也会遇到各种主观与主观之间的矛盾与问题，这就涉及可拓学中关于对立问题的解决方法。

5.1.2 政策制定与传导思维模式

城市规划是与政府行政行为密切相关的领域，政府制定的城市规划领域的法律法规会间接影响到城市规划方案的编制。尤其是目前在中国经济迅速发展的状态下，一些制定年限过久的法律法规已经被废止，迎合新时代规划特点而制定的新法律法规势必会影响到城市规划工作者的行为过程。

1）法律法规的发展历程

从 1949 年中华人民共和国成立以来，经过国民经济恢复时期（1949~1952 年）、第一个五年计划时期（1953~1957 年）、大跃进和调整时期（1958~1965 年）、文化大革命时期（1966~1976 年）和社会主义现代化建设新时期（1977~2010 年），我国计划经济向市场经济进行转变，由人治向法治社会进行转变，由于改革开放的不断深化和社会主义现代化建设的客观需要，城乡规划法制建设走向了一个不断前进和明显进步的历程。

1956 年国家建委颁发了《城市规划编制暂行办法》，成为新中国第一个关于城市规划的法规文件。1980 年 12 月，国家建委颁发了《城市规划编制审批暂行办法》和《城市规划定额指标暂行规定》。1984 年 1 月 5 日国务院颁发了《城市规划条例》，成为新中国城市规划建设管理方面的第一部行政法规。1989 年 12 月 26 日《中华人民共和国城市规划法》颁布，自 1990 年 4 月 1 日施行。2007 年 10 月 28 日《中华人民共和国城乡规划法》颁布，2008 年 1 月 1 日起施行，对我国的城市规划体系产生了巨大的影响[97]。

2）法律法规的模式表达

任何一个完整的法律法规必定由三个要素组成，即假定、处理、制裁。

假定是指法律规范中规定使用该规范的条件部分，它把规范的作用与一定的事实状态联系起来，指出发生何种情况或具备何种条件时，法律规范中规定的行为模式生效。

处理是指法律规范中为主体规定的具体行为模式，即权利和义务。它指明人们可以做什么，应该做什么，不能做什么，以此指导和衡量主体行为。

制裁是法律规范中规定主体违反法律规定时应当承担何种法律责任、接受何种国家强制措施的部分。

假定、处理、制裁三要素密切关联，缺一不可。法律法规的这种属性特征用可拓学中的物元、事元、关系元三种基元或由它们组成的复合元来进行描述最为适合。

例如，《中华人民共和国城乡规划法》的第四十九条：“城市、县、镇人民政府修改近期建设规划的，应当将修改后的近期建设规划报总体规划审批机关备案。”可以用以下的复合元来进行表达：

$$条文=\begin{bmatrix} 城市、县、镇人民政府, & 行为, & 备案 \\ & 对象, & \begin{bmatrix} 对象, & 性质, & 近期建设规划 \\ & 状态, & 修改后 \end{bmatrix} \\ & 备案机关, & \begin{bmatrix} 备案机关, & 行为, & 审批 \\ & 对象, & 总体规划 \end{bmatrix} \end{bmatrix}$$

除此条以外的其他法律规范条文也可以用同样的方法来进行表达，本书不再加以赘述。

3）法律法规变更与传导思维模式

《中华人民共和国城乡规划法》从全新的角度对我国城市规划领域阐释了各种概念与属性，最基本的变化就是将我国的“城市规划”更名为“城乡规划”，此外还在其他很多方面的条文、数据进行了变更，对城市与乡村规划方案的编制产生了间接的影响。这些间接的影响可以用可拓学的传导思维模式来进行模拟与分析。

法律法规的变更可以概括为两方面：质的改变（事件处理手段变更、事物归类方法变更）与量的改变（数据指标变更）。用可拓学的基元来体现变化，质的改变是体现在基元 $M=(O, c, v)$ 的 O 与 c 的变化上，而量的改变是体现在 v 的变化上；这就导致法律法规的改变会影响可拓学公式的模拟表达式，尤其是质的改变影响更大。

设城市规划法律法规的修改为 A_1，由它所引发的一系列变化可以由以下表达式来进行描述。

$$A_1=\begin{bmatrix} 修改, & 对象, & 城市规划法律法规 \\ & 目的, & 优化 \\ & 作用, & 约束 \\ & 效力, & 法定 \\ & \vdots & \vdots \\ & 期限, & v_{1n}(t) \end{bmatrix}=\begin{bmatrix} O_1, & c_{11}, & O_1' \\ & c_{12}, & v_{12} \\ & c_{13}, & v_{13} \\ & c_{14}, & v_{14} \\ & \vdots & \vdots \\ & c_{1n}, & v_{1n}(t) \end{bmatrix}=\begin{bmatrix} A_{11} \\ A_{12} \\ A_{13} \\ A_{14} \\ \vdots \\ A_{1n} \end{bmatrix}$$

$$A_2=\begin{bmatrix} 影响, & 影响物, & 城市规划法律法规 \\ & 被影响物, & 管理控制规则 \\ & 程度, & 质的改变 \end{bmatrix}=\begin{bmatrix} O_2, & c_{21}, & O_2 \\ & c_{22}, & v_{22} \\ & c_{23}, & v_{23} \end{bmatrix}=\begin{bmatrix} M_{21} \\ M_{22} \\ M_{23} \end{bmatrix}$$

$$A_3=\begin{bmatrix} 影响, & 影响物, & 城市规划法律法规 \\ & 被影响物, & 管理控制规则 \\ & 程度, & 量的改变 \end{bmatrix}=\begin{bmatrix} O_3, & c_{31}, & O_2 \\ & c_{32}, & v_{32} \\ & c_{33}, & v_{33} \end{bmatrix}=\begin{bmatrix} M_{31} \\ M_{32} \\ M_{33} \end{bmatrix}$$

根据发散分析原理，相对于物 O_1、O_2 来说，如果其分物元 M_{13}、M_{14}、M_{15}、M_{21}、M_{23}、M_{31}、M_{32} 都是相关的，就可以有如下相关网：

$$M_{15}\sim M_{13}\sim M_{14}\sim M_{21}\begin{cases}\sim M_{23}\sim M_{22}\sim M_3 \\ \sim M_{31}\sim M_{32}\end{cases}$$

上面的理论模型描述了城市规划法律法规的修改所带来的一系列后果，也揭示了任何法律变更行为都会间接、潜在地影响管理控制规则的制定。

5.1.3 综合分析与菱形思维模式

除了城市规划法律法规对管理控制规则有着巨大影响之外，还存在很多其他的影响因素，下面就运用菱形思维模式来进行系统的分析。

1）管理控制规则的影响因素

除了上面所论述的城市规划法律法规，规划者意识、政府意愿、公众意见、现状限制条件都会影响到管理控制规则的制定，只不过各种影响因素的影响程度有所不同。

规划者意识不是单纯的理想设计思路，而是一个受多种因素制约的复杂体系，它本身同时受城市规划法律法规、政府意愿、公众意见、现状限制条件的影响，是对管理控制规则产生影响力的最复杂的影响因素。

政府是规划方案的负责机构，它对规划方案本身必然会产生不可忽视的影响，这种影响的效果取决于政府负责人的业务水平、审美趋向、工作态度等多种因素的复合影响。

公众意见多数是从与生活密切相关的、短期的、切身的利益着想，代表着广大非专业人士的呼声，他们的意见与理想化的规划方案观点可能差别巨大，但是也不乏有益的合理建议，必须充分加以重视。

现状限制条件是一个包含多种元素在内的体系，经济状况、地理位置、地质条件、气候特征、民俗文化都会对管理控制规则的制定产生影响，这些限制条件有的是不可突破的，有一些可以通过解决不相容问题的方法来进行转换并加以利用。

2）影响因素之间的相互关系

前面所论述的各种影响因素之间也存在着交织的相互关系，它们之间的关系网络可以参见表 5–2。

管理控制规则影响因素之间的相互关系 **表 5–2**

影响因素 受影响对象	法律法规	规划者意识	政府意愿	公众意见	现状限制条件
法律法规	—	无影响	无影响	影响小	影响大
规划者意识	影响大	—	影响大	影响小	影响大
政府意愿	影响大	影响大	—	影响小	影响大
公众意见	影响小	无影响	无影响	—	影响大
现状限制条件	影响小	影响小	影响小	影响小	—

由上表可以看出，这些影响因素之间的相互关系是具有方向性的，比如说现状限制条

件对法律法规的影响较大，但是反过来法律法规对现状限制条件就影响很小。因此，运用菱形思维模式来进行分析，需要先确定受影响对象与影响因素，也就是研究对象，这样才能有针对性地建立菱形思维模式的模型。

3）规划者角度的菱形思维模式

由于本书是从城市规划编制者的研究角度来进行研究的，因此下面将以规划者意愿为研究对象，进行菱形思维模式的模型建构。首先，以规划者意愿的影响因素为初始基元，进行发散思维模型的构建。

$$B_0=\left[\text{规划者意愿，被影响，影响因素}\right] \dashv \begin{cases} B_1=\left[\text{影响因素，类型，法律法规}\right] \\ B_2=\left[\text{影响因素，类型，政府意愿}\right] \\ B_3=\left[\text{影响因素，类型，公众意见}\right] \\ B_4=\left[\text{影响因素，类型，现状限制条件}\right] \end{cases}$$

在一次发散基础上，再对 B_1、B_2、B_3、B_4 进行发散分析。

$$B_1=\left[\text{影响因素，类型，法律法规}\right] \dashv \begin{cases} B_{11}=\left[\text{法律法规，类型，法律}\right] \\ B_{12}=\left[\text{法律法规，类型，行政法规}\right] \\ B_{13}=\left[\text{法律法规，类型，地方性法规}\right] \\ B_{14}=\left[\text{法律法规，类型，部门规章}\right] \\ B_{15}=\left[\text{法律法规，类型，地方政府规章}\right] \end{cases}$$

$$B_2=\left[\text{影响因素，类型，政府意愿}\right] \dashv \begin{cases} B_{21}=\left[\text{政府意愿，类型，交通设施建设}\right] \\ B_{22}=\left[\text{政府意愿，类型，市政设施建设}\right] \\ B_{23}=\left[\text{政府意愿，类型，公共设施建设}\right] \\ \cdots \\ B_{2n}=\left[\text{政府意愿，类型，方案调整}\right] \end{cases}$$

$$B_3=\left[\text{影响因素，类型，公众意见}\right] \dashv \begin{cases} B_{31}=\left[\text{公众意见，类型，市政设施建设}\right] \\ B_{32}=\left[\text{公众意见，类型，公共设施建设}\right] \\ B_{33}=\left[\text{公众意见，类型，城市美化}\right] \\ \cdots \\ B_{3n}=\left[\text{公众意见，类型，生活水平改善}\right] \end{cases}$$

$$B_4=\left[\text{影响因素，类型，现状限制条件}\right] \dashv \begin{cases} B_{41}=\left[\text{现状限制条件，类型，经济状况}\right] \\ B_{42}=\left[\text{现状限制条件，类型，区位特征}\right] \\ B_{43}=\left[\text{现状限制条件，类型，地质条件}\right] \\ \cdots \\ B_{4n}=\left[\text{现状限制条件，类型，民俗文化}\right] \end{cases}$$

经过再次的发散过程可以得到更多的相关因子，而这些相关因子并不是完全离散和毫无关联的，经过比较就可以很容易地把不同因子发散出的因子联系起来。例如 $B_{22} \approx B_{31}$，$B_{23} \approx B_{32}$，此外 B_{3n} 和 B_{4n} 也密切相关，可以进行收敛思维；在这个环节结束发散分析而进行收敛分析就是一级菱形思维模式，如果继续进行发散思维，就可以形成更为复杂的多级菱形思维模式。

下面就以 B_4 的发散因子为例，说明多级菱形思维模式的应用过程，B_1、B_2、B_3 的发散因子多级菱形思维模拟过程读者可以依据 B4 的过程自行推导。首先建立 B_{41}、B_{42}、B_{43}、B_{4n} 各个因子的发散模型，如下。

$$B_{41}=\left[\text{现状限制条件，类型，经济状况}\right] \dashv \begin{cases} B_{411}=\left[\text{经济状况，类型，工业产值}\right] \\ B_{412}=\left[\text{经济状况，类型，商业产值}\right] \\ B_{413}=\left[\text{经济状况，类型，房地产业产值}\right] \\ \cdots \\ B_{41n}=\left[\text{经济状况，类型，金融业产值}\right] \end{cases}$$

$$B_{42}=\left[\text{现状限制条件，类型，区位特征}\right] \dashv \begin{cases} B_{421}=\left[\text{区位特征，类型，地理位置}\right] \\ B_{422}=\left[\text{区位特征，类型，区域影响}\right] \\ \cdots \\ B_{42n}=\left[\text{区位特征，类型，区域等级}\right] \end{cases}$$

$$B_{43}=\left[\text{现状限制条件，类型，地质条件}\right] \dashv \begin{cases} B_{431}=\left[\text{地质条件，类型，地基承载力}\right] \\ B_{432}=\left[\text{地质条件，类型，地下矿藏}\right] \\ \cdots \\ B_{43n}=\left[\text{地质条件，类型，水文特性}\right] \end{cases}$$

$$B_{4n}=\left[\text{现状限制条件，类型，民俗文化}\right] \dashv \begin{cases} B_{441}=\left[\text{民俗文化，类型，历史文物}\right] \\ B_{442}=\left[\text{民俗文化，类型，生活习俗}\right] \\ \cdots \\ B_{44n}=\left[\text{民俗文化，类型，民族传统}\right] \end{cases}$$

经过再一次的发散思维，可以得到更多的因子，这些因子之间存在着相互关联的可能性，例如 B_{411} 与 B_{432}，B_{413} 与 B_{421}，它们之间就具有进一步收敛分析的可能性。

在多级菱形思维模式中，需要根据分析的目的来确定发散与收敛的次数，以便更加直接地根据分析模型来去除不必要的思维方式，确定规划设计的方向。综上所述，菱形思维模式提供了一种分析事物的方法，它可以对于事物的各个层次进行详细的划分，并在此过程中寻求各个构成因子之间的关系，进而为解决不相容、对立矛盾问题作出准备。

5.2 管理控制规则中的对立问题

与可拓学的研究范围相同，城市规划设计既包含不相容问题，又包含对立问题。对立问题是描述主观与主观之间矛盾的问题，主要体现在城市规划中管理控制规则领域，呈现为不同个人、集体或团体之间主观意见的矛盾，这种问题涉及复杂的管理制度、利益分配、工作分工、人际关系等因素，需要详细系统地加以分析。可拓学中对立问题的方法研究正是针对主观目标与主观目标相矛盾时展开论述的，充分利用解决对立问题的转换桥方法是解决城市规划管理控制规则中不同目标相矛盾的有效方法之一。

5.2.1　分隔式转折部实例分析

1）以对象为转折部

下面根据现实案例来对以对象为转折部的分隔式转折部进行论述。新设置的商业步行街沿街有一块面积为 1.2 公顷的商业用地，控制性规划规定容积率为 4.0，建筑密度 80%，建筑限高 25m。市政府希望此地块能够有 0.6 公顷的沿街绿地，而该用地使用权所有者试图在地块内建设建筑密度 80% 的商业建筑，这两种不同的规划目标就形成了对立问题。

运用可拓学书籍中的公式，可建立对立问题模型 $P=(G_1 \wedge G_2)*L$，其中

$G_1=(O_1,\ c,\ v_1)$ =（商业用地，建筑密度，=80%）

$G_2=(O_2,\ c,\ v_2)$ =（商业用地，建筑密度，≤ 50%）

$L=(O,\ c_0,\ v)$ =（商业用地，建筑密度，≤ 80%）

作条件基元中对象 O 的分隔部 Z，使 $O=S_1|Z|S_2$，即

商业用地 = 两层以下空间 | 空间分类 | 两层以上空间

在以上分析基础上，作条件基元的分解变换 $TL=L'=\{L_1,\ L_2\}$，其中

$L_1=(S_1Z,\ c_0,\ v')$ =（商业用地两层以上空间，建筑密度，=80%）

$L_2=(S_2Z,\ c_0,\ v'')$ =（商业用地两层以下空间，建筑密度，≤ 50%）

以上推理过程实际上是采用了商业建筑底部两层建设沿街骑楼，上部仍然以建筑密度 80% 的标准层来进行建设的方法来解决对立问题的（图 5-1）。在实施过程中，政府可以通过适当提高该地块容积率、增加建筑限高的方法来使这种建设行为更易实现。经过以上推理可以判断 $(G_1 \wedge G_2)\downarrow L'$ 成立，同时满足了两个不同的规划目标。

2）以量值为转折部

下面根据现实案例来对以量值为转折部的分隔式转折部进行论述。由于哈尔滨市区地铁建设的展开，市区内很多街道不能满足该区域城市车辆交通顺畅的要求；同时短期内街道也不存在拓宽的可能性，进入两难的境地。

运用可拓学书籍中的公式，可建立对立问题模型 $P=(G_1 \wedge G_2)*L$，其中

$G_1=(O_1,\ c,\ v_1)$ =（保持，对象，街道宽度）

$G_2=(O_2,\ c,\ v_2)$ =（减轻，对象，交通压力）

$L=(O,\ c_0,\ v)$ =（街道，使用对象，所有车）

作条件基元中量值 v 的分隔部 Z，使 $v=v_S|Z|v_d$，即

所有车 = 单号车⊗双号车

在以上分析基础上，作条件基元的分解变换 $TL=L'=\{L_1, L_2\}$，其中

$L_1=(O(T_S), c_0, v_S)$ =（街道（单号时），使用对象，单号车）

$L_2=(O(T_d), c_0, v_d)$ =（街道（双号时），使用对象，双号车）

$v_S \otimes v_d=v$

以上论述的是哈尔滨市在地铁建设施工期间城市街道实行单号走单号车，双号走双号车的交通管理策略，在一定程度上缓和了城市街道的交通压力，由此可以判断 $(G'_1 \wedge G'_2) \downarrow L$ 成立，满足了初始的两个规划目标。

5.2.2 连接式转折部实例分析

1）以对象为转折部

下面根据现实案例来对以对象为转折部的连接式转折部进行论述。黑龙江省的富锦市、绥滨县分别位于松花江南北两岸，两者相邻较近，同时又距离其他城市较远。两个城市都属于小型城市，其自身发展潜力有限，在很大程度上依赖于相互之间的贸易关系。但是由于北方的寒冷气候，导致全年近半年时间江面封冰，无法通航，在很大程度上限制了两个城市各自的发展进程。

运用可拓学书籍中的公式，可建立对立问题模型 $P=(G_1 \wedge G_2)*L$，其中

$G_1=(O_1, c, v_1)$ =（富锦市，交通条件，发达）

$G_2=(O_2, c, v_2)$ =（绥滨县，交通条件，发达）

$L=(O, c_0, v)$ =（两个城市，关系，离散）

作目标基元中对象 O_1、O_2 的连接部 Z，使 $Z=Z_1 \otimes Z_2$，即

联合城市发展 = 富锦市城市发展⊗绥滨县城市发展

在以上分析基础上，作对象的扩大变换

$O'_1=O_1 \otimes Z_1$= 富锦市城市发展⊗跨江交通

$O'_2=O_2 \otimes Z_2$= 绥滨县城市发展⊗跨江交通

进而形成新的目标基元

$G'_1=(O'_1, c, c(O'_1))$ =（具有发达对外交通的富锦市，城市发展，发达）

$G'_2=(O'_2, c, c(O'_2))$ =（具有发达对外交通的绥滨县，城市发展，发达）

以上论述的是在松花江上建设连接富锦市与绥滨县的桥梁，将离散的两个城市连接起来，实现全年通航的目的，加强了两个城市的综合发展实力（图 5–1）。经过以上推理，可以判断 $(G'_1 \wedge G'_2) \downarrow L$ 成立，满足了两个城市各自规划目标的实现条件。

2）以量值为转折部

下面根据现实案例来对以量值为转折部的连接式转折部进行论述。某城市的环城三路交通能力为 2100 辆 / 小时，出城五街交通能力为 1600 辆 / 小时，但是缺乏两条道路之间的互通交通，车辆在此区域无法实现直接的转弯行为。按照目前的交通流量需求，需要通过设置立体交通桥的方式来实现两条道路的互通交通，疏散交织车流（图 5–2）。

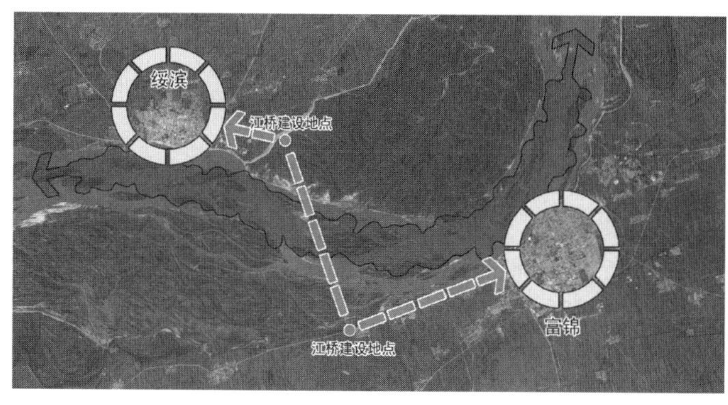

图 5-1　连接两个城市的桥梁

图片来源：Google earth 截图

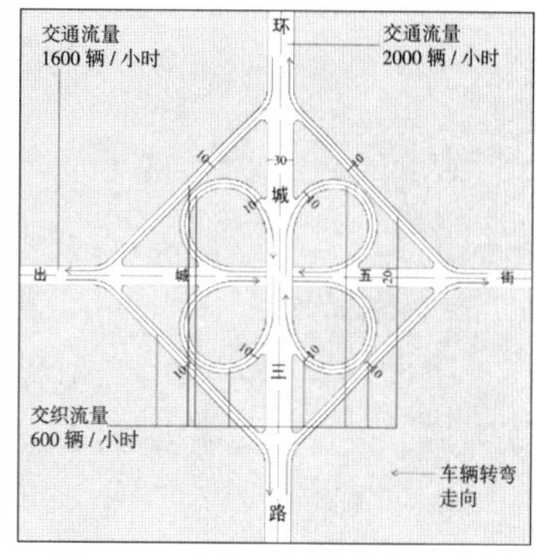

图 5-2　连接两条道路的立交桥

运用可拓学书籍中的公式，可建立此对立问题的模型 $P=(G_1 \wedge G_2) *L$，其中

$G_1=(O_1, c, v_1)$ =（环城三路，交通流量，2100 辆 / 小时）

$G_2=(O_2, c, v_2)$ =（出城五街，交通流量，1600 辆 / 小时）

$L=(O, c_0, v)$ =（互通能力，车辆交织数量，0 辆 / 小时）

作目标基元中量值 v_1、v_2 的连接部 Z，使 $Z=Z_1 \otimes Z_2$，即

立体交通桥 = 环城三路 ⊗ 出城五街

在以上分析基础上，作对象的扩大变换

$v'_1=v_1 \otimes Z_1$= 通行能力 2100 辆 / 小时 ⊗ 车辆交织数量 600 辆 / 小时

$v'_2=v_2 \otimes Z_2$= 通行能力 1600 辆 / 小时 ⊗ 车辆交织数量 600 辆 / 小时

进而形成新的目标基元

$G'_1=(O', c, v'_1)$ =（立体交通桥，车辆交织数量，600 辆 / 小时）

以上论述的是建设立体交通桥来疏导交织车流的方法，能够实现每小时 600 辆 / 小时的交织车流疏导作用，因此可以判断 $(G'_1 \wedge G'_2) \downarrow L$ 成立（图 7）。这种针对车流量需求的建设行为是将以量值为转折部的连接式转折部方法付诸实施的过程，用模型化的语言描述了城市道路交通优化的过程。

5.2.3　转换通道实例分析

转换通道是转折部连续运作的过程，由于转折部本身又有很多种类型，因此导致了转换通道是一个比较复杂的过程。对于对立问题 $P=(G_1 \wedge G_2) *L$，其中 $G_1=(O_1, c_1, v_1)$，$G_2=(O_2, c_2, v_2)$，$L=(O, c, v)$，若不能直接利用构造转折部转化为共存问题，则需要构造转换通道，对目标使用蕴含通道，对条件使用变换通道。有些对立问题只用其一即可解决，而有些问题需要同时应用两种通道，才能达到化对立为共存的目的。

在对实际问题的模拟过程中，对问题条件的变换是特殊的变换通道，通常把需要进行两次以上变换的才称为变换通道，而把对条件的一次变换称为转折条件。如果利用变换通道无法使对立问题转化为共存问题，则需要对目标基元 G_1 和 G_2 进行蕴含分析，分别寻找的最下位基元 G_{1n} 和 G_{2n}，即

$$G_1 \Leftarrow G_{11} \Leftarrow G_{12} \Leftarrow \cdots \Leftarrow G_{1n},$$

$$G_2 \Leftarrow G_{21} \Leftarrow G_{22} \Leftarrow \cdots \Leftarrow G_{2n},$$

若（$G_{1n} \wedge G_{2n}$）$\downarrow L$（或 L'），则对立问题可转化为共存问题。

1）案例概况综述

下面就以中国城市规划与设计研究院 2007 年 4 月编制的高平市主城区控制性详细规划为例，来具体说明多层次多步骤的转折部——转换通道是如何进行运作的。

高平市位于晋东南地区，市域面积 946 平方公里，煤炭资源丰富，历史悠久。城区周边自然环境优美、交通便捷，2005 年城市人口约 7.79 万人。

自 2002 年以来，高平市进入社会经济快速发展时期，地区生产总值从 2002 年的 24 亿元增加到 2005 年的 58.8 亿元。在社会经济飞速发展的同时，城区的功能定位、产业发展也产生了相应的变化，城市建设面临新的机遇和挑战。2003 年高平市新一轮城市总体规划编制完成，2004 年经省政府批准之后实施（图 5-3）。为进一步落实城市总体规划，

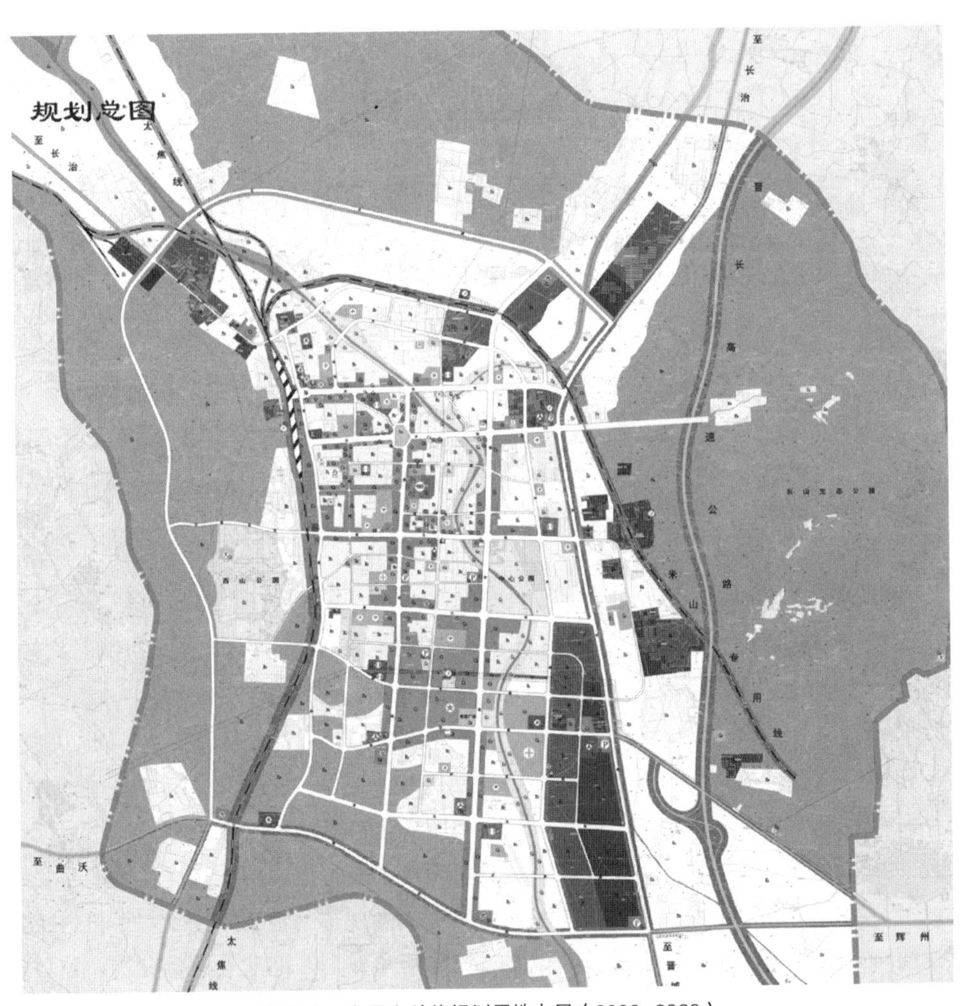

图 5-3　高平市总体规划用地布局（2002~2020）

引导城市建设合理、有序进行，切实保障公共利益，为城市建设提供直接的管理依据，2006 年 7 月，高平市政府委托中国城市规划设计研究院，编制城区主要地区的控制性详细规划。

本次控制性详细规划方案范围北至米山专用线，东至世纪大道，南至南外环，西至西山，是城市总体规划确定的规划建设用地中的主要部分。规划范围用地总面积约 17 平方公里，其中规划城市建设用地约 14 平方公里，规划人口 15 万人。

高平市位于山西省东南部，长治、晋城两个地级市之间，属晋城市代管。高平市地处泽州盆地北端，太行山西南边缘。东西广 41 公里，南北纵 37 公里，总面积 946 平方公里。

城区位于市域中部，东为七佛山，西为西山，北望韩王山，南对游仙山，山丘环抱，中部有丹河南北穿过，地势平坦。太焦铁路、太洛公路、207 国道、曲辉公路穿城而过。受山丘地形限制，城区出入口位于东南、东北、西南、西北方向。城区南至晋城 47 公里，北距长治 64 公里，至太原市 335 公里，至郑州市 242 公里。

从全国范围来看，高平市位于我国地势三级阶梯中一二级阶梯连接的边缘地区，处在黄土高原向华北平原过渡的交接部位，具有明显的中间过渡带特点。随着国家“中部崛起”战略的逐步实施，高平作为拥有煤炭资源的城市，其区位优势在未来将得到进一步体现。

从山西省和河南省范围来看，高平地处省会城市太原与郑州之间，受地形限制，主要交通通道为南北向，因此城市主要经济联系方向是南北向。

此次规划范围覆盖城市总体规划主要城市建设用地，总面积 1703.3 公顷，其中现状城市建设用地（包括城中村用地）为 875.1 公顷，其他用地（主要是农用地、荒地等非建设用地）约为 828.17 公顷，现状居住人口约为 7.79 万人。

现状城市建设用地中以生活居住用地为主，工业、仓储等生产用地比例很低。其中居住用地比例最高，约占 51% 左右，公共设施用地占 11% 左右，工业用地仅为 9%，仓储用地 2.7%，对外交通用地 7.5%，道路广场用地比例较高，达到 16%，市政设施约为 2.4%，绿地比例很低，仅为 0.4%，特殊用地约为 0.2%。现状用地统计参见表 5–3。

规划区内现状用地统计表　　**表 5–3**

序号	用地代号	用地名称	面积（公顷）	占城市建设用地比例（%）	人均建设用地（m^2/人）
1	R	居住用地	385.57	52.4	49.5
2	C	公共设施用地	88.35	12.01	11.34
3	M	工业用地	67.4	9.16	8.65
4	W	仓储用地	20.56	2.79	2.64
5	T	对外交通用地	12.46	1.69	1.6
6	S	道路广场用地	139.63	18.98	17.92
7	U	市政设施用地	17.24	2.34	2.21
8	G	绿地	2.96	0.4	0.38
9	D	特殊用地	1.64	0.22	0.21
10		城市建设用地	735.81	100	94.46

2）现状存在问题

目前在高平市的城市规划与建设方面还存在很多问题。

（1）**山水景观格局面临巨大挑战。**随着城市规模扩大，城市部分原有山丘开始逐步被蚕食，如南部地区山丘，作为古城风水格局中的重要景观构成要素（案山），开始受到城市建设的侵蚀，一些新批项目还将产生更大的破坏；而东西两侧山丘，也因为城镇建设活动逐步增加而遭到局部破坏，极大影响到作为城市绿色背景山丘的完整性和自然生态环境。丹河在古城营造山水格局时是非常重要的景观要素，但目前水量少，污染大，岸线被城市建设挤占，缺乏绿化，没有发挥应有的景观作用，仅仅相当于排污河流。而污染带来的环境问题也影响到城市生态环境质量，目前丹河的景观作用和生态作用基本丧失。

（2）**古城风貌犹存，但正在逐步丧失原有特色。**一是由于沿周边道路多层建筑逐步增多，破坏了原有低矮平缓的轮廓线；二是原有民居在逐步改造过程中，没有采用与原有风格相协调的建筑风格；三是环境恶劣，逐步沦为低收入者的聚集区，出现“贫民窟化”趋势。旧城的改造由于面积较大，成本较高，面临许多困难。

（3）**城中村量大面广，改造任务艰巨。**在城区范围内有十几个城中村，基础设施薄弱，居住环境较差；以低层建筑为主，用地不够集约；村庄建设往往难以达到城市建设的标准。

（4）**居住用地指标偏高而公共绿地非常匮乏。**从调查的现状用地统计情况看，现状居住用地占城市建设用地比例高达 52% 左右，人均约 $50m^2$，远高于国家标准，这主要是由于低层住宅比例过高造成的；绿地仅有 3 公顷，人均 $0.4m^2$，远低于人均 $9m^2$ 的国家标准，直接影响到城市环境质量。

（5）**市政基础设施远未完善。**高平市 1993 年撤县设市，建市历史短，基础设施比较薄弱，尤其是排污、供气、供暖、排水等设施比较匮乏。建成区内的旧城、城中村等区域各项市政设施尤为缺乏，与宜居城市的标准相差较多。

（6）**高压线切割城市用地。**城区南部的 110kV 变电站进出线较多，高压线对城市建设用地分隔严重，是城市向南发展的一个阻碍。

3）现状问题分析

针对高平市存在的这些问题，我们可以运用可拓学的收敛思维模式将上述问题进行合并与归类。

从这些问题中可以看出，城中村量大面广是一个根本性的问题，在此基础上导致居住用地比例过高、公共绿地比例过低、环境品质差，这些问题都可以看成是城中村问题的衍生问题。而山水景观格局面临挑战又是由于公共绿地匮乏而间接导致的。上述六个问题的相互关系参见图 5-4。

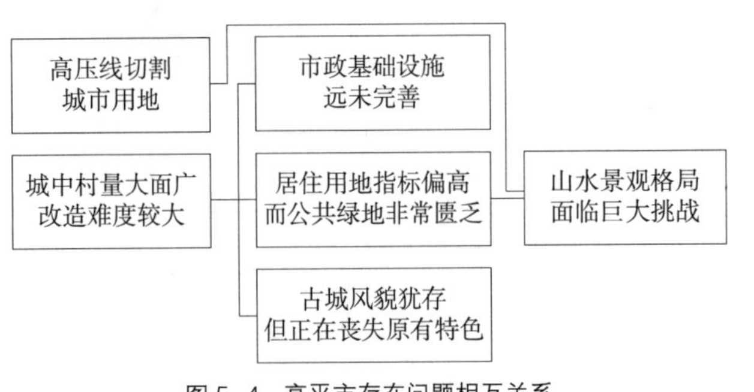

图 5-4　高平市存在问题相互关系

由图 5-4 可以看出，这六个

问题中有五个问题是基于一个核心问题——城中村问题而产生的，因此需要对此问题进行深入的研究。而高压线切割城市用地的问题则可以通过与电力部门进行协商另行选址的方法得以解决。

下面，就根据上述对问题的分析，建立对立问题的模型。把“山水景观格局面临巨大挑战”作为核问题 P，代入公式 $P=(G_1 \wedge G_2)*L$，其中 G_1 为良好的山水景观格局，G_2 为合理的城市用地格局，L 为有限的城市建设用地。

由于此次方案情况较为复杂，直接解决上述核问题有一定难度，因此可以通过间接寻求转折目标的方式来间接解决核问题。根据以上问题的相互关系，可以找到这样的转折目标（G'_1，G'_2），其中 G'_1 为合理的居住用地比例，G'_2 为合理的公共绿地比例。也就是说，通过解决“居住用地指标偏高而公共绿地非常匮乏”的问题而间接解决“山水景观格局面临巨大挑战”的问题。

在以上的间接推导过程中，完全可以进一步寻求更为下位的转折目标（G''_1，G''_2）。根据以上问题之间关系，可以得出 G''_1 为改造城中村，G''_2 为良好的社会效应。

所有以上推导论述了将最终的山水景观格局问题转化为城中村改造问题，同理，其他问题也都可以通过相同的推导而最终归结于城中村改造问题上。换言之，对于高平市来说，解决了城中村改造问题就等于是解决了大部分现状存在的问题。

4）问题解决策略

通过以上分析过程得出城中村问题是最为基本的核心问题，这样就可以对症下药，直接制定解决措施。针对高平市的城中村，也就是城市旧区改造问题，此次控规制订了一系列关于居住用地的相关措施来进行优化与调整。

（1）通过加快新居住区建设，缓解旧城压力，推动现有居住区的更新改造，逐步提升原有居住区设施水平和环境质量。

（2）落实国家住宅发展政策，加快城市经济适用房建设，控制房价过快上涨。凡新审批、新开工的商品住房建设，套型建筑面积 $90m^2$ 以下住房（含经济适用住房）面积所占比重，必须达到开发建设总面积70%以上。

（3）新居住区应坚持统一规划、成片开发的原则进行建设，根据城市经济发展实力逐步提高最小住宅开发规模，避免无序的零散建设。

（4）调整优化居住用地结构。目前高平居住用地供给非常紧张，这是造成房价和地价远远高于周边城市的主要原因之一。因此规划减少目前建筑质量尚可的居住用地拆迁，便于稳定房地产市场。在实施过程中，将存量土地中低效利用部分优先用于住宅建设。

（5）适当降低地价。规划建议增加经济适用房、廉租房或者限价房的比例，对拍卖地价进行适当限制。这将减少政府现阶段土地出让收益，但将有利于城市的长远发展。目前的地价高达260万元/亩，远低于政府获取成本，因此有较大的降低空间。

（6）加强房地产市场管制。打击投机和炒房行为，严格限制大户型供应和一户多宅的情况。

（7）老城区居住区主要位于建设路两侧，均为已建设用地，应通过逐步更新改造，不断完善配套设施，改善居住环境。古城路两侧街区在保护历史风貌的前提下，逐步更新，以低层为主；现状体育中心东侧的低层住宅以改善环境为主，保持低层高密度的空间特点；其余地区现有“排排房”近期保留，远期逐步改造更新（表 5–4）。

规划用地统计表 **表 5–4**

序号	用地代号	用地名称		面积（公顷）		占城市建设用地（%）		人均建设用地（m²/人）	
				现状	规划	现状	规划	现状	规划
1	R	居住用地		385.57	516.63	52.40	37.06	49.50	34.44
		其中	一类居住用地 R1	9.51	9.66				
			二类居住用地 R2	56.40	317.32				
			三类居住用地 R3	7.41	0				
			行列式低层居住用地 R4	157.40	86.28				
			传统合院式居住用地 R5	76.53	15.40				
			中、小学用地 R22	34.50	62.31				
			商住用地 CR	8.77	25.66				
2	C	公共设施用地		88.35	219.62	12.01	15.75	11.34	14.64
		其中	行政办公用地 C1	21.12	19.70				
			商业金融用地 C2	48.38	141.71				
			文化娱乐用地 C3	2.27	13.16				
			体育用地 C4	4.19	9.53				
			医疗卫生用地 C5	5.06	14.46				
			教育科研用地 C6	3.78	13.77				
			文物古迹用地 C7	2.77	2.04				
			其他公共服务设施 C9	0.78	5.25				
3	M	工业用地		67.40	36.43	9.16	2.61	8.65	2.43
		其中	一类工业用地 M1	10.78	36.43				
			二类工业用地 M2	25.05	0				
			三类工业用地 M3	31.57	0				
4	W	仓储用地		20.56	9.42	2.79	0.68	2.64	0.63
		其中	普通仓库用地 W1	4.73	7.85				
			危险品仓库用地 W2	1.43	1.57				
			堆场用地 W3	14.40	0				

续表

序号	用地代号	用地名称		面积（公顷）		占城市建设用地（%）		人均建设用地（m²/人）	
				现状	规划	现状	规划	现状	规划
5	T	对外交通用地		12.46	27.60	1.69	1.98	1.60	1.84
		其中	铁路用地 T1	10.88	23.77				
			公路用地 T2	1.58	3.83				
6	S	道路广场用地		139.63	340.45	18.98	24.42	17.92	22.70
		其中	道路用地 S1	136.92	328.55				
			广场用地 S2	2.33	7.12				
			停车场地 S3	0.38	4.78				
7	U	市政设施用地		17.24	23.99	2.34	1.72	2.21	1.60
		其中	供应设施用地 U1	5.26	13.22				
			交通设施用地 U2	9.70	2.96				
			邮电设施用地 U3	1.36	3.91				
			环境卫生设施用地 U4	0.43	0.20				
			施工与维修设施用地 U5	0.13	0				
			其他市政公用设施用地 U9	0.36	3.70				
8	G	绿地		2.96	218.35	0.40	15.66	0.38	14.56
		其中	公共绿地 G1	1.67	129.50				
			防护绿地 G2	1.29	88.85				
9	D	特殊用地		1.64	1.61	0.22	0.12	0.21	0.11
10		城市建设用地		735.81	1394.10	100.00	100.00	94.46	92.94
11	E		水域和其他用地 E	967.49	309.20				
12	总用地			1703.3	1703.3				

注：规划范围内现状人口按照 7.79 万人计算，规划人口按照 15 万人计算。

在制定居住用地相关策略的同时，也针对城市绿地制订了一系列的引导措施。绿化的首要原则是：

（1）均匀分布，见缝插针，方便群众使用；

（2）充分利用现有空地，减少拆迁。

在此原则基础上，规划形成以滨河公园和滨河绿地为核心，“点、线、面”相结合的绿地系统。规划城市绿地面积 218.35 公顷，人均 14.56m²；其中公共绿地 129.50 公顷，人均公共绿地面积 8.6m²。

城市公园：规划城市公园12处，其中市级公园8处，分别为长平公园、丹河公园、人民公园、科技公园、教育公园、高平公园、二仙庙公园和西山公园；规划居住区公园4处，城北、城东和城南和居住区各规划居住区级公园1处，每处面积不小于1公顷；老城区居住区由于用地紧张，拆迁困难，居住区公园面积标准适当降低，为0.5公顷以上。

滨水绿地：沿丹河规划滨河绿化带，根据现状条件及规划需要，不同地区宽度不同，但最窄处其蓝线外两侧绿带宽度不宜小于8m，必须保证滨河绿带的连续性、开敞性及公共性。

街头小游园：在主要道路两侧、重要节点处布置街头绿地，方便市民游憩；旧城区由于居住区绿地偏少，不成系统，因此通过见缝插针布置街头绿地来弥补。

居住小区绿地：每个居住小区内均配置小区游园和组团绿地，老城区居住区按照实际情况见缝插针配置绿地。规划居住小区游园按照不低于人均0.5m^{2}标准配置，附近有大型公园等公共绿地的小区，标准适当降低。每个组团的组团级绿地按照不低于人均0.5m^{2}标准配置（表5-5）。

规划城市公园一览表 **表5-5**

名称	分类	面积（公顷）	位置	备注
西山公园	综合公园	47.04	西山	包含0.82公顷的烈士陵园
丹河公园	综合公园	20.76	丹河东，泫氏街与锦华街之间	包含青少年和儿童专项公园
长平公园	综合公园	6.31	长平街北	
人民公园	综合公园	2.37	行政中心东侧	
高平公园	综合公园	1.29	现状市委市政府位置	
教育公园	专项公园	1.49	河东路东新华街南	
科技公园	专项公园	1.81	南内环南，丹河东岸	
二仙庙公园	专项公园	0.62	世纪大道与育英街交叉口西南侧	
城北居住区公园	居住区公园	1.60	迎宾路东	
城东居住区公园	居住区公园	1.87	朝阳路与育英街交叉口西南	
城南居住区公园	居住区公园	0.77	南内环路北，丹河西岸	
老城区居住区公园	居住区公园	0.50	康乐街与建设路交叉口西北，人民医院南	

道路绿带：通过道路绿化带，强化山水之间视线通廊，保持城中观看周边山丘的视线通畅。考虑到主干路的红线宽度一般较宽，重点在次干路和支路旁单侧或双侧布置带状街头绿地，绿化带宽度一般为10m。

图 5–5　城市中心区景观示意图

图 5–6　城市天际线

防护绿地：沿世纪大道、南外环、铁路线布置防护绿地，每侧宽度不少于 20m。

基于以上关于居住用地与公共绿地的相关措施，最终形成了现实实施性较强的控制性详细规划方案，解决了城市山水景观格局的问题，形成了较为良好的城市整体形象（图 5–5，图 5–6）。

5.3　管理控制规则的可拓变换

由于管理控制规则是一个非常宏观的概念，因此可拓集合与可拓变换方法在管理控制规则制定过程中的运用需要确定一个目标，以便有针对性地展开研究。管理控制规则的确定是城市规划政策制定过程的重要构成部分，两者是部分与整体的关系，因此其制定过程具有很大的相似性。本节将首先对城市规划管理控制规则的制定过程进行论述，再阐述如何在这个过程中运用可拓集合与可拓变换方法。

5.3.1　管理控制规则制定的理性过程

在综合理性规划、渐进主义规划两种类型的规划方法基础上，城市规划管理控制规则的形成自然而然地被划分为两种途径。一种途径代表了综合理性规划方法，在城市规划编制过程中从理论推导和实际经验出发，根据城市规划实施过程中将会遇到的问题和需要来建立整体性的政策，这种政策一般都是比较广泛的，而且涵盖城市规划各个方面。另一种途径是在城市规划实施的过程中根据实施过程中出现的问题或对规划进行调整时所制定的，这时政策通常更为具体，也往往是逐渐改进的政策演变。第一种情况下的政策制定已经在5.1.3中有所论述，这里主要讨论后一种情况中较为具体问题的管理控制规则的制定过程。

1）规划政策问题的形成与确定

城市规划编制的根本目的在于尽量创造最适合于居民居住的城市环境，因此任何管理控制规则所要解决的政策问题归根结底都是针对于一定的社会问题而制定的。在确定政策之前，必须首先确定要解决的问题是什么，才能使制定的政策有的放矢。

这里所说的政策问题是指“由于客观情势发生了变化，特定的整体感受到了这种变化，并由于自觉价值标准、经济利益、自我意识等受到伤害而发生困惑、不满、愤怒等，于是向政府提起有关政府公共政策的集体诉求”，从而向政府提出采取行动或不采取行动的要求[98]。由于公众的数量众多，其提出的问题数量也非常庞杂，因此需要对这些问题进行筛选，确定为政策问题的问题应当满足以下条件。

（1）**存在普遍确认的客观情势**。作为政策制定的基础，某一客观事实的存在及其严重性必须能够得以明确表述，并且公众和政府两方面都有所认识。

（2）**出现强烈的公众诉求**。当某种使公众强烈感觉到不安和威胁的客观事实持续地存在甚至趋于严重的时候，就会产生强烈的公众诉求，进而要求政府承担责任或采取行动，以便有效地解决现实问题。

（3）**形成明显的政策需要**。当尚未解决的公共问题被认为到了非解决不可的程度，或者潜在的公共问题被认为具有必须解决的价值时，那么对于政府来说就可以认为已经形成了明显的政策需要。

一旦确定了作为研究对象的公共政策，那么就进入到与政策密切相关的管理控制规则的设计与优化阶段。形成的法规文本则是具有权威性的地方法律，严格控制土地的利用和开发[99]。

2）管理控制规则的设计与优化

管理控制规则的设计与优化其实就是其制定的过程，其程序可以划分为确定目标、分析和研究、优化和评价几个步骤。

（1）**确定目标**。制定针对已确定的政策问题的工作目标，需要具有合理性、可能性、超前性、多重性、明确性的特点，并且包括目标实现的时间期限、相应的应用范围和约束条件。目标并不一定是单一存在的，可以是多种并存互相补充的，为城市发展提供不同的设想。

（2）**分析和研究**。这个阶段是根据各种目标来进行深化的阶段，分析和研究的方式在5.1.3中已有所论述。对于具体的政策问题和改良目标来说都可以提出多套解决方案，这里要强调的是没有必要在管理控制规则制定过程中做出过多的主观选择和判断，而是要对各种备选方案进行深化设计，只有那些明显不具备现实可行性或劣势明显的方案才能被删除。

（3）**优化和评价**。多方案并行的优势在于提供了多种发展可能的设想，而其实践可行性的大小就取决于对这些方案的优化和评价。首先，对目标实现的可能程度进行评价，筛选出合理的目标；其次，对各个筛选出的目标所展开的管理控制规则制定方案进行比较与可行性研究，这个步骤将会运用可拓学的菱形思维模式，将各个方案的细节进行对比，再对各种细节进行综合性利弊权衡，得出可行性最强的方案；最后，根据筛选得出的最佳方案的缺陷与落选方案的优点，对最佳方案进行改良与优化，得到修订后的管理控制规则制定方案。

在城市规划中除了规定的通常指标以外，还具有相当完整的城市设计控制指标，特别是对于建筑物的高度和体量控制，还包含了更为详细的控制元素，所有这些控制指标或要求都被纳入控制要求，形成规定性极强的控制方式[100]。制定后的管理控制规则是否合理，还需要在规划实施的过程中验证。

3）管理控制规则的实施与评价

制定的管理控制规则想要在实施过程中达到原定的目标，就必须具备以下条件。

（1）管理控制规则需要有法律授权或其他法律性的指令在解决分歧、事件处理、实施过程受保护上的支持。

（2）负责实施管理控制规则的机构具有足够的等级、权力，并且得到充足的财力支持。

（3）负责实施管理控制规则的机构领导者拥有较高的政治技巧与管理能力，并一心致力于实现既定的法定目标。

（4）管理控制规则在贯彻实施过程中能够自始至终地得到有关组织、群众的大力支持[23]。

管理控制规则实施评价与设计阶段的评价有所不同，后者是在理论阶段的对比与权衡，而前者则是对于方案实施的现实效果进行测算与评估，其现实指导性要比后者要大得多，同时也会对以后的规划修编作出有益的贡献。管理控制规则实施评价可以划分为以下两大类型。

（1）**效果评价**。效果评价的核心目标是管理控制规则的效能和效率。效能评价主要是通过对预期目标与实际结果的差距性分析，效率评价主要是通过投入与产出之间比例关系的对比性分析来确定管理控制规则的合理化程度。

（2）**执行评价**。执行评价的主旨在于探讨方案在执行过程中的效率问题，也就是说，确定管理控制规则是否按原规定得到了正确的执行，以及执行行为是否影响管理控制规则的实际效果，这个过程中包含了很多人为的主观因素。

以上所论述的管理控制规则制定过程为可拓集合的建立提供了理论基础，下面就根据管理控制规则制定过程的特点来建立可拓集合，并运用可拓变换来解决对立问题。

5.3.2　管理控制规则可拓变换的运用

可拓变换在管理控制规则方面的应用同样需要和可拓集合共同产生作用。在管理控制规则繁杂的诸多条件中，建立可拓集合的目的是为可拓变换限定研究范围，以便有针对性地运用可拓学方法来解决其擅长的矛盾问题。下面就展开论述如何建立可拓集合，并限定可拓变换研究范围。

前面对于管理控制规则制定过程的描述，阐释了各个阶段的工作性质与特点。形成与确定阶段、实施与评价阶段都已经具有非常明确与成熟的手段与方法体系，同时由于可拓学的学科属性是理性分析与模型建构，因此可以将这两个阶段排除，最后得出管理控制规则的设计与优化阶段可以运用可拓变换方法。

设计与优化阶段又可以划分为确定目标、分析与研究、优化与评价三个步骤，这三个阶段分别可以运用不同的可拓学方法。确定目标的步骤主要是针对对立问题的研究，这在5.2中有详细的论述；因此可拓集合与可拓变换的方法主要应用在分析与研究、优化与评价这两个步骤的过程中。下面就列举实例来论述可拓集合与可拓变换方法的应用。

1）管理控制规则可拓集合的建立

例如，襄樊市外国语高级中学选址问题的过程就可以运用可拓集合与可拓变换方法来进行分析。襄樊市外国语高级中学是百年名校，但由于其位于襄樊市古城内，校园用地面积极度紧张且没有扩展空间，优良教育资源难以得到充分发挥，古城保护的压力也日益增大。

根据以上的情况可以建立可拓集合来进行描述，参见表5-6。

选址问题的可拓集合划分 **表5-6**

选址问题相关因素		类型属性特点
建筑	合理学校建筑	美观、坚固、功能合理、符合区域文化、合法
	可拓学校建筑	可修缮、可加固、可改造、可政策无明确限制
	不合理学校建筑	破旧、危险、功能不合理、不符合区域文化、不合法
场地	合理学校场地	符合城市规划要求、规模达标
	可拓学校场地	符合城市规划要求、可迁址、规模不达标但可扩展
	不合理学校场地	不符合城市规划要求、不可迁址、规模不达标且不可扩展

从上表可以看出，学校目前的建筑状况不符合周边区域的古都风貌，并且场地紧张。在可拓学校建筑中寻求不到解决方法，因此只能从可拓学校场地的相关因素中寻求可以改变的因素。经过对可拓学校场地的分析，目前学校场地规模不达标且不可扩展，因此只有迁址的因素可以利用。

这样，为了既有利于保护古城，疏散城市功能，又有利于教育事业发展，市委、市政府决定将该中学迁出古都，择址新建寄宿外国语高级中学，新建学校按4500人的规模规划，用地80亩。为此，该学校提出了四个规划用地选址意向方案。

（1）城市西南部万山东侧某企业拟搬迁用地。

（2）规划城市综合服务中心地区，紫贞公园西侧的用地。

（3）城市北部新区，城市快速路南侧用地。

（4）汉江江心洲内一处用地。

根据城市规划专家咨询委员会对四个选址方案进行专题咨询论证的意见，对各个方案的优势、劣势进行了描述，进而建立对四个方案的综合比较表，参见表 5–7。

四种学校选址方案的比较分析　　　**表 5–7**

选址方案	优势	劣势
万山东侧某破产工业企业用地	基地西依西山，北临汉江，环境优美宁静	基地内现状建筑工业和住宅建筑密集，拆迁量大，建设成本极高，城市规划确定为居住用地
紫贞公园西侧用地	临近城市干道与城市公园，交通便利，环境优美	用地位于规划的城市综合性公共服务中心，未来土地增值潜力巨大，在此建设占地较大的寄宿制外国语高级中学既不符合规划要求，又不利于集约土地和充分发挥土地价值
	周边已形成部分居住区，各种配套设施较为完善	
	地势平坦，拆迁量小	
北部新区邓城大道以南用地	北临城市主干路，交通等基础设施较为完善	基地位于城市北部新区待开发用地，目前周边配套居住和公共服务设施较为欠缺，但对寄宿制中学影响不大
	自然环境优美，地势平坦，拆迁量小	
	符合批准的城市控制性详细规划，外国语高级中学建设还有利于带动城市北部新区发展	该基地位于地下文物埋藏区，应征求文物部门意见
江心洲用地方案	城市总体规划将江心洲定性为城市绿心、生态绿岛，环境优美	该基地位于汉江行洪区。外国语高级中学在此选址不符合规划要求，与洲岛的功能定位不符，且影响城市防洪

上表所描述的各方案的优势可以看做各个方案的正稳定域，出于规划人员的专业角度一般不会人为改变其优势，因此这个步骤很容易得到共识。而接下来所要做的工作就是从劣势里区分出可拓域与负稳定域，这两种集合通常是混杂在一起的，这个区分工作也正是解决问题的关键所在。在这个过程中可以发现不是每个方案都具有可拓域，只有在区分工作完毕时判断出的具有可拓域的方案才具有现实可行性。下面，对以上各个方案的劣势进行判断，辨别其是否具有可改变的可能性，也就是判别其是否具有可拓域。

万山东侧某破产工业企业用地的劣势在于现状建筑工业与住宅用地过于密集，拆迁成本很大，无论是政府投资还是企业开发都存在盈利困难问题；并且现状用地也并非不拆不行，因此这个方案的劣势不存在可拓域。

紫贞公园西侧用地的劣势在于学校占用了价值不凡的规划用地，从经济合理的角度来看这种开发行为属于得不偿失，并且还违反了规划要求，这种开发行为需要牺牲的利益过多，以后用此地开发效率更高的行政、商业、商务等其他用地比较适合。根据以上分析，这个方案的劣势也不具有可拓域。

北部新区邓城大道以南用地的劣势在于地下文物埋藏区存在文物的可能性，这个问题的严重程度取决于文物专家对此地的勘查结果，因此这个方案的可拓域就是关于地下文物埋藏区的问题。

江心洲用地方案的劣势非常明显，违反了规划要求明令禁止的条款，用地在任何情况下都不能位于行洪区内，因此这个方案的实施可能性非常小，或者说是根本不具有可实施性。

经过上面对四个方案的劣势分析，只有北部新区邓城大道以南用地方案的劣势具有可拓域，因此选择其作为学校的开发用地。以上分析的过程运用了可拓集合方法，接下来就运用可拓变换的方法对此方案继续进行优化。

2）选择适当的可拓变换类型

在学校选址问题的案例中，最终选择了北部新区邓城大道以南用地作为最终实施的方案，是因为这个方案相对其他方案来说可实施性更强，但是这个方案本身也存在一定的缺陷与问题，需要进一步进行调整与优化。

针对该用地的缺点，将其归纳为居住设施欠缺、市政设施欠缺、地下文物埋藏可能性，可以用可拓变换的模型来表达，如下。

$$T_1=\begin{bmatrix} O_a, & c_{a1}, & v_{a1} \\ & c_{a2}, & v_{a2} \\ & c_{a3}, & v_{a3} \\ & \vdots & \end{bmatrix}=\begin{bmatrix} \text{置换}, & \text{施动对象}, & \text{城市规划部门} \\ & \text{接受对象}, & \text{居住设施} \\ & \text{方法}, & \text{增加} \\ & \text{地点}, & \text{襄樊} \end{bmatrix}$$

$$T_2=\begin{bmatrix} O_a, & c_{a1}, & v_{a1} \\ & c_{a2}, & v_{a2} \\ & c_{a3}, & v_{a3} \\ & \vdots & \end{bmatrix}=\begin{bmatrix} \text{置换}, & \text{施动对象}, & \text{城市规划部门} \\ & \text{接受对象}, & \text{市政设施} \\ & \text{方法}, & \text{增加} \\ & \text{地点}, & \text{襄樊} \end{bmatrix}$$

$$T_3=\begin{bmatrix} O_a, & c_{a1}, & v_{a1} \\ & c_{a2}, & v_{a2} \\ & c_{a3}, & v_{a3} \\ & \vdots & \end{bmatrix}=\begin{bmatrix} \text{置换}, & \text{施动对象}, & \text{文物勘察部门} \\ & \text{接受对象}, & \text{地下区域} \\ & \text{方法}, & \text{勘察} \\ & \text{地点}, & \text{襄樊} \end{bmatrix}$$

以上三个变换是针对各个缺点所进行的改良，但需要指出的是前两个不足可以通过城市规划的手段来进行弥补，而地下文物勘察的结果会直接影响到该用地是否能够被采取作为学校用地。以上的勘察行为以及所产生的两种结果可以表达为

$$M_1=\begin{bmatrix} \text{勘察后用地}, & c_{m1}, & 1 \\ & c_{m2}, & 0 \end{bmatrix},\quad M_2=\begin{bmatrix} \text{勘察后用地}, & c_{m1}, & 0 \\ & c_{m2}, & 1 \end{bmatrix}$$

其中 c_{m1} 表示地下勘查结果，c_{m2} 表示用地合理性，两者经过勘查后都会产生两种结果。

$$c_{m1}=\begin{cases} 1，\text{该用地地下存在文物} \\ 0，\text{该用地地下不存在文物} \end{cases},\quad c_{m2}=\begin{cases} 1，\text{该用地使用合理} \\ 0，\text{该用地使用不合理} \end{cases}$$

则 M_1 与 M_2 表示通过变换 T_3 后襄樊的文物勘察部门对用地进行地下勘察所产生的两种可能性，M_1 表示勘查后地下存在文物，用地不合理；M_2 表示勘查后地下不存在文物，用地合理。

以上的过程所描述的事实就是如果地下勘查结果显示不存在文物，该用地可以作为学校用地进行开发建设；如果地下勘查结果显示存在文物，该用地就不可以作为学校用地进行开发建设，那么就需要重新进行用地选择，将前面的步骤重复一次，再次进行可拓集合与可拓变换方法的应用。

5.4　本章小结

本章节运用可拓思维来对管理控制规则进行多方面的分析，进而运用可拓学解决对立问题的形式化模型来对管理控制规则制定中各种现象进行系统的描述，最终运用可拓集合与可拓变换方法来对管理控制规则中不合理的部分进行优化，进而保证管理控制规则的实施可操作性。

（1）首先论述了不同规划类型对于管理控制规则指定的不同要求，同时运用共轭思维模式对各种规划类型的构成元素进行分析，并阐述了法律法规对管理控制规则制定的重要影响，运用菱形思维模式从规划者的角度出发进行管理控制规则制定的综合分析。

（2）管理控制规则制定过程充满了主观之间的矛盾，主要涉及对立问题的解决，与用地布局、空间设计主要涉及不相容问题相比较差别较大。运用对立问题的解决方法可以建立转折部、转换桥的结构框架，通过各种实例来论述在管理控制规则中如何运用以对象、量值为转折部的不同解决方法，在此基础上综合应用转换通道方法来解决多步骤的对立问题。

（3）管理控制规则领域运用可拓变换方法同样需要与可拓集合相结合，在具有可拓域的集合范围内进行变换。通过论述管理控制规则与政策制定之间的关系以及步骤，在此基础上根据各步骤基本属性来确定可拓变换方法应用的范围。通过多方案比较的实例来运用可拓集合方法对各个方案进行性质与集合的划分，确定具有可拓性的可拓域，进而采取排除法确定较为理想的方案个体；在此基础上，对优选出的方案进行分析，通过可拓变换来对其弱点进行改良，达到进一步优化方案的目的。

第 6 章

哈尔滨总体规划的可拓分析

城市总体规划因其内容的综合性和前瞻性，成为统筹和指导城市建设和各项事业发展的纲领，总体规划的编制也从宏观层面确定城市性质、论证规模、布局土地和配置资源、制定产业政策、提升区域竞争力、维护社会稳定等发展到微观层面的工程管线定位、项目时序安排、资金运营等[101]。

总体规划是综合性的规划类型，运用可拓学相关知识对其进行深入研究可以为其他规划类型的研究提供指导意义。前面各章节是针对城市规划三个构成部分所进行的可拓分析与模拟，是侧重于微观角度的研究分析方法；本章节将根据 2004~2020 年的哈尔滨总体规划的案例从宏观角度来运用可拓学相关方法进行模拟与分析，为研究大型规划项目的可拓分析提供参考。

总体规划是一个复杂的系统，它包含诸多方面的数据信息，如果能够借助计算机强有力的分析功能，就可以大幅度提高工作效率。而运用可拓学方法的目的就在于用逻辑化的语言来对总体规划体系进行描述，建立一种计算机可识别的语言，在此基础上根据各种数据信息进行可拓运算，提供可供参考的规划调整建议。实现借助计算机来提高工作效率这一目标需要通过建立描述与分析事实的理论模型、开发计算机软件、建立用户使用网络几个基本步骤来实现；而这几个步骤中最重要的就是第一步，首先建立一套易于被计算机识别的模拟与分析总体规划的语言，下面就展开论述如何运用可拓学方法来建立对 2004~2020 年哈尔滨总体规划进行模拟与分析的原理体系。

6.1　案例信息描述方法

运用可拓学来对哈尔滨总体规划进行案例模拟是进行案例分析的基础，模拟过程注重的是对原有信息的准确描述，运用可拓学的各种公式模型将总体规划中诸多内容有秩序地表达出来。

由于总体规划的宏观性与复杂性，因此需要运用问题相关网方法进行描述。而问题相关网的计算机实践工具就是通过维度表的建立来对原始数据信息进行描述，其过程可以归结为以下几个步骤。

（1）运用维度表方法将总体规划的各个构成部分进行描述，建立一个类似于目录体系的问题相关网络。

（2）在已经建立的维度表体系中，将具有复杂内容的元素进一步进行分解，运用维度表对分解产生的各级元素再次进行描述，形成二级维度表、三级维度表乃至 n 级维度表。而最各个层次问题的描述就需要运用复合元或基元来进行表达，它们是构成问题相关网的最基本元素。

（3）寻求维度表分级表达所能达到的各个层次问题之间的逻辑关系，建立起各种元素综合性的关系网络。

以上三个步骤所运用的复合元或基元以及层级维度表是从微观到宏观的递进关系，共同作用才能够详尽地对总体规划进行描述，它们综合作用的关系参见图 6-1。

2004~2020 年哈尔滨总体规划说明书的内容共有 24 章，分别为概述、社会经济发展条

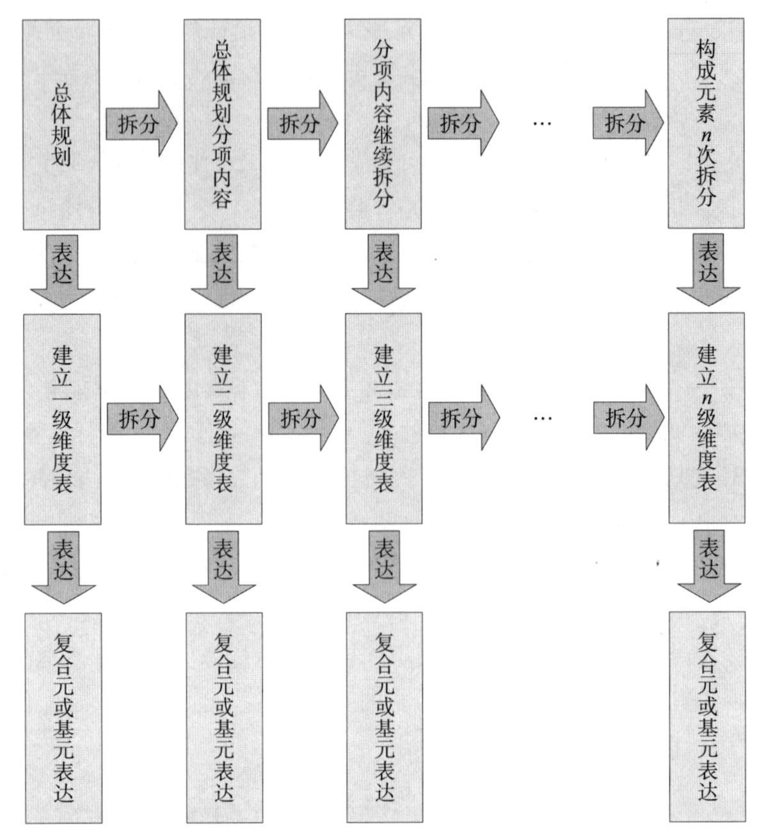

图 6-1　总体规划描述的可拓学方法体系

件与战略目标、市域城镇体系规划、城市性质与城市规模、城市总体布局、城市居住用地规划、城市公共设施用地规划、城市工业用地规划、城市仓储用地规划、城市绿地系统规划、对外交通规划、城市交通规划、城市市政公用设施工程规划、城市环境保护规划、城市地下空间开发利用规划、城市综合防灾规划、历史文化名城保护规划、城市景观风貌特色规划、旧城改造规划、城市水系岸线规划、郊区规划、近期建设规划、城市远景规划、规划实施措施与建议，这些章节的构成关系也是层级维度表体系进行组织建构的基础。哈尔滨总体规划土地利用规划图（2004~2020）参见图 6-2。

层级维度表体系强调元素之间的相互关系，将总体规划的基本分类内容之间建立关联的目的是方便检索与模糊查找功能，这样就可以在研究某一总体规划分类内容的同时注意其相关内容的研究，避免由于忽略相关内容造成的间接影响而导致规划制定失去合理性。

哈尔滨总体规划说明书是规划方案全部内容的文本表达形式，总体规划本身是一级维度表的描述对象，而总体规划包含的各个部分就是二级维度表的描述对象，除第 1 章概述是总论性质章节，其他章均可建立二级维度表。

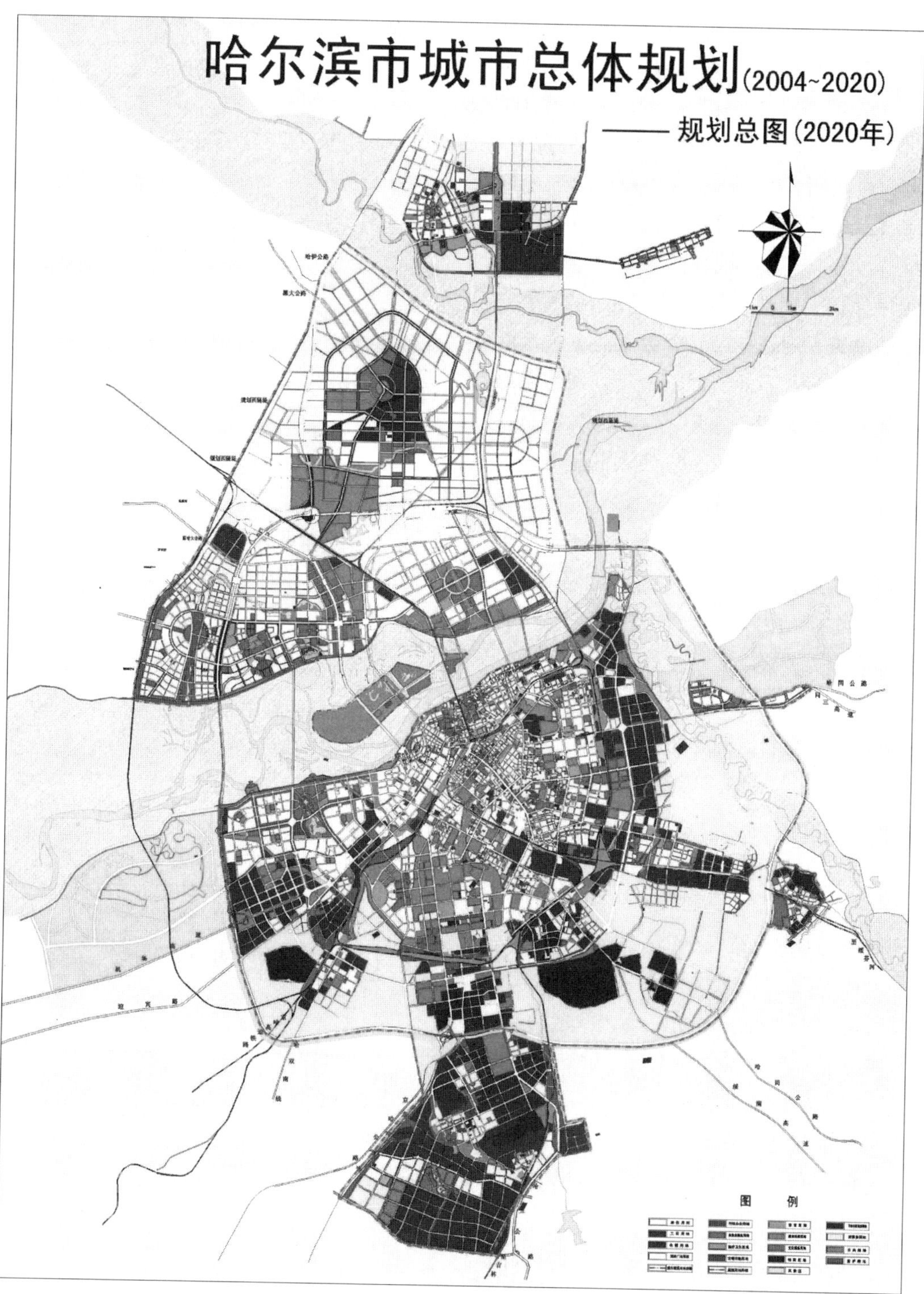

图 6-2　哈尔滨总体规划土地利用规划图（2004~2020）
图片来源：哈尔滨 2004~2020 年总体规划

6.1.1 维度表编号规则

维度表等级越多，就越不易查询，因此在建立的时候需要标示案例的特定编号以方便查询。现规定编号系统规则如下：案例的某级维度表编号为467 198 076–13–6–568，– 的作用是区分不同数字，此编号是四个数字的组合，那么第一个数字代表的是案例编号，也就是一级维度表编号；第二个数字代表的是二级维度表的顺序号，上列数字代表的就是第13个二级维度表；同理，第 *n* 个数字是 *n* 级维度表的顺序号；因此，可以通过判别数字的个数来断定维度表的等级，上述数字是一个四级维度表的编号，它代表的是编号为467 198 076的一级维度表下第13个二级维度表下第6个三级维度表下第568个四级维度表。这样所有等级的维度表都会有独一无二的编号与其他维度表区分，方便案例数据库查询功能。

6.1.2 维度表层级递进

首先建立哈尔滨总体规划的一级维度表，见表6–1。

如果分项内容较复杂，可以在一级维度表基础上建立二级维度表。以城市居住用地规划为例，见表6–2。

很多时候二级维度表内容仍然较粗略，这就需要继续建立三级、四级乃至 *n* 级维度表，直至划分到不可分解的元素为止。建立各级维度表的过程虽然不同，但是其原理却是一致的。以城市居住用地规划为例，建立关于城市居住用地规划布局的三级维度表，见表6–3。

表6–3所表达的是城市居住用地规划布局的几个主要内容，对这些内容进行具体描述就需要建立四级维度表。下面就根据划分片区类型而建立四级维度表，参见表6–4。

一级维度表 512 706　　表 6–1

事实表		
名称	哈尔滨总体规划	
时效	2004 ~2020 年	
地点	哈尔滨	
制定单位	1	哈尔滨城市规划局
	2	哈尔滨城市规划设计研究院
	3	南京大学城市规划设计研究院
包含内容	1	社会经济发展条件与战略目标
	2	市域城镇体系规划
	3	城市性质与城市规模
	…	
	23	规划实施措施与建议

二级维度表 512 706–5　　表 6–2

分项事实表		
名称	城市居住用地规划	
包含内容	1	城市居住用地现状概况
	2	城市居住用地存在问题
	3	城市居住用地规划策略
	4	城市居住用地规划布局

三级维度表 512 706–5–4　　表 6–3

分项事实表		
名称	城市居住用地规划布局	
实施方式	1	划分片区

四级维度表 512 706–5–4–1　　表 6–4

分项事实表		
名称	划分片区	
包含内容	1	新建居住片区
	2	建成区边缘居住片区
	3	人口疏散居住片区
	4	旧城改造居住片区

本次总体规划还对四种片区具体进行了区划分类，并在此基础上制定了针对性较强的建设措施，如果对这种片区分类的举措进行描述，就需要进一步建立五级维度表，见表 6–5、表 6–6、表 6–7、表 6–8。

表 6–5 所描述的是哈尔滨居住区进行区划的方法。维度表单纯文字表述有时候说明问题可能不够清晰，这时候就需要配合用图片或其他形式的数据加以说明，图片的编号形式是在维度表编号加上以 P 开头的数字编号。例如，各个片区的具体划分方式参见表 6–5、表 6–6、表 6–7、表 6–8。

表 6–5、表 6–6、表 6–7、表 6–8 分别描述了四个大类片区下所包含的各个具体片区，这四个表格共同构成了哈尔滨的全部片区。本次总体规划中对于每个具体的片区都制定了具体的建设政策，可以通过建立六级维度表来进行描述。由于 23 各片区全部列举出会导致重复过多，篇幅过于冗长，因此就以五级维度表中的南岗中心区片区为例，建立六级维度表，见表 6–9。

五级维度表 512 706–5–4–1–1　表 6–5

分项事实表		
名称	新建居住片区	
包含内容	1	群力片区
	2	松北片区
	3	松浦片区
	4	平房南部片区
	5	利民南部片区
	6	利民北部片区

五级维度表 512 706–5–4–1–2　表 6–6

分项事实表		
名称	建成边缘居住片区	
包含内容	1	新香坊片区
	2	保健路片区
	3	朝阳片区
	4	开发区片区

五级维度表 512 706–5–4–1–3　表 6–7

分项事实表		
名称	人口疏散居住片区	
包含内容	1	道外西部片区
	2	香坊中心区片区
	3	道里中心区片区
	4	南岗中心区片区

五级维度表 512 706–5–4–1–4　表 6–8

分项事实表		
名称	旧城改造居住片区	
包含内容	1	道外东部片区
	2	道外中部片区
	3	道里西部片区
	4	平房片区
	5	呼兰老城片区
	6	动力片区
	7	王岗片区
	8	成高子片区
	9	团结片区

六级维度表 512 706-5-4-1-3-4　　　　表 6-9

分项事实表	
名称	南岗中心区片区
整治措施	继续完善小区配套设施、提高居住区质量，限制建设密度，实现人口外迁，对现状四类居住用地进行改造，改善人居环境

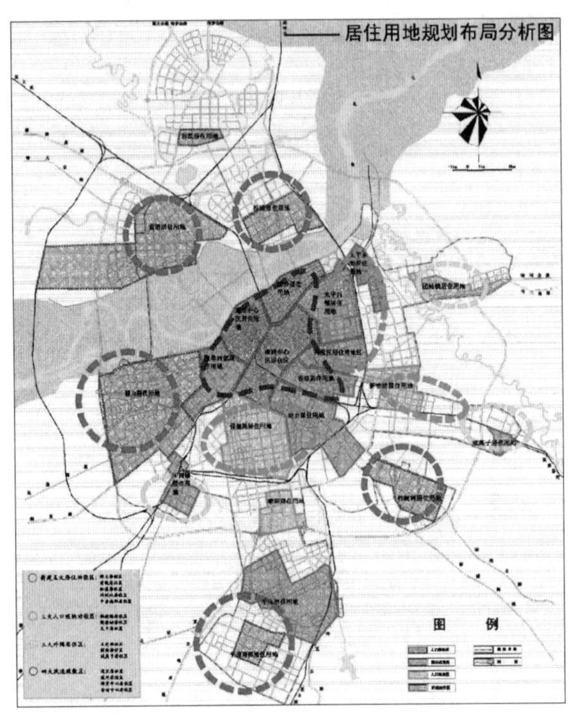

图 6-3　哈尔滨居住用地规划布局分析
512 706-5-4-1-1-P1
图片来源：哈尔滨 2004~2020 年总体规划

哈尔滨居住用地规划通过六个层级的维度表体系能够加以详细的描述，也就是说经过六个级别的维度表分析，本次总体规划中的居住用地规划得以划分到最细微的元素。同理，其他类别的分享规划也可以通过同样的方法来进行描述，进而建立起一个由多层级维度表所构成的总体规划案例库。

6.1.3　维度表基元表达

以上建立的表 6-9 中所论述的措施“继续完善小区配套设施、提高居住区质量，限制建设密度，实现人口外迁，对现状四类居住用地进行改造，改善人居环境”是一系列行为，需要用一系列基元或复合元来进行具体描述，如下。

B_1=（提高，对象，居住区质量
　　　　手段，（完善，对象，（配套设施，服务对象，小区）））

B_2=（限制，对象，建设密度）

B_3=（实现，目标，（外迁，对象，人口））

B_4=（改造，对象，（居住用地，级别，四级））

通过上面案例的基元与复合元表达，六级维度表的内容得以更加明确的描述，从而建立起一套利用维度表、基元或复合元而形成的总体规划问题相关网数据库。

6.2　建构维度表空间数据

以上论述了总体规划数据转化为维度表的过程，为总体规划数字化、模型化奠定了基础。全面地建构总体规划数据库需要同时建构空间数据与属性数据，维度表主要描述的是属性数据（主要描述事物的各种特征、性质、状态等无形的信息），而维度表所欠缺的是空间数据（主要描绘事物的位置、大小、形状等可具体形式化的信息）。因此，要精确地描述总体规划还应该建立维度表的空间数据，其体现形式可以是图片、模型、虚拟现实等可视化数据信息，这样在数据库检索时就可以更加直观、有效率地考虑所有因素。

维度表空间数据的体现形式可以产生多种可能性，在这里我们将其划分为最基本的平面数据与三维数据两种类别。这种划分方式也正对应了前面章节所论述的用地布局与空间设计的两个层次，下面就针对与维度表相关的平面、三维数据展开详细论述。

6.2.1　维度表相关平面数据

平面图形给人的感官是尺度精确，面积感较强，在侧重于区域划分、路线分析等场合比较适合运用这种形式的数据。对于维度表的系统表达来说，其相关平面图形还可以进一步进行类型的划分，概括为矢量图和栅格图，这两类基本图形代表了所有的平面图形关系。

（1）**矢量图**。矢量图通过记录坐标的方式，尽可能地将点、线、多边形所构成的实体表现得精确无误，其坐标空间假设为虚拟空间，不必像栅格图那样进行量化处理。因此，矢量图能更精确地定义位置、长度和大小，规划者经常使用的软件 AutoCAD 所绘制的文件就是较典型的矢量图，图 6-4 就是矢量图的一个基本范例。

目前，矢量图的数据存储方式主要由实体型数据结构和拓扑型数据结构两种类型。

实体型数据结构的方法就是将点、线、多边形的数据分别进行存储，点是由一个坐标点来表示，线是由两个坐标点所确定，多边形是由一系列坐标点所确定；其优点是空间数据直观明了，但是不能表达明确的拓扑关系。例如，实体性数据结构不能表达多边形之间的相邻或包含关系，相邻多边形的公共边界被存储了两次，造成数据冗余和不一致性，且不能显示表达空间实体间的拓扑关系。

拓扑型数据结构的构成方式与维度表的关联原理相似，更合理地组织了数据存储的方式，节点文件仍然是记录一个坐标点，而线段则存储组成线段节点的节点号、起点号、终点号以及左、右多边形号，多边形存储多边形号与组成多边形的线段号。这种存储方式大大节约了存储的空间，能够更加有效率地对各种数据进行管理和查询。例如，对于图 6-4 所示的多边形，可以用如表 6-10、表 6-11 和表 6-12 所示的一些文件记录。

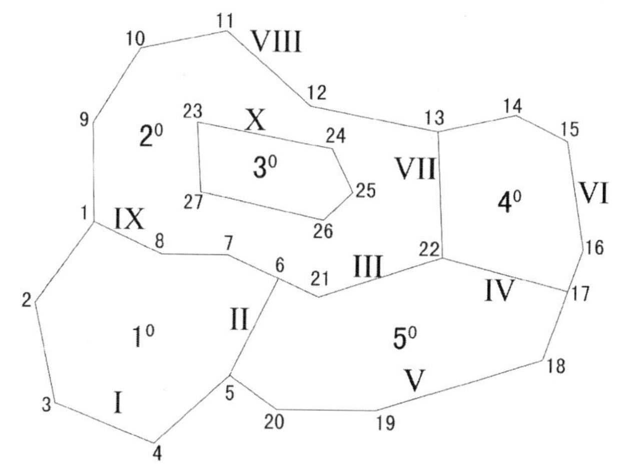

图 6-4　点、线、多边形构成的矢量图

图片来源：参考《地理信息系统——基础篇》P19

节点文件 **表 6-10**

节点号	坐标	线段
1	x_1y_1	I、IX
2	x_2y_2	I
…	…	…
27	$x_{27}y_{27}$	X

表格来源：参考《地理信息系统——基础篇》P20

线段文件 **表 6-11**

线段号	起点	终点	点号	左多边形	右多边形
I	1	5	1，2，3，4，5	1^0	
II	5	6	5，6	1^0	5^0
…	…	…	…	…	…
X	23	23	23，24，25，26，27	2^0	3^0

表格来源：参考《地理信息系统——基础篇》P21

多边形文件 **表 6-12**

多边形编号	多边形边界
1^0	I，II，IX
2^0	III，VII，VIII，IX
3^0	X
4^0	IV，VI，VII
5^0	III，IV，V

表格来源：参考《地理信息系统——基础篇》P21

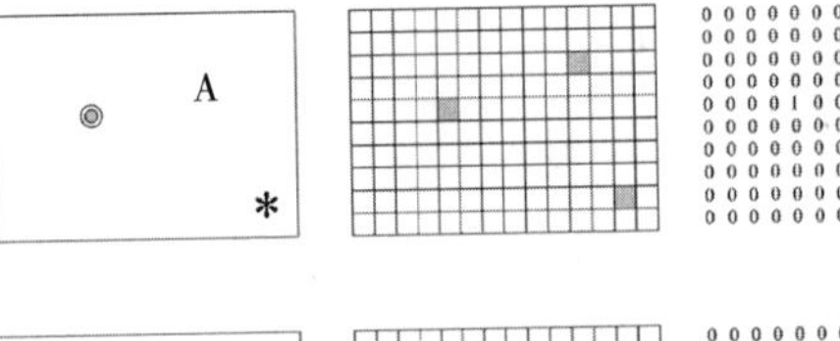

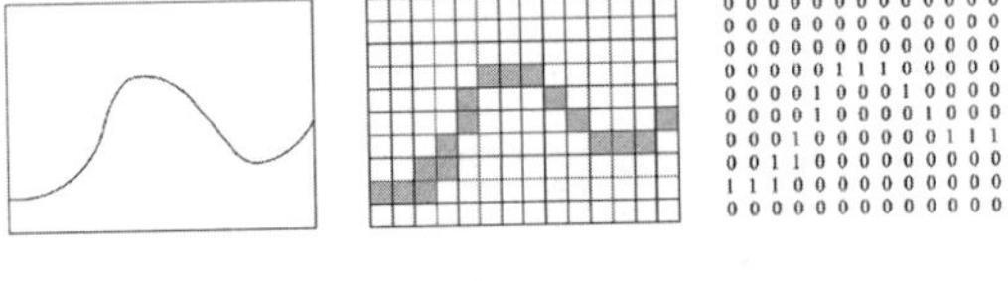

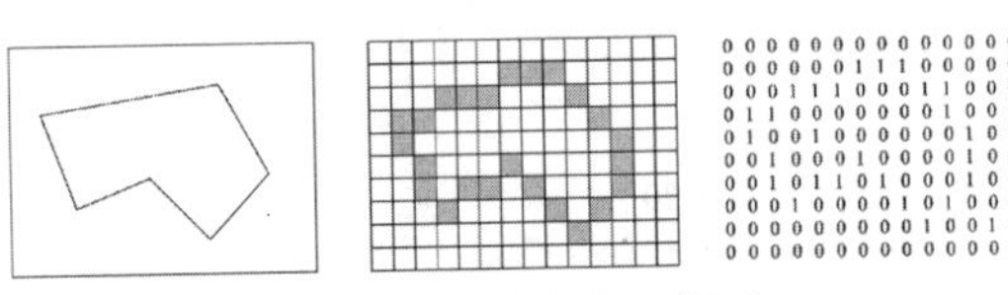

图 6-5　栅格表达示意图
图片来源：参考《地理信息系统——基础篇》P21

矢量图在城市规划中具有十分重要的地位，总体规划、详细规划中具有法定效应的图纸全部是矢量图，这样可以方便测量，便于开发用地、建设构筑物、市政设施布线等行为。矢量图的这些特点决定了其在哈尔滨总体规划维度表体系中的法定地位与约束效力，是最为核心的图形数据。

（2）**栅格图**。栅格数据是最简单最直接的空间数据结构，它是指将事物表面划分为大小均匀紧密相邻的网格阵列。每个网格作为一个像元或像素来描述事物的构成，其模拟方式如图 6-5 所示。

图 6–5 中的图像文件在直接栅格编码中的排列包含了很多个 0，存在大量重复，造成了存储空间的浪费，如果采用游程长度编码就可以解决这种浪费问题。

游程长度编码的基本思路是对于一幅栅格图像，采取压缩那些重复记录内容的方法来减小存储空间。例如，图 6–5 中第一个图像采取游程长度编码就可以记录为:（38、0）、（1、1）、（21、0）、（1、1）、（63、0）、（1、1）、（15、0），只需要 14 个整数便可表示，如果采用图 6–4 中的直接栅格编码则需要 140 个整数。

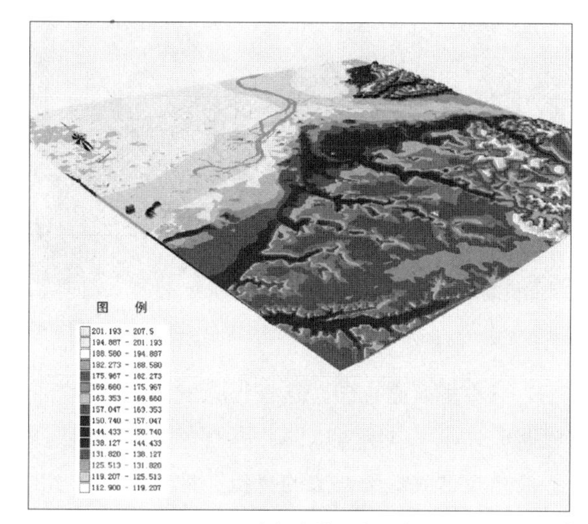

图 6–6　哈尔滨地形高程分析

栅格网格阵列的模拟方式显著特点是属性明显，定位隐含，目前大多数图片格式都是基于栅格原理形成的[102]。在定位精度上，栅格图不如矢量图精确，但是栅格图形式多样，获得方式相对简便，摄影、扫描、传真等方式都可以输入栅格图的数据信息。在城市规划中，一般对法定效力进行辅助、分析、说明性的图片采用栅格图的形式。

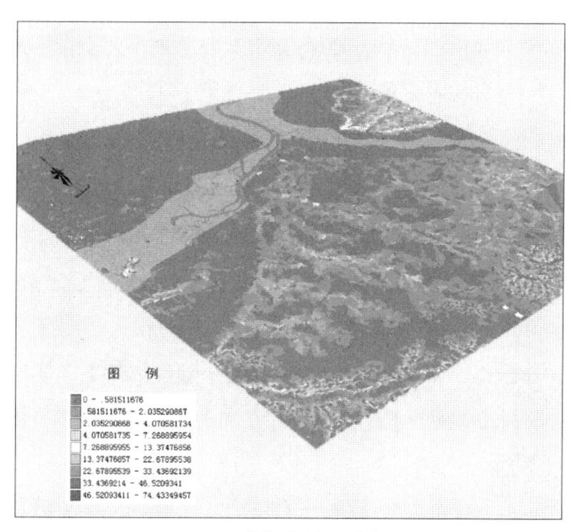

图 6–7　哈尔滨地形坡度分析

维度表体系是一套以属性信息为主的数据库体系，其相关的平面数据需要网络数据库的支持，才能更好地发挥作用。目前已经发展比较成熟的地理信息系统（Geography Information System，GIS）是以地理空间数据库为基础，采用地理模型分析方法，适时提供多种平面、空间和动态地理信息的计算机技术系统，其平面分析功能尤为突出。由于 GIS 系统架构原理和维度表体系非常相似，因此可以采取在两个数据库之间建构联系的方式来达到丰富维度表数据库的目的，同时又可以节约开发资金与研究精力。图 6–6 就是运用 GIS 软件对哈尔滨的高程进行分析的一个范例，而图 6–7 则是对哈尔滨地形坡度的分析。

6.2.2　维度表相关三维数据

在维度表相关数据中，与平面数据相对应的是三维数据，这里所说的是三维数据是指为说明三维空间情况的数据，其中有体现三维空间状态的模型，还包括了体现为平面形式的三维透视图，这些形式的数据共同构成了三维数据。

图 6-8　短焦距照片与短焦距渲染效果图

（1）**平面透视图**。这种形式的图片包括实景照片与渲染效果图两种，是最直观明了的数据形式，可以给人以第一感官印象。不过这种数据形式给人的感官印象很大程度上取决于摄影技术或渲染手法的高低，此外色调、光线、焦距、光圈等数值的设置都可能会产生实际事物与图像效果偏差较大的情况，存在误导的可能性。图 6-8 是采用肉眼所达不到的短焦距效果生成的实景照片与渲染效果图范例，说明了偏差存在的可能性。

因此，由于效果偏差可能性较大的原因，平面透视图在城市规划领域主要起辅助作用，真正对规划实施与方案分析具有指导意义的三维数据是三维空间模型。

（2）**三维空间模型**。不同于平面透视图，三维空间模型的优势在于其动态性，可以从不同角度来进行观察与分析，相对于平面数据来说更加准确与客观。按照三维空间模型的联机与否，可以划分为单机模型与网络模型。

单机模型主要出现在规划设计者的工作过程中，几种比较常见的建构模型的软件是 AutoCAD、3DMax、Sketchup。这些软件可以在工作过程中进行较为系统全面的空间分析，对设计工作产生辅助作用；但是这些软件建模的目的是为了输出平面效果图，同时又由于没有网络的支持，因此其空间分析与属性信息读取能力相对较弱，缺乏系统研究的各种必要功能。

网络模型则是基于数据库的海量数据而建构的空间模型体系，可提供便利的查询、下载、分析功能，其具体可以体现为虚拟现实系统（Virtual Reality，VR）等网络数据库。

VR 技术是以计算机技术为核心，结合相关科学技术，生成与一定范围真实环境在视、听、触感等方面高度近似的数字化环境，用户借助必要的装备与数字化环境中的对象进行交互作用、相互影响，可以产生亲临对应真实环境的感受和体验。VR 通过沉浸、交互和构想的特性能够高精度地对现实世界或假想世界的对象进行模拟与表现，辅助用户进行各种分析，从而为解决面临的复杂问题提供了一种新的有效手段[103]。

将 VR 技术应用在城市规划领域，可以通过虚拟三维城市空间、建筑群体、地表地貌以及可体验式互动参与的人为操作都成为全新角度直观研究城市规划问题的方法与手段。从发展前景来看，基于网络而存在的 VR 数据库生命力更加旺盛，并且具有多元性的应用途径。

城市是人类聚居和社会经济文化中心，在建立数字地球的前提下，科学家们提出了建立数字城市的设想。在中国，各大城市提出了建设数字城市的设想，如数字北京、数字上海、数字广州等。目前，已经获准作为建设数字城市的试点城市有 13 个[104]。

图 6-9 为 VR 系统营造出的可动态变换视角的虚拟城市环境的静态截图。

综上所述，以体现属性数据描述为优势的维度表数据库如果能够结合 GIS 数据库、VR 数据库就能够弥补其空间数据描述不足的劣势，形成集空间数据、属性数据于一身的较全面的城市规划数据库，这样就会对城市规划编制工作产生更加有益的推动作用。

图 6-9　动态虚拟城市环境
图片来源：www.baidu.com

6.2.3　属性数据的储存与管理

空间数据与属性数据之间的逻辑关联直接影响到数据库运作的效率，而这些数据之间运作关系的繁杂或简便就会对数据使用者产生不同的影响。

目前，最典型、最常用的储存、管理属性数据的技术是采用关系模型的数据库。所谓关系模型，就是用一系列的表来描述、储存复杂的客观事物，关系数据库的表是表达事物的基本手段，而维度表正是关系数据库的一种体现形式，每一条记录一种属性，用多个条款共同构成了复杂的规划数据体系。这种关系型数据库除应当具有建立、删除、修改等功能外，还应具有便利的查询功能。查询功能可以通过以下几种手段来实现：

（1）**投影**。按需要选择基元数据，也就是对一个复杂的维度表体系可以暂时排除不需要的数据。如在地块表中选出地块编号、建筑密度两个数据，其他数据暂时不要，其结果是对数据进行了简化的表。

（2）**选择**。按某种条件，对维度表中的数据进行选择，也就是对一个包含众多数据的表可以暂时排除不符合需要的记录。如在地块表中选出土地使用为住宅或商业而且容积率大于 2.0 的数据，其结果是对数据进行了筛选的表。

（3）**连接**。这种查询相对复杂，是建立表和表之间的连接。例如，一个地块上可以由一个或多个、也可能没有开发商开发，一个开发商可以开发一个或多个地块。为了储存这些信息，可以将地块信息用一个维度表来储存，将开发商信息用另一个维度表来储存，在查询有关地块的信息时可查到该地块开发商的各种信息，这就是靠维度表之间的连接实现这种查询的，为此在地块表中要储存开发商的名称或编号，或者在开发商表中储存开发地块编号，这样计算机就可进行维度表之间的连接，实现对维度表体系的组合查询。利用连接也可以在查询某类开发商信息的同时查到他们所开发的地块信息，还可以根据查到的地块再查出这些地块上的其他开发商由哪些。复杂的连接查询可以一次实现对多个表的连接查询[105]。

以上是以哈尔滨 2004~2020 年总体规划为范例展开论述如何建构能够描述现实案例的维度表数据库的过程与方法，通过结合目前正在长足发展的 GIS、VR 技术所建构的与城市环境相关的数据库，就会对现实案例进行理性、全面、直观、可体验性强的描述，为进一步的分项可拓分析奠定基础。

6.3 案例分项可拓分析

根据哈尔滨2004~2020年总体规划数据信息建立起的维度表体系是对于案例信息的全面描述，体现了可拓学应用在城市规划领域的事实描述功能；而在此基础上展开的可拓分析则是对于哈尔滨2004~2020年总体规划维度表数据库中数据信息进行分析与筛选，进而为下一轮规划编制或修编做出有益的调整准备工作。

由前面章节的划分方式得出哈尔滨2004~2020年总体规划可以划分为城市用地布局、城市空间设计与管理控制规则几种最基本的分类方式。这三个类别中都包含了大量的信息，下面就将哈尔滨2004~2020年总体规划方案的全部内容进行分类，划分到这三种类型中去。

城市规划方案的显著特点就是所有设计内容都会在文本中有所体现，虽然文本不能够完全描述出方案的具体形态，但是文本的内容却可以指导整个方案的内容组织结构。因此，可以根据哈尔滨2004~2020年总体规划说明书所阐述的内容来对此次总体规划的全部内容进行分类。总体规划说明书内除去概述，还包含社会经济发展条件与战略目标、市域城镇体系规划、城市性质与城市规模、城市总体布局、城市居住用地规划、城市公共设施用地规划、城市工业用地规划、城市仓储用地规划、城市绿地系统规划、对外交通规划、城市交通规划、城市市政公用设施工程规划、城市环境保护规划、城市地下空间开发利用规划、城市综合防灾规划、历史文化名城保护规划、城市景观风貌特色规划、旧城改造规划、城市水系岸线规划、郊区规划、近期建设规划、城市远景规划、规划实施措施与建议共23个章节，这些章节分别对应三个分项层次中的一个或多个，其对应关系参见表6–13。

哈尔滨2004~2020年总体规划分项层次分析 **表6–13**

分项名称	城市用地布局 ○有关 × 无关	城市空间设计 ○有关 × 无关	管理控制规则 ○有关 × 无关
社会经济发展条件与战略目标	×	×	○
市域城镇体系规划	○	×	○
城市性质与城市规模	×	×	○
城市总体布局	○	×	○
城市居住用地规划	○	×	○
城市公共设施用地规划	○	×	○
城市工业用地规划	○	×	○
城市仓储用地规划	○	×	○
城市绿地系统规划	○	×	○
对外交通规划	○	×	○
城市交通规划	○	×	○
城市市政公用设施工程规划	○	×	○

续表

分项名称	城市用地布局 ○有关 × 无关	城市空间设计 ○有关 × 无关	管理控制规则 ○有关 × 无关
城市环境保护规划	○	×	○
城市地下空间开发利用规划	○	○	○
城市综合防灾规划	○	×	○
历史文化名城保护规划	○	○	○
城市景观风貌特色规划	○	○	○
旧城改造规划	○	○	○
城市水系岸线规划	○	×	○
郊区规划	○	○	○
近期建设规划	○	○	○
城市远景规划	○	×	○
规划实施措施与建议	○	○	○

根据第 3 章到第 5 章的论述，以上关于哈尔滨 2004~2020 年总体规划方案而总结出的三种类型内容进行可拓分析时，可以应用到可拓思维模式、可拓变换、问题相关网、转换桥方法等多种可拓学方法；下面将对每种类型中具有典型性的内容进行可拓分析或变换，为同类型内其他规划内容的可拓分析作出示范性的推理过程。

6.3.1　城市用地布局可拓分析

城市用地布局、城市空间设计、管理控制规则的可拓分析是基于维度表体系基础上所产生的分析方法，就像原料需要进行加工一样，维度表体系也需要进行进一步地分析与再创造才能产生有创意的设计思路，而基于这三种类型内容进行的可拓分析就是拓展思路、进行创新的过程。

针对具体案例的可拓分析，需要首先对维度表体系的信息进行选择，进而进行可拓分析；下面就以哈尔滨 2004~2020 年总体规划中城市总体布局下关于城市发展方向的规划为例，来说明如何进行城市用地布局方面内容的可拓分析（图 6–10）。

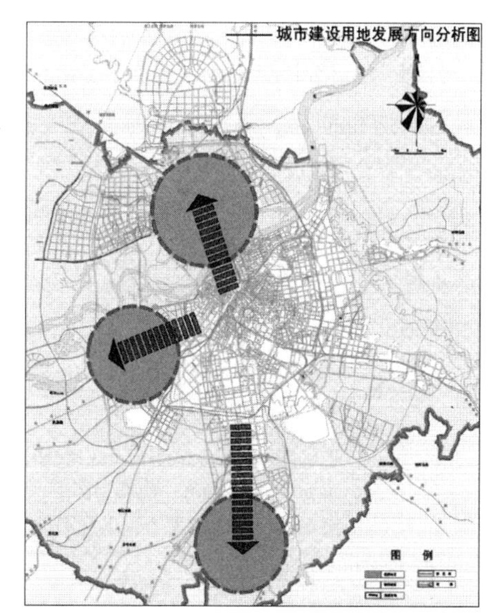

图 6–10　哈尔滨城市发展方向
图片来源：哈尔滨总体规划（2004~2020）

1）选择维度表信息

要对城市发展方向进行可拓分析，首先要在

维度表体系中选择相应的数据信息，确定要进行下一步分析的对象。

城市发展方向是城市总体布局下的内容，而城市总体布局是二级维度表，城市发展方向是三级维度表，针对城市发展方向所展开的进一步分析就是从四级维度表开始的一系列分析。

城市发展方向下面包含了现状用地格局、用地发展因素分析、城市用地发展方向分析三个内容，这些内容就是隶属于城市总体布局二级维度表下的城市发展方向三级维度表下的三个四级维度表，具体构成参见表 6–14~ 表 6–16。

四级维度表 512 706–4–1–1　　表 6–14

分项事实表		
名称	现状用地布局	
内容	1	哈尔滨是从近代伴随铁路的建设（中东铁路始于 1898 年）而逐步发展起来的新兴城市
	2	由于松花江南岸多数地区地势较高，而江北则多为松花江河漫滩，基于防洪等方面的考虑，不仅铁路枢纽位于松花江南岸，城市也主要集中在松花江南岸地区
	3	经过长期的发展特别是新中国成立后的重点建设，目前城市已形成江南滨江老城区为主体，以平房为重要产业基地，江北沿江少量开发的用地发展格局

四级维度表 512 706–4–1–2　表 6–15

分项事实表		
名称	用地发展因素分析	
内容	1	区域自然景观生态结构
	2	区域交通网络与经济流向
	3	用地建设条件评价
	4	城市用地发展的主要门槛

四级维度表 512 706–4–1–3　表 6–16

分项事实表		
名称	用地发展方向分析	
内容	1	原则与依据
	2	发展方向分析与比较

以上表格中，表 6–15 及表 6–16 中的分项事实内容包含分支内容，因此可以对其子因素再次进行描述，形成五级维度表，参见表 6–17~ 表 6–22。

五级维度表 512 706–4–1–2–1　　表 6–17

分项事实表		
名称	区域自然景观生态结构	
内容	1	随着城市区域化的推进，哈尔滨市及周边自然景观生态结构对城市发展方向的确定与建设用地的选择的影响将越来越大
	2	哈尔滨周边待城市化区域以农田为主要基质，地面海拔高度 114~210m，整体地形、地貌划可分为两大区域，东南部、南部为岗阜状高平原和波状平原，地势较高，地基承载力较高;松花江北岸地区、松花江南岸西部群力地区和东部民主地区为松花江河漫滩地，地势较低，地基承载力较低
	3	从总体上看，基质构不成城市用地发展突出的限制因素，但以一江（松花江）、两河（阿什河、呼兰河）、三沟（马家沟、何家沟、信义沟）为主的河流湿地廊道系统则对未来城市空间布局具有明显的导向、制约作用

五级维度表 512 706-4-1-2-2　　**表 6-18**

分项事实表

名称		区域交通网络与经济流向
内容	1	水运在哈尔滨城市发展中曾发挥重要作用，但作为内陆城市，铁路与公路在其对外联系中一直发挥着主导作用
	2	未来京哈高速铁路的建设可进一步强化与内地的联系和江南的交通优势，形成老城区进一步发展的强大动力；对未来城市空间发展更具影响的则是当前及今后重点建设的高速公路网络
	3	快速通道的形成有利于城市分散化或跨越式发展，一些新的交通节点成为城市新的生长点
	4	航空在经济交往中地位提高，机场对城市发展的拉动作用愈来愈明显
	5	通过对黑龙江省城镇体系和哈尔滨都市圈的分析，哈尔滨区域具有四个相对重要的经济流向，即西南、西北、北部和东南，呈现出“X”型结构

五级维度表 512 706-4-1-2-3　　**表 6-19**

分项事实表

名称		用地建设条件评价
内容	1	Ⅰ类用地：为适宜修建用地，主要分布在城市南部的平房地区，城市东部的新香坊、成高子、团结地区，以及松花江北岸的呼兰区
	2	Ⅱ类用地：为必须采取工程措施加以改造后才能进行城市建设的用地。主要分布在西部群力地区和松花江北岸的前进、江湾和松浦地区。该地区为松花江河漫滩地区，地基承耐力小，需采取一定工程设施如加强防洪工程，增修过江桥梁、隧道才可用于城市开发
	3	Ⅲ类用地：为不宜修建用地。主要为河流如松花江、阿什河、呼兰河、马家沟及何家沟等水系用地以及滩地

五级维度表 512 706-4-1-2-4　　**表 6-20**

分项事实表

名称		城市用地发展的主要门槛
内容	1	在江南老城区，除了铁路的限制外，已建成的外环高速公路及对外发射状高速公路等也将直接改变传统的空间拓展模式，限制主城区的无序蔓延，并将在一定地区或阶段也成为城市发展的新门槛
	2	随着跨江通道逐步增加，松花江与阿什河的门槛限制作用有所弱化，但对大规模的城市开发仍具有明显的制约，特别是松花江，由于江面开阔，江北防洪设施仍不完善，跨江发展成本相对较高，对今后两岸联系也不利

五级维度表 512 706-4-1-3-1　　**表 6-21**

分项事实表

名称		原则与依据
内容	1	有利于城市空间结构的整体优化和城市地域景观特色的营造，符合“黑龙江省城镇体系规划”及“哈尔滨大都市圈规划”等上位规划提出的基本要求，促进城市的可持续发展

续表

分项事实表		
名称	原则与依据	
内容	2	维护由一江、二河、三沟水系所构成的生态廊道系统及松花江沿岸湿地系统的延续性和完整性，保护田园过渡地带和自然生态环境，保持城市与自然生态系统的相互协调
	3	顺应城市空间演化历史规律，优先发展地形、地貌、地质条件较好地区
	4	顺应城市沿主要交通走廊、经济流向的发展趋势，突出轴向发展
	5	兼顾新城发展与旧区改造，为城市经济、社会、文化、环境等的全面、综合、协调发展提供必要的空间载体

五级维度表 512 706-4-1-3-2 **表 6-22**

分项事实表		
名称	发展方向分析与比较	
内容	1	向北。主要发展松花江以北地区（简称松北）。松北地处两条江河的汇流处，是哈尔滨城市空间发展的战略性资源，它不仅拥有大片可供开发的土地资源，可以为城市拓展提供充分的空间；同时它还拥有太阳岛风景区等风景旅游资源，拥有漫长的岸线资源、湿地生态资源和充裕的滨水空间。开发松北不仅有利于加强哈尔滨在“哈大齐产业带”中的龙头带动作用，且符合城市空间结构调整的要求；也有利于建设生态环境优越、景观良好的高标准新区，营造独具特色的城市空间和景观结构；同时还有利于休闲度假产业的发展，强化城市的旅游功能；有利于整合新增呼兰区、松北区两个行政区的土地资源，较好地促进各区的联动协调发展。松北地区目前已拥有良好的区域性交通基础设施，跨江交通也正逐步改善，可以说初步具备了大规模开发的基本条件，但是，松北开发也存在着一些较大的困难和不利因素。松北与主城区之间的江堤宽达 5km，这是在国内外跨江城市中少见的跨越距离；松北已有的发展基础较差，尚未形成一定规模的实际土地开发和人口聚集；由于行政区划前松北地区的行政体制和开发管理体制分散，导致土地开发和功能布局混乱，大片未开发土地虽已出让但并未进行有效开发。此外，防洪问题也是制约松北开发的一个重要因素
	2	向南。主要发展平房地区，这里不仅地势较为平坦，相对高程较高，发展用地充足，而且建设基础良好，目前已有平房区和经济技术开发区等哈尔滨重要的产业基地，同时它还与哈尔滨到北京、沈阳、长春的主要交通、经济流向相一致，区位交通条件较为优越；不足之处是平房地区基本农田较多，且与市中心区联系因哈南编组站分割而不畅
	3	向西。主要发展群力地区。哈西地区因生态廊道的预留只能做少量的用地扩展；四环以外因长岭湖风景区、铁路王万联系线、道路四环和王岗机场等因素限制，无法进行大规模成片开发。四环以内群力地区紧临松花江，环境优良，但地势较低，且发展空间相对有限，可作为近中期城市建设的重点
	4	向东。发展的阻力相对较大。东部地区地势高低起伏较大，发展空间相对较少；同时地处城市下风向和松花江下游，环境质量欠佳；此外，受工业区和阿什河、天恒山风景区等的阻隔，城市向外拓展乏力，因此不是理想的城市发展方向

以上表格进一步描述了城市用地发展方向的情况，比较全面地概括了此次哈尔滨总体

规划的专项内容，下面就运用可拓学的各种方法与工具将以上的分析过程逻辑化，转化为可以直接被计算机所识别的语言形式。

2）可拓分析方法

在一系列描述性的四级维度表中，现状用地布局是针对现状所阐述的状况，可以运用可拓学的共轭分析方法来加以分析。根据哈尔滨城市现状，可以根据四种共轭对进行相应方面的分析（表6–23）。

哈尔滨现状用地布局共轭分析 **表6–23**

软硬	硬部：现状城市俄罗斯风格的建筑、物质环境建设状况等
	软部：哈尔滨冰雪艺术、独特气候、饮食文化等
虚实	实部：哈尔滨当前的城市建设以及为未来规划实施所做出的建设准备
	虚部：哈尔滨从1898年中东铁路建设开始而逐步发展的历史
正负	正部：城市主要集中在地势较高的松花江南岸地区，铁路枢纽也位于松花江南岸
	负部：江北地区多为松花江河漫滩，防洪等方面存在问题，为开发带来一定难度
潜显	显部：目前城市以松花江南岸城区为主体，平房为产业基地，松花江北岸用地少量开发的格局
	潜部：哈西、江北地区等城市边缘带的用地开发潜力

哈尔滨城市发展的理想目标应当是综合考虑虚部、实部，同时发展软部、硬部，发扬正部，克制负部，巩固显部，挖掘潜部，全面地进行城市建设。共轭分析提供了一个基本的分析思路，为进一步运用可拓学方法做出了有益的铺垫。接下来以表6–15、表6–17、表6–18、表6–19、表6–20一系列四级维度表、五级维度表为蓝本，根据其具体情况来建构可拓模型。

首先以表6–15、表6–17所阐述的区域自然景观生态结构为例进行分析，由于景观生态领域涉及地质、水文等因素较多，因此可以采用菱形思维模式来建构模型。针对表格中所论述的情况，把区域自然景观生态作为物元，建立一级菱形思维模式的模型。

$$M=\begin{bmatrix} \text{区域自然景观生态} & O, & \text{地理区位,} & \text{哈尔滨周边地区} \\ & & \text{海拔高度,} & 114\sim210\ \text{m} \\ & & \text{地貌类型 1,} & \text{平原} \\ & & \text{地貌类型 2,} & \text{河漫滩地} \\ & & \text{现状用地性质,} & \text{农田} \\ & & \text{规划用地性质,} & \text{绿地} \\ & & \text{空间布局,} & \text{一江两河三沟} \end{bmatrix}=\begin{bmatrix} M_1 \\ M_2 \\ M_3 \\ M_4 \\ M_5 \\ M_6 \\ M_7 \end{bmatrix}$$

$$M_3 \dashv \begin{cases} M_{31}=\begin{bmatrix} \text{平原}O_1, & \text{类型}, & \text{岗阜状平原} \\ & \text{方位}, & \text{东南部} \\ & \text{地基承载力}, & \text{较高} \end{bmatrix} \\ M_{32}=\begin{bmatrix} \text{平原}O_2, & \text{平原}, & \text{波状平原} \\ & \text{方位}, & \text{南部} \\ & & \text{较高} \end{bmatrix} \end{cases}$$

$$M_4 \dashv \begin{cases} M_{41}=\begin{bmatrix} \text{河漫滩地 }O_1, & \text{方位}, & \text{西部群力地区} \\ & \text{地基承载力}, & \text{较低} \end{bmatrix} \\ M_{42}=\begin{bmatrix} \text{河漫滩地 }O_2, & \text{方位}, & \text{东部民主地区} \\ & \text{地基承载力}, & \text{较低} \end{bmatrix} \end{cases}$$

$$M_7 \dashv \begin{cases} M_{71}=\begin{bmatrix} \text{一江}O_1, & \text{江}1, & \text{松花江} \end{bmatrix} \\ M_{72}=\begin{bmatrix} \text{两河}O_2, & \text{河}1, & \text{阿什河} \\ & \text{河}2, & \text{呼兰河} \end{bmatrix} \\ M_{73}=\begin{bmatrix} \text{三沟}O_3, & \text{沟}1, & \text{马家沟} \\ & \text{沟}2, & \text{何家沟} \\ & \text{沟}3, & \text{信义沟} \end{bmatrix} \end{cases}$$

以上发散分析得到的结果是根据现状得到的一级发散结果，在制定规划方案时需要在可以继续发散的结果基础上再次进行发散与收敛，这就需要继续建构多级菱形思维的模型。可以在 M_{41}、M_{42} 基础上进行继续发散。

$$M_{41} \dashv \begin{cases} [\text{河漫滩地，建设方式，开发商业区}] \\ [\text{河漫滩地，建设方式，开发居住区}] \\ [\text{河漫滩地，建设方式，开发工业区}] \\ [\text{河漫滩地，建设方式，开发绿地公园}] \end{cases}$$

$$M_{42} \dashv \begin{cases} [\text{河漫滩地，建设方式，开发商业区}] \\ [\text{河漫滩地，建设方式，开发居住区}] \\ [\text{河漫滩地，建设方式，开发工业区}] \\ [\text{河漫滩地，建设方式，开发绿地公园}] \end{cases}$$

根据地基承载力的改良技术以及建设行为的现实可行性对以上菱形思维模式的结果进行收敛，最终可以得到以下的分析结果。

$$M'_{41} \dashv \{[\text{河漫滩地，建设方式，开发居住区}]$$

$$M'_{42} \dashv \{[\text{河漫滩地，建设方式，开发工业区}]$$

以上的情况所表达的改造策略是指在哈西地区进行居住区的开发，而在哈尔滨东部民主地区进行工业区的开发，这些开发行为的制约因素是河漫滩地的不良地质条件，但是通过工程改造与加固，城市建设行为不会受到大的影响。

接下来以表 6–16、表 6–22 为例，运用菱形思维模式来论述城市发展方向的比较分析。

$$M=\begin{bmatrix} \text{城市发展方向}O, & \text{第一种可能性}, & \text{向东} \\ & \text{第二种可能性}, & \text{向西} \\ & \text{第三种可能性}, & \text{向南} \\ & \text{第四种可能性}, & \text{向北} \end{bmatrix}=\begin{bmatrix} A_1 \\ A_2 \\ A_3 \\ A_4 \end{bmatrix}$$

在四种可能性的基础上分别进行发散思维，可以形成以下的模型。每个模型所表达的是各种发展方向的优劣势，在综合比较各种发展方向利弊的基础上，可以得到实践性相对较强的收敛结果。

$$A_1=\begin{bmatrix} \text{向东发展}O, & \text{地势}, & \text{起伏较大} \\ & \text{发展空间}, & \text{较小} \\ & \text{风向}, & \text{下风向} \\ & \text{河流走向}, & \text{下游} \\ & \text{周边用地}, & \text{工业用地、天恒山风景区} \\ & \text{不足}, & \text{环境质量差} \end{bmatrix}\Rightarrow$$

$$\begin{bmatrix} \text{向东发展}O, & \text{优势}, & \text{无} \\ & \text{劣势1}, & \text{地势起伏大，不易解决} \\ & \text{劣势2}, & \text{发展空间小，不可解决} \\ & \text{劣势3}, & \text{下风向，不可解决} \\ & \text{劣势4}, & \text{河流下游，不可解决} \\ & \text{劣势5}, & \text{环境质量差，不易解决} \end{bmatrix}\Rightarrow\begin{bmatrix} \text{实践可行性}, & \text{可能性}, & \text{较小} \end{bmatrix}$$

$$A_2=\begin{bmatrix} \text{向西发展}O, & \text{地势}, & \text{较低、平坦} \\ & \text{发展空间}, & \text{较小} \\ & \text{风向}, & \text{上风向} \\ & \text{河流走向}, & \text{上游} \\ & \text{周边用地}, & \text{王岗机场、长岭湖风景区} \\ & \text{不足}, & \text{受交通线干扰大} \end{bmatrix}\Rightarrow$$

$$\begin{bmatrix} \text{向西发展}O, & \text{优势1}, & \text{地势平坦} \\ & \text{优势2}, & \text{上风向} \\ & \text{优势3}, & \text{河流上游} \\ & \text{劣势1}, & \text{地势较低，不可解决} \\ & \text{劣势2}, & \text{发展空间小，不可解决} \\ & \text{劣势3}, & \text{受交通干扰大，不易解决} \end{bmatrix}\Rightarrow\begin{bmatrix} \text{实践可行性}, & \text{可能性}, & \text{较大} \end{bmatrix}$$

$$A_3=\begin{bmatrix}\text{向南发展}O\text{，} & \text{地势，} & \text{较高、平坦}\\ & \text{发展空间，} & \text{较大}\\ & \text{风向，} & \text{主风向边缘}\\ & \text{河流走向，} & \text{不临近}\\ & \text{周边用地，} & \text{平房区、经济开发区}\\ & \text{不足，} & \text{农田多，铁路干扰大}\end{bmatrix}\Rightarrow$$

$$\begin{bmatrix}\text{向南发展}O\text{，} & \text{优势1，地势平坦}\\ & \text{优势2，地势较高}\\ & \text{优势3，主风向边缘}\\ & \text{优势4，临近经济开发区}\\ & \text{劣势1，农田多，不易解决}\\ & \text{劣势2，铁路干扰大，不易解决}\end{bmatrix}\Rightarrow\begin{bmatrix}\text{实践可行性，可能性，较大}\end{bmatrix}$$

$$A_4=\begin{bmatrix}\text{向北发展}O\text{，} & \text{地势，} & \text{较低、平坦}\\ & \text{发展空间，} & \text{很大}\\ & \text{风向，} & \text{上风向}\\ & \text{河流走向，} & \text{岸线跨度大}\\ & \text{周边用地，} & \text{太阳岛风景区}\\ & \text{不足，} & \text{发展基础差，防洪隐患}\end{bmatrix}\Rightarrow$$

$$\begin{bmatrix}\text{向北发展}O\text{，} & \text{优势1,} & \text{地势平坦}\\ & \text{优势2,} & \text{发展空间大}\\ & \text{优势3,} & \text{上风向}\\ & \text{优势4,} & \text{临近太阳岛风景区}\\ & \text{劣势1,} & \text{发展基础差，不易解决}\\ & \text{劣势2,} & \text{防洪隐患，不易解决}\end{bmatrix}\Rightarrow\begin{bmatrix}\text{实践可行性，可能性，较大}\end{bmatrix}$$

根据以上对于各种发展方向进行分析的过程，最终得出结论——城市适宜向南、西、北方向发展，其排序就是适宜发展的程度，哈尔滨应当首要向发展基础较好的南部进行发展，在适当程度上向西、北方向进行发展，这是综合各种因素所得出的实践可行性较强的结论。

以上所列举的推导结果表达的是一种粗略的思路，如果要在规划过程中制定更加详细的措施，就必须在此基础上再次进行发散——收敛思维，继续运用多级菱形思维模式来确定更加具体的细节。

6.3.2 城市空间设计可拓分析

城市空间设计是城市规划领域相对微观的设计层次，一般出现在分项规划或详细规划中，严格来说，在2004~2020年哈尔滨总体规划中不存在城市空间设计的内容，而为了说明其分析原理，现在以城市景观风貌特色规划下的景观风貌规划导引为例，来说明如何运用可拓学方法原理来进行此方面的分析。

1）选择维度表信息

首先，还是先从维度表数据库中选择相应信息，用表格加以表示。景观风貌规划导引是三级维度表，包含了城市标志、城市空间轮廓、城市天际线、城市广场、景观视廊及眺望系统、冰雪风貌、夜景照明、城市色彩、户外广告 9 项内容，下面就围绕这 9 项内容展开四级维度表信息的描述（表 6–24~ 表 6–32）。

四级维度表 512 706–17–4–1　　**表 6–24**

分项事实表

名称		城市标志
内容	1	现状标志性建筑物（构筑物）有：黑龙江电视塔、博物馆广场、省图书馆、省科学宫、松花江大桥、融府大厦、防洪纪念塔、铁路江上俱乐部、极乐寺文化园区、天主教堂、冰雪文化中心、国际会展体育中心、建筑艺术广场等； 规划标志性建筑有：文化艺术中心、群力中心商务区、松北省市行政中心、道外二十道街桥头广场代表建筑、道外码头娱乐中心等主要文化设施建筑
	2	标志性雕塑：从城市整体看，能作为城市象征的城雕还没有，城市缺少具有较高艺术价值的标志性城市雕塑，城市雕塑还需在内容题材、形式、材料、色彩上有所突破，使其丰富城市空间，美化环境，成为城市的“点睛”之笔

哈尔滨标志建筑参见图 6–11。

图 6–11　哈尔滨标志建筑
图片来源：www.baidu.com

四级维度表 512 706-17-4-2　　表 6-25

<table>
<tr><td colspan="3">分项事实表</td></tr>
<tr><td>名称</td><td colspan="2">城市空间轮廓</td></tr>
<tr><td rowspan="3">内容</td><td>1</td><td>第一圈层：历史文化保护街区，是老城区的内核。具体为中央大街历史文化街区，道外传统商市历史文化街区等地区</td></tr>
<tr><td>2</td><td>第二圈层：道里、南岗、道外的老城区。即河图街——共乐街——京哈线以东，文昌街——宣化街以北范围内为控制高层建筑区</td></tr>
<tr><td>3</td><td>第三圈层：老城区的外围区域，是高层建筑的一般控制区</td></tr>
</table>

四级维度表 512 706-17-4-3　　表 6-26

<table>
<tr><td colspan="3">分项事实表</td></tr>
<tr><td>名称</td><td colspan="2">城市天际线</td></tr>
<tr><td rowspan="3">内容</td><td>1</td><td>沿江天际线：松花江南岸以友谊路沿街的高层建筑组群为重点，向两侧延伸，南北两岸遥相呼应，形成以沿江风光为主的城市天际线。松花江北岸将成为其对外的重点形象地段</td></tr>
<tr><td>2</td><td>沿河天际线：突出马家沟、何家沟、信义沟、阿什河、呼兰河沿岸生态廊道建设，与沿岸建筑相呼应，形成沿河岸高低错落的城市天际线</td></tr>
<tr><td>3</td><td>重点地段天际线：中央大街近代建筑风貌保护区，南岗 19 世纪末新城规划风貌保护区，极乐寺、文庙历史文化街区，花园街近代铁路职工住宅风貌保护区，道外传统商市风貌保护区及控制区域保持原有城市天际线</td></tr>
</table>

四级维度表 512 706-17-4-4　　表 6-27

<table>
<tr><td colspan="3">分项事实表</td></tr>
<tr><td>名称</td><td colspan="2">城市广场</td></tr>
<tr><td rowspan="2">内容</td><td>1</td><td>哈尔滨城市广场分布主要集中于南岗区和道里区，多数广场的主题景观不突出，未形成具有浓厚人文意义的广场</td></tr>
<tr><td>2</td><td>新规划选址建设：冰雪艺术广场、啤酒广场、音乐广场、申奥广场、报业广场、圣伊维尔教堂广场、黑龙江电视塔广场、道外伊斯兰文化广场、戏迷广场、轴承广场、电塔广场、天文广场等</td></tr>
</table>

四级维度表 512 706-17-4-5　　表 6-28

<table>
<tr><td colspan="3">分项事实表</td></tr>
<tr><td>名称</td><td colspan="2">景观视廊及眺望系统</td></tr>
<tr><td rowspan="2">内容</td><td>1</td><td>景观视廊：哈尔滨城市主要景观视廊由街道景观视廊与滨水景观视廊组成，其中街道景观视廊包括大直街、中山路、红军街、经纬街、新阳路、友谊路、尚志大街、和平路、和兴路、红旗大街、东直路，滨水景观视廊包括松花江、马家沟、何家沟等景观视廊</td></tr>
<tr><td>2</td><td>现状视觉控制点和眺望点：主要包括红博广场航天大厦、工业博览中心、融府康年、香格里拉、报业大厦、黑龙江电视塔等
规划城市眺望系统：由高层眺望点与广场眺望点组成。主要分布在松花江沿岸、火车站站前、红博广场、南岗开发区、马家沟沿岸等视野开阔处，形成对市区及江北太阳岛风景区的眺望</td></tr>
</table>

四级维度表 512 706-17-4-6　　表 6-29

分项事实表

名称		冰雪风貌
内容	1	城市冰雪观光、冰雕走廊：利用城市自然与人文条件，把冰雪观光、冰雪游园和城市特色广场等景观区连接成有机统一整体。在商业步行街设立冰雕走廊，装饰城市空间。主要有马家沟冰雪观光走廊、松花江畔冰雪观光走廊等；步行街冰雕走廊主要有中央大街、兆麟街、建设街等；城市冰雕通道主要有友谊路、经纬街、尚志大街、新阳路、和兴路、大直街、果戈里大街、中山路，建筑艺术广场、展览馆广场、九站广场、母亲广场、火车站广场、防洪纪念塔广场、博物馆广场等
	2	冰雪重点园区、广场：结合城市冰雪景观线，建立一些冰雪休闲特色园区，这些园区以"冰雪大世界"、"太阳岛雪博会"、"兆麟公园冰灯游园会"为基础，以冬季冰雪游乐为主，建立大型"冰雪迪斯尼乐园"，传播冰雪文化，发展冰雪旅游，振兴冰雪产业，加之文化公园、儿童公园、西岗公园、欧亚之窗公园、湘江公园等，共同营造丰富的城市形象

四级维度表 512 706-17-4-7　　表 6-30

分项事实表

名称		夜景照明
内容	1	根据哈尔滨市城市格局和自然、人文景观特征，本着展示优美、弥补不足，通过夜景照明使城市自然及人文景观焕发时代风采。夜景照明着眼 21 世纪，不断提高夜景照明的科技含量、艺术含量，创造夜间城市浓郁的艺术和商业氛围
	2	夜景布局以：三点（火车站广场、防洪纪念塔、会展中心）、二轴（大直街——南通大街、红军街——中山路道路景观轴）、三带（松花江、马家沟、何家沟滨水风光带）、五线（中央大街、果戈里大街、埃德蒙顿、长江路、松北世纪大道五条特色街道）为重点，通过组织、调节各景观要素，使城市功能与城市夜景美化结合起来，形成城市夜景照明不同层次，丰富多样，宜人明快的夜景观环境

四级维度表 512 706-17-4-8　　表 6-31

分项事实表

名称		城市色彩
内容	1	哈尔滨城市总体色彩以暖色系为主基调，代表色彩为米黄和白色的辉映，辅助色为洛可可色彩和砖石本身的选用，在此基础上调整变化颜色的色相、明度和饱和度，形成丰富而和谐的城市色彩环境，将城市划成色彩重点区和宏观控制区，规划区重点划定十五条街道为重点控制街道，打造一个历史与现代融合的"多彩哈尔滨"

四级维度表 512 706-17-4-9　　表 6-32

分项事实表

名称		户外广告
内容	1	户外广告规划建设应与街道、建筑风格相协调，强调韵律、和谐与亲切，在城市建筑景观第一轮廓线基础上，与城市夜景灯饰景观相结合，根据不同区位和景观要求，采用射灯、内投灯和霓虹灯等动静结合的照明方式，形成丰富而独特的城市第二景观轮廓

2）可拓分析方法

以上一系列表格所描述的城市景观风貌规划导引内容中存在很多主观描述性的文字，下面就运用可拓学方法将其形成过程模型化。首先，对于哈尔滨景观风貌进行共轭分析（表6–33）。

哈尔滨城市景观风貌共轭分析　　表 6–33

软硬	硬部：人工建设形成的建筑、构筑物等物质要素
	软部：自然形成的树木、草地、水体等物质要素
虚实	实部：城市构筑物、建筑群体、绿化景观等构成城市环境的实体要素
	虚部：由建筑实体、构筑物、绿化环境所围合成的城市空间形态
正负	正部：对城市环境有优化与促进作用的积极因素
	负部：对城市环境有恶化与干扰作用的消极因素
潜显	显部：出于人类生存需要而形成的各种外在城市环境
	潜部：与城市环境密切相关的自然、生态、环境、可持续发展问题

哈尔滨城市景观风貌发展的理想目标应当是在设计阶段综合考虑虚部、实部的构成关系，保证软部、硬部和谐共存，发扬正部，克制负部，同时在开发显部时注意潜部的影响力，全面地进行城市景观风貌建设。共轭分析提供了一个基本的分析思路，为进一步运用可拓学方法做出了有益的铺垫。接下来以表 6–24 等四级维度表为蓝本，根据其具体情况来建构可拓模型。

先以表 6–25 所阐述的城市空间轮廓为例进行分析。根据表格中所论述的内容，城市空间轮廓被划分为三种情况，针对各种不同情况可以运用可拓集合与可拓变换方法来建构模型。表格中是以城市区位中心圆布局的思想来进行划分的，以此理论为基础，可以确定三个分区内要素进行可拓集合划分的标准。在三个分区内各种构成要素的可拓集合分类状况参见表 6–34。

城市空间轮廓的可拓集合划分　　表 6–34

城市空间轮廓构成要素		类型属性特点
第一圈层	合理要素	具备历史文化特色并保护良好的建筑群体与城市环境
	可拓要素	具备历史文化特色但保护欠佳的建筑群体与城市环境
	不合理要素	破坏历史文化特色的建设行为与建筑物、城市环境
第二圈层	合理要素	新老建筑群和谐共存的区域
	可拓要素	新老建筑群存在冲突但可调节的区域
	不合理要素	新老建筑群冲突严重的区域
第三圈层	合理要素	体现时代特色的郊区新城
	可拓要素	正处于形成阶段的郊区新城
	不合理要素	不能恰当体现时代特色的郊区新城

上表描述了城市空间轮廓各个分区构成要素被划分为可拓集合的属性，论述了城市空间轮廓各个圈层下的可拓集合构成方式，下面对于规划方案的现状问题所采取的措施就是基于此表格所展开的。在此基础上，可以运用可拓变换来对其进一步的分析研究。

（1）**第一圈层的变换**。第一圈层是早期城市建筑的精华区域，是展现哈尔滨历史风貌的载体与窗口。近十年来大规模的城市改造已毁掉一些优秀的近代建筑，取而代之的高层、超高层建筑正改变着传统的空间尺度，其建筑高度超出传统欧式建筑的尺度极限，对传统环境造成了影响。规划中要依据近代优秀建筑对环境的要求，严格控制建筑高度、体量及建筑风格。对于目前不符合城市历史文化特色的建设行为，按照可拓集合来进行划分，属于不合理要素；而一些正处于被破坏边缘的历史文化建筑急待加强保护措施，这些就是所要研究的可拓要素。

在规划设计方案中对濒临破坏的历史建筑进行开发方式上的转换，如改变周边不合理的用地性质，控制周边地区开发高度、建筑特色等，实际上就是运用了可拓变换中的置换变换，实现保护历史文化特色的目的。用逻辑化的公式语言来表达以上的变换过程，变换可以表达为

$$T=\begin{bmatrix} O_a, & c_{a1}, & v_{a1} \\ & c_{a2}, & v_{a2} \\ & c_{a3}, & v_{a3} \\ & c_{a4}, & v_{a4} \\ & c_{a5}, & v_{a5} \\ & c_{a6}, & v_{a6} \\ & c_{a7}, & v_{a7} \\ & \vdots & \vdots \end{bmatrix}=\begin{bmatrix} \text{置换}, & \text{支配对象}, & M_1 \\ & \text{接受对象}, & M_2 \\ & \text{施动对象}, & \text{城市规划部门} \\ & \text{方法}, & c_{m1}\text{换为}c_{m0} \\ & \text{工具}, & \text{编制城市规划}M \\ & \text{时间}, & \text{2004年} \\ & \text{地点}, & \text{哈尔滨} \\ & \vdots & \vdots \end{bmatrix}$$

$$M_1=\begin{bmatrix} \text{受保护前地块}, & c_{m1}, & x \\ & c_{m2}, & 0 \end{bmatrix}=\begin{bmatrix} M_{21} \\ M_{22} \end{bmatrix},\ M_2=\begin{bmatrix} \text{受保护后地块}, & c_{m1}, & x' \\ & c_{m2}, & 1 \end{bmatrix}=\begin{bmatrix} M_{21} \\ M_{22} \end{bmatrix}$$

其中 c_{m1} 表示地段周边混合功能用地，c_{m2} 表示用地合理性，c_{m0} 表示地段周边具备历史文化特色的用地。则 T 表示 2004 年哈尔滨城市规划部门以编制城市规划 M 为工具，利用把特征（c_{m1}，x）变换为（c_{m0}，a）的方法，将混合功能用地问题转化为历史文化特色保护问题，简记为 $TM_1=M_2$，物 O_m 关于用地合理性 c_{m2} 的量值规定为

$$c_{m2}(O_m)=\begin{cases} 1, & O_m\text{为该用地使用合理} \\ 0, & O_m\text{为该用地使用不合理} \end{cases}$$

取 c_{m0} 为 M 的评价特征，若 $c_{m0}(M_2) > c_{m0}(M_1)$，表示受保护后的历史文化特色综合效益要优于受保护前。这样，对地段周边地区实行置换变换 T，使该地块历史文化特色得到大力保护，城市的记忆得以继续。

（2）**第二圈层的变换**。第二圈层是传统保护风貌延伸地段，也是新老建筑风貌的过渡地区。不适宜建更多的高层建筑。如需要建高层建筑，则应依据整体风貌要求有控制地统一安排建设。运用可拓变换方法来表达将建筑风貌控制转化为建筑高度控制这个变换过程，如下所示。

$$T=\begin{bmatrix} O_a, & c_{a1}, & v_{a1} \\ & c_{a2}, & v_{a2} \\ & c_{a3}, & v_{a3} \\ & c_{a4}, & v_{a4} \\ & c_{a5}, & v_{a5} \\ & c_{a6}, & v_{a6} \\ & c_{a7}, & v_{a7} \\ & \vdots & \vdots \end{bmatrix}=\begin{bmatrix} \text{置换}, & \text{支配对象}, & M_1 \\ & \text{接受对象}, & M_2 \\ & \text{施动对象}, & \text{城市规划部门} \\ & \text{方法}, & c_{m1}\text{换为}c_{m0} \\ & \text{工具}, & \text{编制城市规划}M \\ & \text{时间}, & \text{2004 年} \\ & \text{地点}, & \text{哈尔滨} \\ & \vdots & \vdots \end{bmatrix}$$

$$M_1=\begin{bmatrix} \text{现状过渡区}, & c_{m1}, & x \\ & c_{m2}, & 0 \end{bmatrix}=\begin{bmatrix} M_{21} \\ M_{22} \end{bmatrix}, \quad M_2=\begin{bmatrix} \text{规划过渡区}, & c_{m1}, & x' \\ & c_{m2}, & 1 \end{bmatrix}=\begin{bmatrix} M_{21} \\ M_{22} \end{bmatrix}$$

其中 c_{m1} 表示新老区和谐交融，c_{m2} 表示用地合理性，c_{m0} 表示控制建设高层建筑。则 T 表示 2004 年哈尔滨城市规划部门以编制城市规划 M 为工具，利用把特征(c_{m1},x)变换为(c_{m0},a)的方法，将新老区和谐交融问题转化为控制建设高层建筑问题，简记为 $TM_1=M_2$，物 O_m 关于用地合理性 c_{m2} 的量值规定为

$$c_{m2}\,(O_m)=\begin{cases} 1, & O_m\text{为该用地使用合理} \\ 0, & O_m\text{为该用地使用不合理} \end{cases}$$

取 c_{m0} 为 M 的评价特征，若 $c_{m0}(M_2)>c_{m0}(M_1)$，表示控制建设高层建筑后的新老区交融效果要优于采取控制行为之前。这样，对城市过渡区地区实行置换变换 T，使该地块新老区能够更好地和谐共存，相关城市问题得到缓解。

（3）**第三圈层的变换。**第三圈层是高层建筑的一般控制区，它对传统风貌依赖程度要低一些，而要求体现时代气息的程度要高一些，建筑高度也应依据城市风貌规划的要求进行建设。新城及新区采取老城第三圈层的控制原则，形成高低结合、错落有致的现代城市空间轮廓。将城市特色形成转化为进行现代风格建筑群体建设问题的过程用可拓变换表达出来，如下所示。

$$T=\begin{bmatrix} O_a, & c_{a1}, & v_{a1} \\ & c_{a2}, & v_{a2} \\ & c_{a3}, & v_{a3} \\ & c_{a4}, & v_{a4} \\ & c_{a5}, & v_{a5} \\ & c_{a6}, & v_{a6} \\ & c_{a7}, & v_{a7} \\ & \vdots & \vdots \end{bmatrix}=\begin{bmatrix} \text{置换}, & \text{支配对象}, & M_1 \\ & \text{接受对象}, & M_2 \\ & \text{施动对象}, & \text{城市规划部门} \\ & \text{方法}, & c_{m1}\text{换为}c_{m0} \\ & \text{工具}, & \text{编制城市规划}M \\ & \text{时间}, & \text{2004 年} \\ & \text{地点}, & \text{哈尔滨} \\ & \vdots & \vdots \end{bmatrix}$$

$$M_1=\begin{bmatrix} \text{现状城市郊区}, & c_{m1}, & x \\ & c_{m2}, & 0 \end{bmatrix}=\begin{bmatrix} M_{21} \\ M_{22} \end{bmatrix}, \quad M_2=\begin{bmatrix} \text{规划城市郊区}, & c_{m1}, & x' \\ & c_{m2}, & 1 \end{bmatrix}=\begin{bmatrix} M_{21} \\ M_{22} \end{bmatrix}$$

其中 c_{m1} 表示良好的新城区，c_{m2} 表示用地合理性，c_{m0} 表示建设现代风格的建筑群体。则 T

表示 2004 年哈尔滨城市规划部门以编制城市规划 M 为工具，利用把特征（c_{m1}，x）变换为（c_{m0}，a）的方法，将建设良好的城市新区问题转化为建设现代风格建筑群体问题，简记为 $TM_1=M_2$，物 O_m 关于用地合理性 c_{m2} 的量值规定为

$$c_{m2}(O_m)=\begin{cases}1, & O_m\text{为该用地使用合理}\\ 0, & O_m\text{为该用地使用不合理}\end{cases}$$

取 c_{m0} 为 M 的评价特征，若 $c_{m0}(M_2)>c_{m0}(M_1)$，表示建设现代风格建筑群体后的城市新区要优于采取建设行为之前。这样，对城市郊区实行置换变换 T，使该地块成为城市新的发展区域，城市整体布局得到优化。

6.3.3 管理控制规则可拓分析

管理控制规则涵盖了哈尔滨总体规划的所有环节，是指导一切建设行为进行的根本所在，其一系列相关指令的确定都涉及复杂因素的权衡，这就需要运用可拓学中关于解决对立问题的相关方法体系。关于管理控制规则确定的研究与用地布局和空间设计相同的是都需要首先读取相关维度表信息。

1）选择维度表信息

以防洪工程总体规划为例，来论述管理控制规则制定过程的可拓分析。防洪工程总体规划隶属于城市综合防灾规划下的防洪工程规划，是四级维度表，其自身还包含防洪标准和防洪体系建设两个五级维度表结构，将其系统地加以表述，参见表 6–35~ 表 6–37。

五级维度表 512 706–15–1–4–1 **表 6–35**

分项事实表		
名称	防洪标准	
内容	1	根据《城市防洪工程设计规范》规定，哈尔滨市属防洪特别重要城市，防洪标准应大于等于 200 年一遇；本次规划江南主城区堤防近期设计标准 100 年一遇，嫩江下游蓄滞洪区建成后，采用综合措施，防洪标准提高至 200 年一遇
	2	远期规划江南主城区防洪际准为 200 年一遇。松北新区防洪标准为近期 100 年一遇，远期达到 200 年一遇
	3	远期规划呼兰河防洪标准提高到 100 年一遇，阿什河防洪标准达到 100 年一遇
	4	根据历年资料，推算出松花江干流的洪水设计标高如下表

松花江干流洪水设计标高统计表（单位：m） **表 6–36**

	100 年一遇 洪水标高	200 年一遇 洪水标高	300 年一遇 洪水标高	100 年一遇 洪水堤顶标高
哈水文站	121.16	121.80	122.09	121.16
滨洲水文站	120.78	121.42	121.66	120.78
滨北水文站	120.06	120.61	120.78	120.06

表格来源：哈尔滨 2004~2020 年总体规划说明书 P92。

五级维度表 512 706-15-1-4-2　　表 6-37

分项事实表		
名称	防洪体系建设	
内容	1	整治堤线：主城区堤防堤线不变；完成群力堤东线建设与西线连成整体，使群力堤全长达到13.6km；整治松北万宝前进堤，起于万宝堤突起端，下至哈黑公路，规划堤线长度15.39km；松浦堤局部改线。滨洲铁路桥扩孔后，下游需有通畅的江道，局部改线段主要是切除水利冲填处所在的一段凸出向江道的江堤；松北其他堤段在远期时考虑局部改线；远期规划修建松北西隔堤；呼兰河堤防进行局部改线
	2	桥梁扩孔：哈黑公路金河桥现长150m，在北侧扩孔使总长达到450m。扩孔后，公路桥上游50年一遇水位下降5.0~9.0cm，100年一遇下降5.0~10.0cm，200年一遇下降6.0~10.0cm
	3	清障：清碍重点是行洪区内剩余的村屯、居民点住宅及其附属设施、行洪区所在堤外民堤和便道路堤以及阻碍行洪的其他设施。另在河道中的临时房屋及残余民堤便道路堤亦需全部拆除，为太阳岛北侧行洪打通通道。全部清除河道内的阻水高大林地（防浪林除外）及其他阻水建筑物、垃圾废弃物。全部清除没经国家法定部门批准的一切行洪障碍
	4	江道疏浚：对上坞堤南侧滩地在长2.0km、宽300.0m的范围内加以疏浚。远期在太阳岛北侧开挖泄洪渠，以充分发挥桥梁扩孔的行洪作用
	5	江道及滩岛综合整治：太阳岛南汊为行洪主通道，江道整治工程应当首先保证南汊的平稳和畅通；太阳岛北汊由于公路和前汲家屯围堤阻水，过水流量较小，河道萎缩，需通过工程整治，增加北汊行洪能力
	6	增设上游水库调蓄：据《松辽流域水资源综合开发利用规划》，哈尔滨市上游除已建成白山、丰满水库外，将在嫩江流域建尼尔基水库、在二松下游建哈达山水库，防洪库容分别为24.6亿m^3和11.7亿m^3，远期将陆续在嫩江流域建一系列水库群。水库群的建设对松花江段洪水位产生一定的调解作用
	7	沿江主堤防全程截流，并按近远期规划加高子堤
	8	蓄洪分洪措施：当发生超过工程标准的洪水时，或水文预报有可能发生更大洪水时，经国家和省防汛决策部门批准，采取哈尔滨上游胖头泡蓄滞洪区分洪方案。哈尔滨上游胖头泡蓄滞洪区位于嫩江与第二松花江的汇合处，嫩江干流左岸，范围包括黑龙江省肇源县安肇新河以西地区和南引水库及附近地区，总面积2116.0km^2，总蓄水能力为57亿m^3
	9	防洪指挥系统建设：在加强防洪工程建设的同时，应加强防洪指挥系统建设，加强信息采集系统、通信系统、计算机网络系统、决策支持系统的建设

2）可拓分析方法

以上的一系列表格描述了关于松花江防洪的管理控制规则，对于这些规则的产生过程可以运用可拓学中解决对立问题的方法来进行分析与表达。首先，对于松花江防洪问题进行共轭分析（表 6-38）。

松花江防洪问题共轭分析　　　表 6–38

软硬	硬部：人工建设所形成的防洪构筑物
	软部：自然形成的地形、地貌、植被等条件
虚实	实部：一切与防洪有关的有形物体，包含人工、自然形成的物体
	虚部：一切与防洪有关的法律条文或管制规则
正负	正部：对于防洪有利的各种条件与建设行为
	负部：对于防洪不利的各种条件与建设行为
潜显	显部：直接与防洪相关的构筑物、自然条件、管理规则等因素
	潜部：由于防洪措施所间接影响到的其他领域因素

松花江防洪措施的理想目标应当是在设计阶段在虚部的指导下进行实部的建设，保证软部、硬部不产生明显冲突，提倡正部行为，禁止负部行为，同时在开发显部时注意潜部的影响力，全面地进行松花江防洪治理。这种共轭分析提供了基本的分析思路，为进一步运用可拓学方法对防洪问题进行分析做出了有益铺垫。

表 6–37 中所论述的各种矛盾问题既有不相容问题，又有对立问题，针对不同的问题类型，需要运用不同的解决方法。对于不相容问题，可以运用处理用地布局与空间设计相同的问题处理方法，而对立问题则是管理控制规则所特有的问题类型，需要单独加以论述，下面就主要以管理控制规则中所特有的对立问题类型为研究对象来进行问题的求解。

表 6–37 中的第 5 项是关于松花江北岸的防洪治理措施，其中突出的对立主观矛盾就是开发江北新区与松花江防洪之间的矛盾。将开发江北新区与松花江防洪作为对立问题的两个目标，建立可拓对立问题模型。

$$G_1=\begin{bmatrix}\text{建设，} & \text{支配对象，} & \text{城市新区}\\ & \text{地点，} & \text{松花江北岸}\end{bmatrix}=\begin{bmatrix}O_a, & c_{a1}, & v_{a1}\\ & c_{a2}, & N\end{bmatrix},$$

$$G_2=\begin{bmatrix}\text{建设，} & \text{支配对象，} & \text{防洪设施}\\ & \text{地点，} & \text{松花江北岸}\end{bmatrix}=\begin{bmatrix}O_a, & c_{a1}, & v_{a2}\\ & c_{a2}, & N\end{bmatrix}$$

条件基元为 $L=$（N，防洪条件，不理想），则该问题的可拓模型可以表达为 $P=(G_1\wedge G_2)*L$。按照城市建设方的使用要求，松花江北岸城市新区的防洪条件不适合作为城市新区，而目前的松花江北岸城市新区的开发却在所难免，因此 $(G_1\wedge G_2)\uparrow L$，造成了两个目标之间的矛盾。

根据以对象为转折部解决对立问题的方法，可以作条件基元 L 中对象 N 的分隔部 Z，使 $N=S_1|Z|S_2$，即江北城市用地 = 江北城市新区 | 防洪堤 | 不适合开发用地，这里 Z 以防洪堤岸的形式成为分隔部；在以上分析基础上作条件基元的分解变换 $TL=L'=\{L_1, L_2\}$，其中 $L_1=(S_1Z, c_0, v')=$（带防洪堤的江北用地，用地适建性，适合），$L_2=(S_2Z, c_0, v'')=$（带防洪堤的江北用地，用地适建性，不适合），$v''\otimes v'=v$。使 L 转化为具备满足防洪条件的城市开发用地，经过以上的论述过程，可以判断 $(G_1\wedge G_2)\downarrow L'$ 成立，这样就可以在足够

安全保障堤坝的前提下进行城市新区的开发建设。在对现状条件进行分解变换后可以同时满足各个初始目标，实现了初始的规划目标。

综上所述，对于城市规划中用地布局、空间设计、管理控制规则三方面的规划信息都可以运用维度表体系加以表述，然后运用可拓思维模式进行概括性的分析，进而根据问题的不相容性或对立性分别进行问题相关网、问题转换桥方法来进行描述与分析。

6.4 本章小结

本章节运用可拓思维来对管理控制规则进行多方面的分析，进而运用各种政策规则制定的形式化模型来对各种现象进行系统的描述，最终运用转换桥方法来对管理控制规则中不合理的矛盾问题进行优化，进而提升城市规划政策实施的现实可行性。通过哈尔滨2004~2020年总体规划作为研究案例，论述如何展开进行用地布局、空间设计、管理控制规则三方面的分析。

（1）首先论述了维度表层次体系，它是通过具有独立编号的不同级别的表格形式来描述城市规划信息特征，主要描述案例中管理控制规则的各种细节，辅助以用地布局、空间设计图纸共同来形成可以直接被计算机所识别的综合性城市规划案例数据库。

（2）对于哈尔滨2004~2020年总体规划进行分类，划分为几个基本的类型，在此基础上读取数据库中所对应的数据信息，继而进行各自方面的相关研究分析。

（3）以城市总体布局下的城市发展方向为例进行城市用地布局分析，在读取维度表体系信息后，运用菱形思维模式来进行综合分析，对于存在问题的细节进行改良与调整，进而提高规划方案的用地合理性。

以城市景观风貌特色规划下的景观风貌规划导引为例进行城市空间设计分析，在读取维度表体系信息后，运用可拓集合与可拓变换方法来进行综合分析，对可拓集合中的可拓域进行调整，进而提高规划方案的空间合理性，提升城市魅力。

以城市综合防灾规划下的防洪工程规划下的防洪工程总体规划为例进行管理控制规则分析，在读取维度表体系信息后，运用转换桥方法来进行综合分析，对其中的主观矛盾进行调整，进而提高规划方案的实施可行性。

（4）可拓学与城市规划领域的交叉研究既需要理论研究的基础，也需要实践层面的支持。通过对哈尔滨总体规划（2004~2020）的分析，论述如何进行理论与实践之间的衔接，并阐释了实现模拟分析的条件，进而确认了可拓学在城市规划进行交叉研究的广阔发展前景与潜力。

结　　论

基于可拓学的城市规划应用方法研究是城市规划和可拓学领域的一个新的理论方法与学科增长点。本书以城市规划理论与可拓学理论为基础，从理论基础、城市规划的可拓性、基本理论、方法体系与内容等方面进行了系统研究与全面阐述，初步构建了基于可拓学的城市规划理论框架与方法体系。本书得出的具体结论如下：

（1）本课题将可拓学理论与城市规划理论研究相交叉，初步构建了基于可拓学的城市规划理论框架。城市规划编制是感性思维与理性判断相结合的过程，运用以逻辑分析见长的可拓学对城市规划进行描述与分析，可以从以往的城市规划案例中总结出规律，进而为今后的规划编制工作提供参考、指导与创意生成，同时也更接近计算机辅助设计人工智能化这一目标的实现。它的建立不是对原有城市规划的否定或替代，而是一种有益的补充。

（2）基于可拓学的城市规划理论是以解决城市规划矛盾问题为目标，以基元为描述工具，对城市规划的过程进行形式化表达的基本原理与知识体系。它借鉴了可拓学的基元理论和事物的可拓性，通过基元及其各种变化形式来描述城市规划过程，为城市规划研究提供了一种新的思考方式与研究视角；阐述了基于可拓思维模式的城市规划理论框架，使可拓学理论与城市规划在基本理论上有机地融合在一起。

（3）基于可拓学的城市规划方法体系是求解城市规划问题的应用方法集合，为城市规划研究提供了一个新的方法平台。按照城市规划矛盾问题的特点，将其划分为四个阶段——问题分析、不相容问题求解、对立问题求解、规划要素优化；每个阶段分别对应的方法是可拓思维、问题相关树、转换桥、可拓变换。通过模拟大量规划实例的问题解决过程来验证方法的合理性。此方法体系的建立为计算机辅助城市规划提供了新的方法支持。

（4）基于可拓学的城市规划内容是从用地布局、空间设计、管理控制规则层面上对构建的理论框架进行的实践应用与拓展。应用新的理论方法来模拟验证城市规划遇到的实际问题是基于可拓学的城市规划理论方法的具化与外化。城市用地布局是城市规划中偏重于宏观设计层面的部分，着重考虑城市用地功能布局方面的多种因素；城市空间设计是城市规划中偏重于微观设计层面的部分，着重考虑空间环境、景观设计、场所营造等三维构成元素；管理控制规则是城市规划中贯穿于多数环节的部分，着重阐述规划实施时的控制规则及法律保障细节；从这三个方面进行分析能够比较全面地对城市规划进行概括与总结。

综上可知：本书的研究在城市规划理论实践和可拓学理论的基础上初步建立了理论框架与方法体系，并以城市规划矛盾问题为导向构筑了基于可拓学的城市规划程序与内容，为理论的进一步拓展应用奠定了基础，是可拓建筑设计理论在城市规划研究上的具体实践应用。

通过本书的研究，本书的创新性成果主要有：

（1）初步建立基于可拓学的城市规划研究的应用方法体系，其中包括理论基础、基本理论、方法体系、应用程序、研究内容等。

（2）针对城市规划的学科特点，对应用于城市规划领域的可拓学进行改良，提出双向问题相关树概念、改良可拓集合。

（3）从解决城市规划矛盾问题入手，为城市规划中的矛盾问题研究拓展出一种新的思考方式与方法平台，丰富了城市规划的理论与方法研究。

（4）提供了建立案例数据库的方法，对于城市规划编制的创新起到了有益的辅助作用。

（5）为计算机辅助城市规划提供了一种可操作性的流程，为形式化、数字化描述城市规划矛盾问题提供了逻辑语言表达基础，推进计算机辅助城市规划领域的人工智能化进程。

本课题尚存在一些方面的工作需要今后继续研究：

（1）随着可拓学、城市规划学科发展以及城市规划实践的需要，不断丰富基于可拓学的城市规划应用方法体系，使其逐渐完善。

（2）以本书的理论方法研究为基础，今后研究的方向是通过建构案例数据库、开发终端操作软件的方式来致力于实现城市规划领域的计算机辅助设计人工智能化。

参考文献

[1] 蔡文，杨春燕，何斌．可拓学基础理论研究的新进展 [J]．中国工程科学，2003（2）：81-87.

[2] 焦胜．基于复杂性理论的城市生态规划研究的理论与方法 [D]．湖南大学博士学位论文．2005：8-74.

[3] 邹广天．可拓学在建筑设计领域中的应用 [C]．北京：香山科学会议第 271 次学术讨论会文集，2005：59-62.

[4] 赵燕伟，刘海生，张国贤．基于可拓学的设计方案进化推理方法 [J]．中国工程科学，2003（5）：63-69.

[5] 蔡文，石勇．可拓学的科学意义与未来发展 [J]．哈尔滨工业大学学报，2006（7）：1079-1086.

[6] 潘再见．我国目前科技创新与城市经济增长的联动效应分析 [J]．中国发展，2006（3）：20-23.

[7] 董宇鸿．可拓优度评价方法在创新项目选择中的应用 [J]．郑州航空工业管理学院学报，2003（9）：40-42.

[8] 杨春燕．可拓学与原始性创新研究 [J]．中国科技论坛．2001（4）：29-31.

[9]（美国）国际城市（县）管理协会，美国规划协会．张永刚，施源，陈贞译．地方政府规划实践 [M]．北京：中国建筑工业出版社．2006：41.

[10] Peter Hall.Cities of Tomorrow：An Intellectual History of Urban Planning and Design in Twentieth Century [M].Basil Blackwell，1988.

[11] P.Healey.Collaborative Planning：Shaping Places in Fragmented Societies [M].MacMillan，1997.

[12] J.B.Mcloughlin.Urban and Regional Planning：A System Approach [M].1969. 王凤武译．系统方法在城市和区域规划中的运用．北京：中国建筑工业出版社，1988.

[13] Henri Lefebvre.The Production of Space [M].1974/1991.Donald Nicholson-Smith 英 译 .Oxford & Cambridge：Blackwell.

[14] John Friedmann.Planning in the Public Domain：From Knowledge to Action [M].Princeton：Princeton University Press，1987.

[15] Nan Ellin.Postmodern Urbanism [M].Cambridge：Blackwell，1996.

[16] L.Sandercock.Towards Cosmopolis：Planning for Multicultural Cities [M].John Wiley & Sons，1998.

[17] S.T.Roweis.Knowledge-Power and Professional Practice，in Paul Knox（ed.）[M].The Design Professions and the Built Environmentn，Croom Helm，1988.

[18] Burgess，Emest W.The Growth of City：An Introduction to A Research Project [M].Chicago：University of Chicago Press，1925.

[19] Homer Hoyt.The structure of residential neighborhoods in American cities [M].Washington，D.C：Federal Housing Administration，1939：3-42.

[20]（美国）哈里斯，厄尔曼．城市本性[J]．美国政治和社会科学学术分析，1945（11）：13.

[21] 刘贵利．城市生态规划的理论与方法（第二版）[M]．南京：东南大学出版社，2002：9–52，69–110.

[22] 王国恩．城市规划社会选择论[D]．同济大学博士学位论文，2005：5.

[23] 孙施文．现代城市规划理论[M]．北京：中国建筑工业出版社，2007：444，418，260，480，495.

[24] 董光器．城市总体规划（第二版）[M]．南京：东南大学出版社，2007：151，67，105–112.

[25]（美）凯文·林奇．方益萍，何晓军译．城市意象[M]．华夏出版社，2001.

[26]（美）刘易斯·芒福德．宋俊岭，倪文彦译．城市发展史：起源、演变和前景[M]．北京：中国建筑工业出版社，1985.

[27] Jane Jacobs.The Death and Life of Great American Cities [M] .Random House，1961.

[28] Christopher Alexander.The City is Not a Tree [M] .Architectural Forum，Vol.122，Nos.1 and 2，April/May 1965.

[29]（美国）C·亚历山大，H·奈斯，A·安尼诺，I·金．陈治业，童丽萍译．城市设计新理论[M]．北京：知识产权出版社，2002.

[30] Kevin Lynch.Good City Form [M] .The MIT Press，1981.

[31] 蔡文，杨春燕，何斌．可拓学基础理论研究的新进展[J]．中国工程科学，2003（2）：81–87.

[32] 蔡文．物元分析[M]．广州：广东高等教育出版社，1987：1–327.

[33] 蔡文．物元模型及其应用[M]．北京：科学技术文献出版社，1994：21–61.

[34] 蔡文，孙弘安，杨益民等．从物元分析到可拓学[M]．北京：科技文献出版社，1995：2–8，217–224.

[35] 杨春燕，张拥军．可拓策划[M]．北京：科学出版社，2002.

[36] 蔡文，杨春燕，何斌．可拓逻辑初步[M]．北京：科学出版社，2003.

[37] 李立希，杨春燕，李铧汶．可拓策略生成系统[M]．北京：科学出版社，2006：183–190.

[38] 杨春燕，蔡文．可拓工程[M]．北京：科学出版社，2007：18，33–34.

[39] 杨春燕，李小妹，陈文伟，蔡文．可拓数据挖掘方法及其计算机实现[M]．广州：广东高等教育出版社，2010.

[40] 中国人工智能学会．中国人工智能进展（2001）[M]．北京：北京邮电大学出版社，2001.

[41] 中国人工智能学会．中国人工智能进展（2003）[M]．北京：北京邮电大学出版社，2003.

[42] 中国人工智能学会．中国人工智能进展（2005）[M]．北京：北京邮电大学出版社，2005.

[43] 中国人工智能学会．中国人工智能进展（2007）[M]．北京：北京邮电大学出版社，2007.

[44] 中国人工智能学会．中国人工智能进展（2009）[M]．北京：北京邮电大学出版社，2009.

[45] 赵燕伟，苏楠．可拓设计[M]．北京：科学出版社，2010.

[46] 肖筱南．信息决策技术[M]．北京：北京大学出版社，2006.

[47] 李祚泳，丁晶，彭丽红．环境质量评价与方法[M]．北京：化学工业出版社，2004.

[48] 陈文伟．数据仓库与数据挖掘教程[M]．北京：清华大学出版社，2006.

[49] 胡启洲，邓卫．城市常规公共交通系统的优化模型与评价方法[M]．北京：科学出版社，

2009.

[50] 张恒喜，朱家元，郭基联．军用飞机型号发展工程导论［M］．北京：国防工业出版社，2004.

[51] 李士勇．模糊控制、神经控制和智能控制［M］．哈尔滨：哈尔滨工业大学出版社，1996.

[52] 熊和金，陈德军．智能信息处理［M］．北京：国防工业出版社，2006.

[53] 王雪荣．管理体系一体化关键技术与实用评价方法［M］．北京：中国标准出版社，2007.

[54] 邹广天．建筑计划学［M］．北京：中国建筑工业出版社，2010.

[55] 王涛．论可拓策划理论与建筑设计创新的方法［C］．清华大学首届全国博士生学术论坛论文集，2003：336-344.

[56] 刘晓光，邹广天．景观设计与可拓学方法［J］．建筑学报，2004，（5）：9-11.

[57] 程霏，邹广天．教育体验型文物建筑保护的可拓设计方法［J］．建筑学报，2007，（5）：8-11.

[58] 邹广天．建筑设计创新与可拓思维模式［J］．哈尔滨工业大学学报，2006，（7）：1120-1123.

[59] 程霏．文物建筑保护的可拓设计理论与方法研究［D］．哈尔滨工业大学博士学位论文，2007：13-19.

[60] 刘金铭．计算机辅助可拓建筑策划的基本理论研究［D］．哈尔滨工业大学硕士论文，2009：1-24，48.

[61] 由爱华．计算机辅助可拓建筑策划的知识表达方法［D］．哈尔滨工业大学硕士学位论文，2009：3-42.

[62] 隋铮．计算机辅助可拓建筑设计的基本理论研究［D］．哈尔滨工业大学硕士学位论文，2009：1-15.

[63] 于融融．计算机辅助可拓建筑设计的知识表达方法［D］．哈尔滨工业大学硕士学位论文，2009：2-36.

[64] 刘晓光．景观象征理论研究［D］．哈尔滨工业大学博士学位论文，2007：7-8.

[65] 艾英旭．建筑设计创新评价研究［D］．哈尔滨工业大学博士学位论文，2007：115-117.

[66] 王涛．室内设计创新研究［D］．哈尔滨工业大学博士学位论文，2007：137-150.

[67] 周成斌．居住形态创新研究［D］．哈尔滨工业大学博士学位论文，2008.

[68] 邢凯．建筑设计创新思维研究［D］．哈尔滨工业大学博士学位论文，2009：130-132.

[69] 郑萍．城市规划编制过程中的若干问题的刍议［J］．新建筑，增：35-36.

[70] 李军，叶卫庭．北美国家与中国在城市规划管理中的城市设计控制对比研究［J］．武汉大学学报（工学版）.2004（4）：176-178.

[71] 赵芾．我国城市规划值得注意的几种倾向［J］．城市规划.2007，（9）：80-82.

[72]（日）岸根卓郎．迈向21世纪的国土规划—城乡融合系统设计［M］．高文琛译．北京：科学出版社，1990：15-72.

[73] Norberg Schulz. 存在 · 空间 · 建筑［J］．尹培桐译．建筑师，1985（23）.

[74] 季铁男．建筑现象学导论［M］．台北：桂冠图书公司，1992：55-56.

[75] 杨春燕，张拥军．基于可拓方法的策划研究［J］．工业工程，2001，4（6）：29-33，57.

[76] 张一飞，邹广天．城市规划设计中的问题蕴含系统及其表达方式［J］，华中建筑，2009（2）：128-131.

[77] 张一飞，邹广天．可拓学方法在城市用地规划中的应用［J］，华中建筑，2009（11）：73–74.

[78] 王丹丹．人居获奖案例探析——解读梅州土地资源置换模式［J］，经济日报，2003.3.27.

[79] 楼健人．产品可拓配置变型与进化设计技术研究［D］．浙江大学博士学位论文，2005：68–72.

[80] 孙明．可拓城市生态规划理论与方法研究［D］．哈尔滨工业大学博士学位论文，2010：112.

[81] Michael Goldberg，Peter Chinloy.Urban Land Economics［M］.New York：John Wiley & Sons，Inc.1984.

[82] 陈沧杰，王承华，姜劲松．基于理性思维与感性构思的新城规划与设计——以宿迁市湖滨新城概念规划国际征集为例［J］．城市规划.2007，(6)：88.

[83] 和红星．城市复兴在古城西安的崛起——谈西安"唐皇城"复兴规划［J］．城市规划．2008（2）：93.

[84] 张一飞．深圳平山村改造研究［D］．哈尔滨工业大学硕士学位论文，2005.

[85] Zhang Yifei，Zou Guangtian，Jin Guangjun.Research on rebuilding of urban villages in the progress of urbanization——Applying diamond thinking mode on Pingshan village environment improvement［J］，Proceedings of the 9th international symposium for environment–behavior studies：479–483.

[86] Harold Koontz，Cyril O' Donnel.Management：A System and Contingency Analysis of Managerial Function（6th ed.），1976.

[87] United Nations Centre for Human Settlements.Cities in a Globalizing World：Glogal Report on Human Settlements［M］.2001.

[88] O.Newman.Defensible Space：A New Physical Planning Tool for Urban Revitalisation［J］.American Planning Association.1995（55）：24–37.

[89] Edward T.Hall.The Hidden Dimension［M］.New York：Anchor.1966/1990.7.

[90]（美）埃德温·S·米尔斯．郝寿义，徐鑫，孙兵译．区域和城市经济学手册［M］．北京：科学出版社.2003.9.

[91]（美）Matthew Carmona，Tim Health，Taner Oc，Steven Tidesdell.冯江，袁粤，万谦，傅娟，张红虎译．城市设计的维度［M］．江苏：江苏科学技术出版社.2005：57–101.

[92]（法）勒·柯布西耶．走向新建筑［M］．陈志华译．陕西：陕西师范大学出版社，2004.

[93] Robert Venturi.Learning from Las Vegas［M］.MIT Press，1977.

[94] Aldo Rossi.The Architecture of the City［M］.MIT Press，1982.

[95] Healey.Negotiating Development：Rationals and Practice for Development Obligations and Planning Gain［M］.London：E & FnSPON，1995.

[96] Peter Hall.Urban and Regional Planning（3rd ed.）［M］.London and New York：Routledge，1992.

[97] 全国城市规划执业制度管理委员会．城市规划管理与法规［M］．北京：中国计划出版社，2008.

[98] 张国庆．现代公共政策导论［M］．北京：北京大学出版社，1997.

[99] 黄艳．美国的区划［J］．国外城市规划.1995（3）：54.

[100] 赵建，刘苏．控制性详规阶段的城市设计［J］．城市规划，1995（5）：35.

[101] 郭耀武，陈立飞．城市总体规划编制的五个问题——以江门城市总体规划为例［J］．规划师 2006（11）：70-72.
[102] 刘光．地理信息系统——基础篇［M］．北京：中国电力出版社 .2003：18-22.
[103] 赵沁平．虚拟现实综述［M］．中国科学 F 辑：信息科学 .2009.1：2-46.
[104] 张军，徐肇忠．数字城市对城市规划的影响［J］．武汉大学学报（工学版）.2003（6）：57-59.
[105] 全国城市规划执业制度管理委员会．城市规划相关知识［M］．北京：中国计划出版社，2008：166.

致 谢

宝剑锋从磨砺出，梅花香自苦寒来。在本书撰写的过程中，我远离喧嚣、甘愿寂寞、埋头苦读、挑灯夜学。我不会忘记读不懂文献时的焦虑和煎熬，不会忘记撰写本书不顺利时的挫败和灰心，不会忘记新的研究想法出现时的激动和兴奋，更加不会忘记灵感突现后的醍醐灌顶、豁然开朗。物换星移，终于迎来了本书完成的这一天。抚思昔日之韶华，实在包含了太多人的关心和热情，谨在此致谢。

首先要把我的谢意献给我的家人——我的爱妻、父亲、母亲等家人无私的关爱与付出，为我的成长含辛茹苦，本书的完成远非我报答养育之恩的终点，我将继续努力，以更大的成绩回报家人，以及所有关心过我成长的亲人，那些给予我关爱的长辈们。祝福他们，祝他们幸福、安康！

感谢我的同学郭鹏、杜锐提供的宝贵的关于城市总体规划、控制性详细规划项目资料，他们提供的这些规划设计项目资料使本书具备了较为扎实的实践项目资料基础，能够促进理论研究与项目实践相结合。

感谢广东工业大学的蔡文教授、杨春燕教授在本书撰写期间给予的课题支持与技术指导。祝愿他们的学术研究道路更加宽广，取得更大的成就。

最后再次感谢所有关心、爱护、支持我的家人、朋友，是你们使我在重重逆境中增添了无比的信心，赋予我莫大的精神力量，本书的撰写过程是我人生中巨大的一笔财富！

张一飞

2012年4月26日